网络安全的特性、机制与评价

田立勤 著

清 华 大 学 出 版 社

北京交通大学出版社

·北京·

内 容 简 介

网络安全是计算机和通信领域很重要的研究方向之一，而网络安全特性及其实现机制是保障网络安全中的重要研究内容。本书分为九章，以保障计算机网络的安全特性为主线，论述实现计算机网络系统安全、计算机网络数据安全和计算机网络用户安全的三个方面的八大特性与机制，并对各个实现机制的意义、定义、导致出现安全问题的原因、评价标准、解决问题的基本思路、分类和实例等进行了详细的论述和分析。

本书全面系统地展示了网络安全特性及其实现机制的研究内容和最新成果，具有完整性、实用性和学术性。非常适合我国计算机网络和通信领域的教学、科研工作和工程应用参考。既可以供计算机、通信、电子、信息等相关专业的科研人员、研究生和大学高年级学生作为教材或教学参考书，也可以供计算机网络研究开发人员、网络运营商等网络工程技术人员参考。

图书在版编目（CIP）数据

网络安全的特性、机制与评价 / 田立勤著. —北京：清华大学出版社；北京交通大学出版社，2013.6（2022.8 重印）

ISBN 978-7-5121-1435-7

Ⅰ. ① 网… Ⅱ. ① 田… Ⅲ. ① 计算机网络-安全技术-高等学校-教材

Ⅳ. ① TP393.08

中国版本图书馆 CIP 数据核字（2013）第 074153 号

责任编辑：谭文芳

出版发行：清 华 大 学 出 版 社　　邮编：100084　　电话：010-62776969

　　　　　北京交通大学出版社　　邮编：100044　　电话：010-51686414

印 刷 者：北京虎彩文化传播有限公司

经　　销：全国新华书店

开　　本：175×245　印张：19.25　字数：428 千字

版　　次：2013 年 6 月第 1 版　　2022 年 8 月第 7 次印刷

书　　号：ISBN 978-7-5121-1435-7 / TP·737

定　　价：48.00 元

本书如有质量问题，请向北京交通大学出版社质监组反映。对您的意见和批评，我们表示欢迎和感谢。

投诉电话：010-51686043，51686008；传真：010-62225406；E-mail：press@bjtu.edu.cn。

前　　言

背景

随着因特网、物联网的迅猛发展，信息技术在人类社会生活各方面得到广泛应用，信息网络的基础性、全局性作用日益增强。目前网络安全问题已经上升到关系国家主权和安全的高度，成为影响社会经济可持续发展的重要因素。信息通信技术的演进和发展使网络信息安全的内涵不断延伸，从最初的信息保密性发展到信息的完整性、可用性和不可否认性，进而发展到系统服务的安全性，包括网络的可靠性、可维护性、可用性、可控性及行为的可信性等，随之出现了多种不同的安全防范机制，如防火墙、入侵检测和防病毒等。虽然安全防范的技术在不断增强增多，但恶意攻击和恶意程序的破坏却并没有因此而减少或减弱。为保证信息安全，人们只好把防火墙、入侵检测、病毒防范等做得越来越复杂，但随着维护与管理复杂度的增加，整个信息系统变得更加复杂和难以维护，也使得信息系统的使用效率大大降低，因此网络正面临着严峻的安全挑战。网络的安全特性是描述和评价网络安全的重要指标，它为网络安全的定量评价与分析提供基础，其机制的实现是保障网络安全的主要途径，所以网络安全特性的准确含义、实现思路、评价标准、具体实现机制及机制的评价与改进成为提高网络安全的重要内容。

本书以保障计算机网络的安全特性为主线，论述实现计算机网络系统安全、计算机网络数据安全和计算机网络用户安全的三个方面的八大特性与机制（即，计算机网络的可靠性、计算机网络的可用性、计算机网络的可控性，用户身份可鉴别性、用户行为可信性和用户不可抵赖性，网络数据的保密性、网络数据的完整性），并对各个实现机制的意义、定义、导致出现安全问题的原因、评价标准、解决问题的基本思路、分类和实例等进行了详细的论述和分析。

本书特点与读者对象

本书具有以下鲜明特色。

（1）完整性：内容丰富全面，结构合理，体系完整，对网络安全特性与机制进行全面和系统的介绍。

（2）实用性：结合当前网络环境的特点，将网络安全特性与机制应用于云计算等新型网络应用中，给出具体的应用实例，具有很强的实用性。

（3）学术性：本书具有一定的理论高度和学术价值，书中大部分内容取材于作者近期已在国际、国内学术期刊发表的论文，全面展示了网络安全特性与机制最新的科研成果，具有很高的学术参考价值。

本书非常适合我国计算机网络和通信领域的教学、科研工作和工程应用参考。既可以供计算机、通信、电子、信息等相关专业的科研人员、研究生和大学高年级学生作为教材或教学参考书，也可以供计算机网络研究开发人员、网络运营商等网络工程技术人员参考。

致谢

作者的研究工作得到 973 计划项目(No. 2011CB311809)，国家自然科学基金（No.61163050），新世纪优秀人才（NCET-10-0101），中央高校基本科研项目（No. 3142013098）和青海省科技项目（No. 2012-N-525）的资助，在此表示深深的谢意！

本书的研究工作大都是在我的导师林闯教授的指导下完成的，现在所取得的成绩离不开导师对我的教诲和帮助；另外，王晓菊老师对本书进行了细致的校对，谭文芳老师在本书的写作过程中做了大量细致辛苦的工作，对此一并表示衷心的感谢！

由于作者水平所限，加之网络安全的研究仍处于不断的发展和变化之中，书中错误和不足之处在所难免，恳请专家、读者指正。

作　者
2013 年 3 月

目　　录

第一部分 网络系统的安全特性、机制与评价

第二部分　数据的安全特性、机制与评价

第三部分 用户的安全特性、机制与评价

第 *1* 章

网络安全特性概述

1.1　网络安全与网络安全特性概述

随着因特网、物联网的迅猛发展和信息技术在人类社会生活各方面的广泛应用，信息网络的基础性、全局性作用得到日益增强。网络已发展成为建设和谐社会的一项重要基础设施，它在通信、交通、金融、应急服务、能源调度、电力调度等方面发挥重要作用，如图 1-1 所示。

图 1-1　计算机网络的基础作用

网络安全是网络应用中重点需要解决的问题，目前网络安全已经上升到关系国家主权和安全的高度，成为影响社会经济可持续发展的重要因素。我国明确提出"加强宽带通信网、数字电视网和下一代互联网等信息基础设施建设，推进三网融合，健全信息安全保障体系"。

随着信息通信技术的演进和发展，网络信息安全的内涵不断延伸，从最初的数据保密性发展到数据的完整性、进而又发展到系统服务的安全性，包括网络的可靠性、可维护性、可用性、可控性，以及用户身份的可鉴别性、不可抵赖性和行为的可信性等，随之出现了多种不同的安全防范机制，如防火墙、入侵检测和防病毒等。虽然安全防范的技术不断增多增强，但恶意攻击和恶意程序的破坏却并没有因此而减少或减弱。为保证信息安全，人们只好把防火墙、入侵检测、病毒防范等做得越来越复杂，但随着维护与管理复杂度的增加，整个信息系统变得更加复杂和难以维护，也使得信息系统的使用效率大大降低，因此网络正面临着严峻的安全挑战。

网络的安全特性是描述和评价网络安全的重要指标，它为网络安全的定量评价与分析提供基础，其机制的实现是保障网络安全的主要途径，所以网络安全特性的准确含义、实现思路、评价标准、具体实现机制以及机制的好坏成为提高网络安全的重要内容。

1.2 网络安全含义

定义 1.1 网络安全 网络安全泛指网络系统的硬件、软件及其系统中的数据受到保护，不因偶然的或者恶意的原因而遭到破坏、更改和泄漏，系统能够连续可靠正常地运行，网络服务不被中断。

网络安全的内容包括系统安全和信息安全两部分。系统安全主要指网络设备的硬件、操作系统和应用软件的安全。信息安全主要指各种信息的存储、传输安全，具体体现在信息的保密性、完整性及不可抵赖性方面。通过采用各种技术和管理措施，使网络系统正常运行，从而确保网络数据的可用性、完整性和保密性。所以，建立网络安全保护措施的目的是确保经过网络传输和交换的数据不会被增加、修改、丢失和泄露等。

网络安全是一门涉及计算机科学、网络技术、通信技术、密码技术、信息安全技术、应用数学、数论和信息论等多种学科的综合性学科。从内容看，网络安全包括物理实体安全、软件安全、数据安全和安全管理四个方面。

1. 物理实体安全

物理实体安全主要包括以下三个方面内容。

（1）设备安全

设备安全主要包括设备的防盗、防毁、防电磁信息辐射泄漏、防线路截获、抗电磁干扰及电源保护等。

（2）存储介质安全

存储介质安全的目的是保护存储在存储介质上的信息，包括存储介质数据的安全及存储介质本身的安全。

存储介质数据的安全是指对存储介质数据的保护，包括：①存储介质数据的安全删除，包括存储介质的物理销毁（如存储介质粉碎等）和存储介质数据的彻底销毁（如消磁等），防止存储介质数据删除或销毁后被他人恢复而泄露信息；②存储介质数据的防盗，是指防止存储介质数据被非法拷贝等；③存储介质数据的防毁，是指防止意外或故意的破坏使存储介质数据丢失。

（3）环境安全

对系统所在环境的安全保护，可按照国家标准 GB 50173—2008《电子信息系统机房设计规范》和 GB/T 2887—2011《计算机场地通用规范》对网络环境进行安全设置。

2. 软件安全

软件安全又包括两个方面。

一是指软件本身是安全的，不会发生软件故障或者即使发生软件故障，该故障也不是危险的。由于软件安全漏洞带来的各种危害随着软件应用的发展日益严重，因此能有效发现并消除漏洞的软件安全漏洞发现技术也日益受到人们的重视。

二是指保护网络系统中的系统软件与应用软件不被非法复制、篡改和不受病毒的侵害等。例如，将加密技术应用于程序的运行，通过对程序的运行实行加密保护，可以防止软件被非法复制盗版以及软件安全机制被破坏。

3. 数据安全

数据安全主要指保护网络中的数据不被非法存取和破坏，确保其完整性和机密性。数据的完整性是指阻止非法实体对交换数据的修改、插入和删除；数据的保密性是指为了防止网络中各个系统之间交换的数据被截获或被非法存取而造成泄密，提供加密保护。

4. 安全管理

网络安全管理主要是以保护网络安全技术为基础，配以行政手段的管理活动。在安全问题中有相当一部分事件不是因为技术原因而是由于管理原因造成的。例如，管理规章制度的不健全、操作规程不合理和安全事件预防措施不得力等，特别是安全管理人员的误操作或恶意破坏等。只有在采取安全技术的同时，采取有力的安全管理措施才能保证网络的安全性。安全管理的对象是整个系统而不是系统中的某个或某些元素。一般来说，系统的所有构成要素都是管理的对象，从系统内部看，安全管理涉及计算机、网络、操作、人事和信息资源；从外部环境看，安全管理涉及法律、道德、文化传统和社会制度等方面的内容。确保网络安全的措施一般包括采取网络安全保障机制，建立安全管理制度，开展安全审计，进行风险分析等。

1.3　网络安全的辩证观

由于计算机网络安全不是绝对的纯技术或纯管理所能解决的问题，也不是绝对的资金投入越多越安全的问题，只有大家结合所学知识和利用辩证唯物主义理论进行思考和辨析，才能培养正确的计算机网络安全观，下面对常见的安全观点进行辩证分析。

1.3.1 安全技术与安全管理在网络安全中的辩证关系

安全技术和安全管理在网络安全中都具有重要作用，一方面，没有技术保障许多网络安全就不能得到实现，每一种网络安全技术都是对应某种网络安全的；另一方面没有好的安全管理，即使有好的网络安全技术也不能得以实现，例如在加密技术中，无论加密算法多么好，如果密钥的管理出现问题，加密也没有任何效果。

安全技术一般不能防范合法人员的信息泄露及误操作等，因此只有通过安全管理和培训才能达到内外网络的安全。好的安全管理如果没有好的安全技术来具体落实和实现也起不到作用，只能是纸上谈兵。安全管理着眼于整个网络安全的整体策略和制度，是安全的宏观方面，技术是实现安全管理的必要手段，是具体层面。目前的各种安全技术都比较孤立和分散，需要进行有效整合，这个需要宏观的安全管理进行整合。

新的技术有可能不成熟、不完善，需要安全管理进行不断地补充和完善。好的安全管理和制度对安全攻击者起到震慑作用，提高了网络的安全程度。领导重视是安全管理的一个重要内容，它对网络安全也起到重要作用，包括制度的建立、完善，资金的投入等，因此安全需要领导的理解和支持。

1.3.2 网络安全与资金投入的辩证关系

网络安全需要资金的投入，没有资金的投入，网络安全的设备，技术及人员的安全培训等都无法实现。

但资金的投入越大并不一定说明带来安全程度越大，可能因为某个小小的与资金无关的管理漏洞导致网络安全的崩溃。

网络安全投入的效果好坏主要取决于网络安全的风险评估的正确与否，只有正确的风险评估，才能使资金的投入分配关系趋于合理。

1.3.3 网络安全与网络性能的辩证关系

网络安全增加了网络的额外负担，因此网络安全是影响网络性能的。减少网络安全机制对网络的性能的影响是实现网络安全机制时需要考虑的一个重要问题（例如，RSA 对网络性能的影响很大）。

但如果没有网络安全措施，可能连网络的基本性能也能难以保障，例如当网络受到 DoS 攻击时，网络性能会急剧下降。

良好的网络性能为实现那些需要高性能才能实现的网络安全机制提供基础。

网络性能与网络安全是相互影响，相互制约，相互促进的关系。

1.3.4　网络不安全的内因与外因及其辩证关系

内因是导致网络不安全的根本原因，外因是通过内因起作用的。

外因中人对网络安全的影响很重要，需要通过教育，规章制度，管理等手段加强对人的管理。

外因对网络安全的危险反过来可以促进人们改善网络安全的内因，达到完善网络系统本身作用。

1.3.5　加密技术在网络安全中作用的辩证关系

加密在网络安全中具有重要作用，它在网络的保密性，完整性和数字签名中都具有重要作用，可以防止信息的截获和窃听等，但加密并不是网络安全的全部，它对防病毒，黑客的入侵等都没有大的作用。加密增加了网络安全的负担，会影响到网络的性能，需要在加密和性能上进行折中，需要分清加密在实际应用中的主要矛盾和次要矛盾，可以只对关键内容进行加密从而提高网络的性能，例如只对对称密钥的加密，而不是对所有的信息进行加密。

在众多的加密技术中，有的加密技术安全程度高，但不好用，有的加密技术安全程度不高，但比较好用，需要在安全性和实用性上进行折中。加密技术在网络安全中有比较成熟的技术和理论，但加密技术仍然要不断发展和创新，因为原有的加密算法可能会被破解。

1.4　网络安全特性含义

网络的安全特性是描述和评价网络安全的主要指标，它为网络安全的定量评价与分析提供基础，其机制的实现是网络安全的根本任务，在网络安全中主要包括以下 9 个基本特性。

1.4.1　网络的可靠性

网络的可靠性（Reliability）是指提供正确服务的连续性，即是指从网络开始运行到某时刻 t 这段时间内能够正常运行的概率。在给定的时间间隔和给定条件下，系统能正确实现其功能的概率称为可靠度。平均无故障时间（Mean Time Between Failures，MTBF）是指两次故障之间能正常工作的平均值。故障既可能是元器件故障、软件故障，也可能是人为攻击造成的系统故障。可靠性分析主要依赖于软硬件故障发生的频率和模型的结构。设系统执行特定服务功能的状态集合为 S_R，系统在时间 t 所处的状态为 $X(t)$，初始状态为 $X(0) \in S_R$，取 $\tau = \inf\{t : X(t) \notin S_R\}$，则可

靠性 R 表示为：

$$R(t) = P\{\tau > t\} \tag{1-1}$$

1.4.2 网络的可用性

网络的可用性（Availability）是可以提供正确服务的能力，它是为可修复系统提出的，是对系统服务正常和异常状态交互变化过程的一种量化，是可靠性和可维护性的综合描述，系统可靠性越高，可维护性越好则可用性越高。根据可用性与时间的关系，可用性分为瞬时可用性和稳态可用性。

（1）瞬时可用性的形式化计算

设系统正常服务状态的集合为 S_A，系统在时间 t 所处的状态为 $X(t)$，则瞬态可用性描述系统在任意时刻可提供正常服务的概率为：

$$A_I(t) = P\{X(t) \in S_A\} \tag{1-2}$$

（2）稳态可用性的形式化计算

稳态可用性描述在一段时间内系统可用来正常执行有效服务的程度：

$$A_S = \lim_{t \to \infty} A_I(t) = \lim_{t \to \infty} \frac{\int_0^t A_I(u)\mathrm{d}u}{t} \tag{1-3}$$

应注意可靠性和可用性的区别，一个具有低可靠性的系统可能具有高可用性，例如，一个系统在每小时失效一次，但在 1 秒后即可恢复正常。该系统的平均故障间隔时间是 1 小时，显然有很低的可靠性，然而，可用性却很高：$A=3\,599/3\,600=0.99972$。

一般情况下，可用性不等于可靠性，只有在系统一直处于正常连续运行的理想状态下，两者才是一样的。

1.4.3 网络的可维护性

网络的可维护性（Maintainability）指网络失效后在规定时间内可修复到规定功能的能力。反映网络可维护性高低的参数是表示在单位时间内完成修复的概率（修复率）和平均修复时间（Mean Time to Repair，MTTR）。

1.4.4 网络访问的可控性

网络访问的可控性（Controllability）是指控制网络信息的流向以及用户的行为方式，是对所管辖的网络、主机和资源的访问行为进行有效的控制和管理。它分为高层访问控制和低层访问控制。高层访问控制是指在应用层层面的访问控制，是通过对用户口令、用户权限、资源属性的检查和对比来实现的。低层访问控制是指在传输层及以下层面的基于网络协议的访问控制，依据通信协议中的某些特征信息来禁止或允许对网络的访问。例如，防火墙就属于低层访问控制。

1.4.5　数据的保密性

数据的保密性（Confidentiality）是指在网络安全性中，系统信息等不被未授权的用户获知。当网络系统受到某种确定攻击的影响时，如果可以明确区分哪些系统状态满足保密性，就可以量化网络系统保密性。假定 S_C 为满足保密性的状态集合，则网络系统保密性 C 可用概率表示为：

$$C = \sum_{i \in S_C} \pi_i \tag{1-4}$$

1.4.6　数据的完整性

数据的完整性是指在网络安全性中，阻止非法实体对交换数据的修改、插入和删除。当网络系统受到某种确定攻击的影响时，如果可以明确区分哪些系统状态满足完整性，就可以量化网络系统完整性。假定 S_I 分别为满足完整性的状态集合，则网络系统完整性 I 可表示为：

$$I = \sum_{i \in S_I} \pi_i \tag{1-5}$$

1.4.7　用户身份的可鉴别性

用户身份的可鉴别性（Authentication）是指对用户身份的合法性、真实性进行确认，以防假冒。这里用户还可以是用户所在的组或代表用户的进程。

1.4.8　用户的不可抵赖性

用户的不可抵赖性（Non-Repudiation）是指防止发送方在发送数据后抵赖自己曾发送过此数据，或者接收方在收到数据后抵赖自己曾收到过此数据。常见的抵赖行为有：①A 向 B 发了信息 M，但不承认曾经发过；②A 向 B 发了信息 M0，但却说发的是 M1；③B 收到了 A 发来的信息 M，但不承认收到；④B 收到了 A 发来的信息 M0，却说收到的是 M1。这里的用户可以是发送方或接收方。

1.4.9　用户行为的可信性

用户身份的可鉴别性并不能保证行为本身就一定也是可信的，例如在基于云计算的数字化电子资源订购方面，一些用户（如大学里的学生）常常使用网络下载工具大批量下载购买的电子资源或者私设代理服务器牟取非法所得等。这里，用户的身份是真实、可鉴别的（通常是根据 IP 地址确认用户的身份），但用户的行为却不一定是可信的，我们常常看到一些电子资源使用的用户因为不当的行为而被警告甚至账户封闭。

除了这些安全特性外，目前研究者还提出了网络的可生存性、可管性和脆弱性等，但在这些众多的安全特性里面，以上 9 个特性是基本特性，本书主要论述了这 9 个基本特性的实现机制与评价。上述提出的一些新特性有的可以归类到这些基本特性中，例如可生存性可以认为是网络攻击下的可用性，当然有些安全特性还不能很好的对应，需要继续研究。

在后面的章节中，本书对上述网络安全特性的含义、基本实现思路、评价标准、具体实现机制、机制的优缺点的评价及改进方法进行了详细讲述，并对相关的最新研究进行了论述。

1.5 网络不安全的根本原因

网络出现安全问题的原因主要有内因和外因两个方面，内因是计算机系统和网络自身的脆弱性和网络的开放性，外因是威胁存在的普遍性和管理的困难性。

1.5.1 计算机系统和网络自身的脆弱性

计算机系统和网络在各个阶段都有其自身的脆弱性。在设计阶段没有考虑安全或没有考虑周全，后补的时候网络已经应用开来；在实现阶段存在漏洞与后门；在维护与配置阶段不当操作，特别是安全管理人员的误操作和故意非法操作会对系统造成更大的危害。Internet 的数据传输是基于 TCP/IP 通信协议进行的，这些协议缺乏使传输过程中的信息受到保护的安全措施。

1.5.2 网络和系统的开放性

网络和系统的开放性包括：
- 网络的全球连通性；
- 系统的开放性和通用性；
- 统一网络协议，例如大多是因特网的 TCP/IP 协议；
- 统一的操作系统平台，例如大多是 UNIX、Windows 等操作系统；
- 统一的应用系统，例如大多是统一的字处理软件、浏览器和电子邮件等应用软件。

这种网络和系统的开放性导致的危险是：在一个系统中发现的安全问题，在类似系统中可能存在、重现，这为攻击者提供了便利条件。

1.5.3　威胁存在的普遍性

威胁存在的普遍性主要包括来自下面五个方面。

1.　内部操作不当

信息系统内部工作人员操作不当，特别是系统管理员和安全管理员出现管理配置的操作失误，可能造成重大安全事故。由于大多数的网络用户并非计算机专业人员，他们只是将计算机作为一个工具，加上缺乏必要的安全意识，使得可能出现一些错误的操作，比如将网络口令张贴在计算机上，使用家庭成员名称、个人生日等作为口令等，口令很容易被攻击者或者被其他恶意用户破解，从而造成损失。

2.　黑客攻击

在中华人民共和国公共安全行业标准《计算机信息系统安全专用产品分类原则》中，黑客被定义为："对计算机信息系统进行非授权访问的人员。"黑客攻击早在主机终端时代就已经出现。随着 Internet 的发展，现代黑客从以系统为主的攻击转变到以网络为主的攻击。新的攻击手法包括：通过网络监听，获取网上用户的账号和密码；监听密钥分配过程，攻击密钥管理服务器，得到密钥或认证码，进而取得合法资格；利用 UNIX 操作系统提供的守护进程的默认账户进行攻击，如 Telnet Daemon，FTP Daemon 和 RPC Daemon 等。

3.　恶意程序

恶意程序包括下列三种。

（1）病毒

病毒（Virus）就是程序代码段，它连接到合法程序代码中，在合法程序代码运行时运行。它可以启动应用层攻击或网络层攻击。病毒可以影响计算机中的其他程序或同一网络中其他计算机上的程序，可以删除当前用户计算机上的所有文件，同时病毒具有自动传播的性质。病毒也可以由特定事件触发（如在每天上午 9 时自动执行）。通常，病毒会导致计算机与网络系统损坏，可以用良好的备份与恢复过程控制病毒对系统的破坏。

（2）蠕虫

蠕虫（Worm）不进行任何破坏性操作，只是耗尽系统资源，使其停滞。蠕虫与病毒相似，但实际上是另一种实现方法。病毒修改程序（即连接到被攻击的程序上），而蠕虫并不修改程序，只是不断复制自己。蠕虫复制速度很快，最终会使相应计算机与网络变得很慢，直到停滞。蠕虫攻击的基本目的不同于病毒，它是想通过吃掉所有资源使相应计算机与网络变得无法使用。

（3）特洛伊木马

特洛伊木马（Trojan horse）像病毒一样隐藏代码，但它具有不同目的。病毒的主要目的是对目标计算机或网络进行某种修改，而特洛伊木马则是为了向攻击者显示某种保密信息。特洛伊木马一词源于希腊士兵的故事，他们隐藏在一个大木马中，特洛伊市民把木马搬进城里，不知道其中藏了士兵。希腊士兵进入特洛伊城后，打开城门，把其他希腊士兵放了进来。同样，特洛伊木马可能把自己连接到登录屏幕代码中。用户输入用户名和口令时，特洛伊木马捕获这些信息，将其发送给攻击者，而输入用户名和口令信息的用户并不知道，然后攻击者可以用这个用户名和口令访问系统。

（4）拒绝服务攻击

拒绝服务攻击也属于一种破坏性攻击，它使合法用户无法进行正常访问。例如，非法用户可能向一个服务器发出太多的登录请求，快速连续地发出一个个随机用户ID，使网络拥堵，其他合法用户无法访问这个网络。

（5）其他因素

网络受到威胁还涉及其他因素，包括自然灾害、物理故障，信息的窃听、篡改与重发、系统入侵、攻击方法易用性和工具易用性等。

1.5.4　安全管理的困难性

目前网络和系统管理工作变得越来越困难，主要原因包括以下几方面。

（1）内部管理漏洞

信息系统内部缺乏健全的管理制度或制度执行不力，给内部工作人员违规和犯罪留下机会。其中以系统管理员和安全管理员的恶意违规和犯罪造成的危害最大。例如，内部人员利用隧道技术与外部人员实施内外勾结的犯罪，这是防火墙和监控系统难以防范的。此外，内部工作人员的恶意违规，造成网络和站点拥塞、无序运行甚至瘫痪。与来自外部的威胁相比，来自内部的攻击和犯罪更难防范，而且是网络安全威胁的主要来源，据统计，大约80％的安全威胁均来自于系统内部。

（2）安全政策不明确

安全政策目标不明，责任不清，例如出现安全问题不容易分清楚是谁的责任等。

（3）动态的变化环境

企业业务发展，人员流动，原有的内部人员对网络的破坏等。

（4）社会问题、道德问题和立法问题

道德素质跟不上也是网络安全的隐患，例如，确定什么样的网络行为是违法的不是很明确。

（5）国际间的协作、政治、文化、法律的不同

不同国家对网络行为的理解是不一样的，这给国际间的合作打击网络犯罪带来障碍。

1.6　两种网络安全基本模型与攻击方式

1.6.1　网络安全基本模型

网络安全基本模型包括通信主体双方、攻击者和可信第三方，如图 1-2 所示。

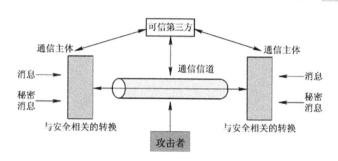

图 1-2　网络安全的基本模型

通信双方想要传递某个消息，需建立一个逻辑上的信息通道：首先在网络中确定从发送方到接收方的一个路由，然后在该路由上执行共同的通信协议。如果需要保护所传信息以防攻击者对其保密性、完整性等构成的威胁，则需要考虑通信的安全性。安全传输技术包含两个方面：一是发送双方共享的某些秘密消息，如加密密钥；二是消息的安全传输，通信主体利用双方共享的秘密消息对消息进行加密和认证。加密的目的是将消息按一定的方式重新编码以使攻击者无法读懂，认证的目的是为了检查发送者的身份。

为了获得消息的安全传输，还需要一个可信的第三方，其作用是负责向通信双方分发秘密信息或者在通信双方有争议时进行仲裁。一个安全的网络通信必须考虑以下4 个方面：

① 加密算法；

② 用于加密算法的秘密信息（如密钥）；

③ 秘密信息的发布和共享；

④ 使用加密算法和秘密信息以获得安全服务所需的协议，例如如何传递这些信息，使用的方式和顺序等。

1.6.2　P2DR 模型

P2DR 模型是最先发展起来的一个动态安全模型，P2DR 是四个英文单词的字头，分别是：Policy（策略），Protection（防护），Detection（检测）和 Response（响应），它综合描述了网络运行的动态过程，如图 1-3 所示。

1. 网络安全策略

网络安全策略一般包括两部分：总体安全策略和具体安全规则。总体安全策略用于阐述本部门的网络安全的总体思想和指导方针，而具体安全规则是根据总体安全策略提出的具体的网络安全实施规则，它用于说明网络上什么行为是被允许的，什

图 1-3　P2DR 模型

么行为是被禁止的。一个策略体系的建立包括安全策略的制定、安全策略的评估和安全策略的执行等。

2.　防护

防护就是对系统的保护，主要是修补系统和网络缺陷，增加系统安全性能，从而消除攻击和入侵的条件，避免攻击的发生。它可分为三类：系统安全防护、网络安全防护和信息安全防护。系统安全防护是指操作系统的安全防护，即各个操作系统的安全配置、使用和打补丁等，不同操作系统有不同的防护措施和相应的安全工具。网络安全防护是指网络管理的安全及网络传输的安全。信息安全防护是指数据本身的保密性、完整性和可用性，数据加密就是信息安全防护的重要技术。通常采用的防护技术有：数据加密、身份验证、访问控制、授权、虚拟专用网络（VPN）、防火墙、安全扫描、入侵检测、路由过滤、数据备份和归档、物理安全和安全管理等。

3.　检测

防护系统可以阻止大多数的入侵事件，但不能阻止所有的入侵事件，特别是那些利用新的系统缺陷、新攻击手段的入侵。检测是根据入侵事件的特征检测入侵行为，攻击者如果穿过防护系统，检测系统就会将其检测出来。由于黑客往往是利用网络和系统缺陷进行攻击的，因此，入侵事件的特征一般与系统缺陷特征有关。在 P2DR 模型中，防护和检测有互补关系，如果防护系统过硬，绝大部分入侵事件被阻止，那么检测系统的任务就减少了。

4.　响应

响应就是当安全事件发生时采取的应对措施，并把系统恢复到原来状态或比原来更安全的状态。系统一旦检测出入侵，响应系统则开始响应，进行事件处理。响应工作可由计算机紧急响应小组特殊部门负责。我国的第一个计算机紧急响应小组是中国教育与科研计算机网络建立的，简称"CCERT"。响应的主要工作可分为两种：紧急响应和恢复处理。紧急响应就是要制订好紧急响应方案，做好紧急响应方案中的一切准备工作。恢复也包括系统恢复和信息恢复两方面内容。系统恢复是指修补缺陷和消除后门，不让黑客再利用这些缺陷入侵系统。一般来说，黑客第一次入侵是利用系统缺陷，在入侵成功后，黑客就在系统中留下一些后门，如安装木马程序，因此尽管缺陷被补丁修复，黑客还可再通过他留下的后门入侵系统。信息恢复是指恢复丢失的数据。丢失数据可能是由于黑客入侵所致，也可能是系统故障、自然灾害等原因所致。通过数据备份等完成数据恢复。

P2DR 安全模型也存在一个明显的弱点，就是忽略了内在的变化因素，如人员的流动、人员的素质差异和策略贯彻的不稳定性。

1.6.3　网络攻击的类型

网络攻击按攻击方式可分为被动攻击和主动攻击两类。

1. 网络的被动攻击

被动攻击（Passive Attacks）只是窃听或监视数据传输，即取得中途的信息，这里的被动指攻击者不对数据进行任何修改。事实上，这也使被动攻击很难被发现，因此，处理被动攻击的一般方法是防止而不是探测与纠正。图 1-4 中又把被动攻击分成两类，分别是消息内容泄露和通信量分析。

图 1-4　被动攻击

消息内容泄露很容易理解。当发送消息时，发送方希望只有对方才能访问，否则消息内容会被别人看到。利用某种安全机制，可以防止消息内容泄露。例如，可以用加密方式加密要发送的消息，使消息内容只有指定人员才能理解。但是，如果传递许多加密的消息，则攻击者虽然不知道准确的明文信息，但可以猜出某种模式的相似性，从而猜出消息内容，这种对加密消息的分析就是通信量分析。

2. 网络的主动攻击

主动攻击（Active Attacks）是指以某种方式修改消息内容或生成假消息。这种攻击很难防止，但容易被发现和恢复。这些攻击包括中断、篡改和伪造。在主动攻击中，攻击者会以某种方式篡改消息内容。图 1-5 显示了主动攻击的原理，图 1-6 显示主动攻击的分类。中断是攻击者截断信息的传输，使得信息不能或不能按时到达接收方；篡改是指攻击者非法对信息的来源和信息的内容进行增删改。

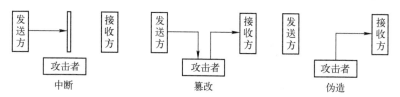

图 1-5　主动攻击的原理

伪造就是非法实体假冒成另一个合法实体，例如，用户 C 可能假冒用户 A，向用户 B 发一个消息，用户 B 可能相信这个消息来自用户 A。

篡改又分为信息改变和重放，信息改变是对信息内容的改变，例如，假设用户 A 向银行 B 发一个电子消息“向 D 的账号转 1000 美元”。用户 C 捕获这个消息，改成“向 C 的账号转 10 000 美元”。注意，这里收款人和金额都做了修改，即使只改变其中一项，也是消息改变。

重放是对信息源的改变，在重放攻击中，用户捕获一系列事件（或一些数据单元），然后重发，例如，假设用户 A 要向用户 C 的账号转一些钱，用户 A 与 C 都在银行 B 有账号。用户 A 向银行 B 发一个电子消息请求转账，用户 C 捕获这个消息后保存下来，过一段时间后再向银行重发一次。银行 B 不知道这是个非法消息，会再次从用户 A 的账号转钱。因此，用户 C 得到两笔钱：一笔是授权的，另一笔是用重放攻击得到的。

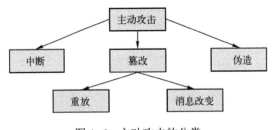

图 1-6　主动攻击的分类

1.7　网络安全的服务与机制

国际标准化组织 ISO 于 1989 年 2 月公布的 ISO 7498-2 "网络安全体系结构" 文件，给出了 OSI 参考模型的安全体系结构，简称 OSI 安全体系结构。OSI 安全体系结构主要包括网络安全服务和网络安全机制两方面的内容。

1.7.1　五大网络安全服务

（1）鉴别服务（Authentication）

鉴别服务是对对方实体的合法性、真实性进行确认，以防假冒。这里的实体可以是用户或代表用户的进程。

（2）访问控制服务（Access Control）

访问控制服务用于防止未授权用户非法使用系统资源。它包括用户身份认证，用户的权限确认。在实际网络安全的应用中，为了提高效率，这种保护服务常常提供给用户组，而不是单个用户。

（3）数据完整性服务（Integrity）

数据完整性服务是阻止非法实体对交换数据的修改、插入和删除。

（4）数据保密性服务（Confidentiality）

数据保密性服务防止网络中各个系统之间交换的数据被截获或被非法存取而造成泄密，提供加密保护。

（5）抗抵赖性服务（Non-Repudiation）

抗抵赖性服务防止发送方在发送数据后否认自己发送过此数据，接收方在收到数据后否认自己收到过此数据或伪造接收数据。

1.7.2 八大网络安全机制

（1）加密机制

加密机制是提供信息保密的核心方法，它分为对称密钥算法和非对称密钥算法。加密算法除了提供信息的保密性之外，还可以和其他技术结合，例如与哈希函数结合来实现信息的完整性验证等。

（2）访问控制机制

访问控制机制是通过对访问者的有关信息进行检查来限制或禁止访问者使用资源的技术。访问控制还可以直接支持数据机密性、数据完整性、可用性，以及合法使用的安全目标。

（3）数据完整性机制

数据完整性机制是指数据不被增删改，通常是把文件用哈希函数产生一个标记，接收者在收到文件后也用相同的哈希函数处理一遍，看看产生的两个标记是否相同就可知道数据是否完整。

（4）数字签名机制

数字签名机制的作用类似于我们现实生活中的手写签名，具有鉴别作用。假设 A 是发送方，B 是接收方，基本方法是：发送方用自己的私钥加密，接收方用发送方的公钥解密，加密公式是 $E_{a私}(P)$，解密公式是 $D_{a公}(E_{a私}(P))$。

（5）交换鉴别机制

交换鉴别机制是通过互相交换信息的方式来确定彼此身份。用于交换鉴别的常用技术有以下几种。

① 口令，由发送方给出自己的口令，以证明自己的身份，接收方则根据口令来判断对方的身份。

② 密码技术，接收方在收到已加密的信息时，通过自己掌握的密钥解密，能够确定信息的发送者是掌握了另一个密钥的那个人，例如，数字签名机制。在许多情况下，密码技术还与时间标记、同步时钟、数字签名、第三方公证等相结合，以提供更加完善的身份鉴别。

③ 特征实物，如指纹、声音频谱等。

（6）公证机制

公证机制是通过公证机构中转双方的交换信息，并提取必要的证据，日后一旦发生纠纷，就可以据此做出仲裁。网络上鱼龙混杂，很难说相信谁不相信谁，同时，客观上网络的有些故障和缺陷也可能导致信息的丢失或延误。为了避免日后纠纷，可以找一个大家都信任的公证机构，如电信公司，各方交换的信息都通过公证机构来中转，达到解决纠纷的目的。

（7）流量填充机制

流量填充机制提供针对流量分析的保护，流量填充机制能够保持流量基本恒定，因此观测者不能获取任何信息。流量填充的实现方法是：随机生成数据并对其加密，再通过网络发送。

（8）路由控制机制

路由控制机制使得可以指定通过网络发送数据的路径。这样，可以选择那些可信的网络结点，从而确保数据不会暴露在安全攻击之下。路由选择控制机制使得路由能动态地或预定地选取，以便使用物理上安全的子网络、中继站或链路来进行通信，保证敏感数据只在具有适当保护级别的路由上传输。

1.7.3 安全机制与安全服务的关系对照

安全机制与安全服务的关系对照见表 1-1，从表中可以看到，数据加密对应的服务最多，因此数据加密作用最大，它是网络安全的基石。表中比较难理解的是"禁止否认服务"与"数据完整性"的对应关系，具体原因是：在网络安全机制中，数据的完整性和数字签名通常是结合在一起来实现的，而数字签名主要用来禁止否认服务的。

表 1-1 安全机制与安全服务的关系对照表

机制 服务	数据 加密	数字 签名	访问 控制	数据 完整性	交换 鉴别	业务流 填充	路由 控制	公证 机构
对等实体 鉴别	√	√	×	×	√	×	×	×
访问控制	×	×	√	×	×	×	×	×
连接的保 密性	√	×	×	×	×	×	√	×
选择字段 的保密性	√	×	×	×	×	×	×	×
业务流安 全	√	×	×	×	×	√	√	×
数据的完 整性	√	√	×	×	×	×	×	×
数据源点 鉴别	√	√	×	×	×	×	×	×
禁止否认 服务	×	√	×	√	×	×	×	√

1.8 实现网络安全特性机制的评价标准

1.8.1 实现安全特性的机制达到安全要求的程度

每一种实现安全特性机制的最基本目的就是实现特性所具有的性质，它是评价机制的最基本标准，如果达不到这个标准，其他的标准就无从谈起。例如数据保密性机制首先要能看该机制是否实现了数据的保密性，实现的程度如何。

1.8.2　实现安全特性的机制对网络性能的影响

实现每一种安全特性的机制都有时间和空间需求，因此会对正常的网络性能带来影响，如何在实现特性的基础上最大限度地减少机制对网络性能的影响是衡量机制的另一个重要标准。当然有时这两个要求是相互矛盾和冲突的，这时候要求根据实际应用背景找到折中点，或者提出新的机制在不降低特性标准的前提下提高网络的性能。

1.8.3　实现安全特性的机制对信息有效率的影响

为了实现安全特性，有时要在原消息基础上增加额外的消息。例如完整性验证是在发送方根据原消息增加冗余的验证消息，接收方用相同的机制对接收到的"原消息"产生验证消息，接收方通过比较接收到的验证消息和接收方自己产生的验证消息来判断收到消息是否完整。这种额外的冗余消息降低了传输消息的有效率，在保证安全特性的基础上提高消息的有效率也是衡量机制的重要标准。

1.8.4　实现安全特性的机制所付出的代价

不同的机制付出的代价是不一样的，有时为了提高安全特性的强度可能付出很大的代价，例如为了提高系统的可靠性，可能要采用设备、链路等的冗余机制。完全的双冗余代价也要多付出一倍，但可靠性并不能提高一倍，因此既要考虑可靠性，又要以获得较高的性价比为原则，要根据实际应用进行酌情考虑。

1.9　安全管理在保障网络安全中的重要作用

在安全问题中有相当一部分事件不是因为技术原因而是由于管理原因造成的。只有在采取安全技术措施的同时，采取有力的安全管理措施才能保证网络的安全性。网络安全管理主要是以技术为基础，配以行政手段的管理活动。

1.9.1　网络安全管理的具体目标

（1）了解网络和用户的行为

对网络和用户的行为进行动态监测、审计和跟踪。若不了解情况，管理将无从谈起。

（2）对网络和系统的安全性进行评估

在了解情况的基础上，网络安全管理系统应该能够对网络当前的安全状态做出正确和准确的评估，发现存在的安全问题和安全隐患，从而为安全管理员改进系统的安全性提供依据。

（3）确保访问控制策略的实施

在对网络的安全状态做出正确评估的基础上，网络安全管理系统应有能力保证安全管理策略能够得到贯彻和实施。这意味着网络安全管理系统不仅仅是一个观测工具，而且是一个控制工具，可以根据观测结果或管理员的要求对网络和用户的行为进行反馈与控制，以保证系统的安全性。

1.9.2　网络安全管理中的基本元素

硬件：计算机及其外围设备、通信线路、网络设备等。

软件：源程序、目标程序、系统库程序、系统程序等。

数据：运行中的数据、联机储存的数据、脱机存放的数据、传输中的数据等。

人员：用户、系统管理员、系统维护人员。

文档：程序文档、设备文档、管理文档等。

易耗品：纸张、表格、色带、磁介质等，这些易耗品可能带有安全保密的信息。

1.9.3　网络安全管理原则

（1）多人负责原则

每项与安全有关的活动都必须有两人或多人在场，如关键的设备，系统由多个人用钥匙和密码启动，不能由单个人来完成，这是出于相互监督和相互备份的考虑，如果只有单人负责，则若发生安全问题时此人不在岗就不能处理，或者他本人有安全问题时，很难察觉。

（2）任期有限原则

不要把重要的安全任务和设备长期交由一个人负责和管理，一般地讲，任何人最好不要长期担任与安全有关的职务，以免误认为这个职务是专有的或永久性的。同样出于监督的目的，负责系统安全和系统管理的人员要有一定的轮换制度，以防止由单人长期负责一个系统的安全，而其本人可能会对系统做手脚。

（3）职责分离原则

除非系统主管领导批准，在信息处理系统工作的人员不要打听、了解或参与职责以外、与安全有关的任何事情。安全是多层次、多方面的，每个人只需要知道其中的一个方面。对于像金融部门等一些涉及敏感数据处理的计算机系统安全管理而言，以下工作应分开进行：

① 系统的操作和系统的开发，这样系统的开发者即使知道系统有哪些安全漏洞也没有机会利用；

② 机密资料的接收和传送，这样任何一方都无法对资料进行篡改，就像财务系统要分别设立会计和出纳一样；

③ 安全管理和系统管理，这样可使制定安全措施的人并不能亲自实施这些安全

措施而起到制约作用；

④ 系统操作和备份管理，以实现对数据处理过程的监督。

1.9.4　网络安全计划的制订有两种完全不同的策略

（1）否定模式

否定模式是一种悲观模式，它要求首先关闭网络结点中的所有服务，然后在主机或子网级别逐一考察各个服务，选择开放那些必需的，即"需要一个开一个"。它要求管理员对系统和服务的配置都很熟悉，从而保证关闭所有的服务。

（2）肯定模式

肯定模式是乐观模式，它要求尽量使用系统原有的配置，开放所有的服务，如果发现问题，则作相应的修补，这种方法实现比较简单，但安全性要低于前一种。

第一部分

网络系统的安全特性、机制与评价

- 网络可靠性实现机制与评价
- 网络可用性实现机制与评价
- 网络访问的可控性实现机制与评价

第2章
网络可靠性实现机制与评价

2.1 网络可靠性概述

随着网络应用的不断普及，网络系统的中断所造成的代价和影响与日俱增，网络的可靠性被认为是网络安全的一个重要方面，因此人们对作为业务支撑平台的网络可靠性要求也越来越高。例如，当学生正在参加美国计算机学会 ACM 在线程序设计大赛的时候，如果在提交竞赛程序代码期间网络的可靠性出现问题变得不可用了，那么为此而付出的精心准备和自己完成的成果就可能会随着网络的中断而付诸东流。目前拒绝服务比较猖獗，网络可靠性并不能阻止拒绝服务攻击，但网络可靠性服务可用来减少这类攻击的影响，并使系统得以正常运行。在各种攻击中，中断是对网络网络可靠性的攻击，截获是对网络保密性的攻击，篡改是对网络完整性的攻击。

定义 2.1 网络可靠性（Reliability） 网络可靠性可以描述为系统在一个特定时间内能够持续执行特定任务的概率，侧重分析服务正常运行的连续性。

具体来说，它是指从网络开始运行到某时刻 t 这段时间内能够正常运行的概率。在给定的时间间隔和给定条件下，系统能正确实现其功能的概率称为可靠度。平均无故障时间（Mean Time Between Failures，MTBF）常用来描述系统的可靠性，它是指两次故障之间能正常工作的平均值，取决于网络设备硬件和软件本身的质量。故障既可能是元器件故障、软件故障、也可能是人为攻击造成的系统故障。可靠性分析主要依赖于软硬件故障发生的频率和模型的结构。

设系统执行特定服务功能的状态集合为 S_R，系统在时间 t 所处的状态为 $X(t)$，初始状态为 $X(0) \in S_R$，取 $\tau = \inf\{t : X(t) \notin S_R\}$，则可靠性表示为：

$$R(t) = P\{\tau > t\} \tag{2-1}$$

网络系统可靠性并不是简单的服务器、结点等的网络设备、通断，而是一种综合管理信息，以反映支持业务的网络是否具有业务所要求的可靠性。网络系统的可靠性通常包括：链路的可靠性、交换结点的可靠性（如交换机和路由器）、主机系统的可靠性、网络拓扑结构的可靠性、电源的可靠性及配置的可靠性等。系统整体的可靠性要考虑木桶原理，可靠性最低的网络设备、服务器或结点是整个系统可靠性的关键点和脆弱点。针对网络可靠性，有一种情况可能会经常发生，即当某一设备或连接中断时，可靠性不受影响，原因是存在冗余连接和二、三层协议的快速汇聚，但需要考虑冗余连接同时失效时对可靠性的影响。数据的成功传送同样也是网络可靠性的重要参数，它取决于具体的设备性能和应用，如果某一连接由于队列、传输距离或设备延迟变得很慢，那么某些应用将不可用，虽然网络没有中断，但多数企业会认为此类型的连接是无效的、不可用的。设备厂商和服务提供商宣称提供 99.999%（5 个 9）的，甚至 100%的可靠性，然而在用户的实际环境中，由于人员、环境、管理等因素的影响，实际的可靠性并没有那么高。

厂家用"9"表示法来表示网络的可靠性及其故障时间对比情况如表 2-1 所示。值得注意的是，多少个 9 的可靠性与可靠性实现代价紧密相关，因此，在实际应用中要在可靠性和费用之间做好折中选择，这也是我们要研究的重点内容。

表 2-1 可靠性的表示法及其故障时间对比

正常运行时间百分比	发生故障时间百分比	每年故障时间	每周故障时间
90%	10%	36.5 天	16.8 小时（2.4×7）
95%	5%	18.25 天	8.4 小时
98%	2%	7.3 天	3 小时 22 分钟
99%	1%	3.65 天	1 小时 4 分钟
99.8%	0.2%	17 小时 30 分钟	20 分零 10 秒
99.9%	0.1%	8 小时 45 分钟	10 分零 5 秒
99.99%	0.01%	52.5 分钟	1 分钟
99.999%	0.001%	5.52 分钟	6 秒
99.9999%	0.0001%	31.5 秒	0.6 秒

提高网络可靠性主要从如图 2-1 所示的两个方面着手解决。一是避错，即避免系统出现错误而导致系统中断进而导致网络的不可靠。但无论多么可靠的系统都会出现系统失效，光靠避错方法是不能完全解决系统可靠性的，因此容错技术成为了提高系统可靠性的另一个设计重点，容错就是如何保证在网络系统出现错误的情况下，通过外加冗余资源消除单点故障的措施使系统仍然能够正常工作。

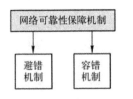

图 2-1 实现网络可靠性的基本机制

2.2 造成网络系统不可靠的原因

造成网络系统不可靠的因素较多，主要包括硬件故障、软件故障、数据故障、人为引起的配置不当故障、网络攻击引起的拒绝服务故障和环境引起的设备故障等。

（1）硬件故障

硬件故障包括计算机、交换机和路由器等设备的硬件故障，以计算机为例，它经常发生在机械部件中，诸如风扇、磁盘或可移动存储介质等。一个组件的故障可能引起另一个组件的故障，例如，不完全或不充足的冷却可能导致内存故障。

（2）传输介质的故障

对于一条端到端的电路，对可靠性影响最大的是传输介质。传输介质包括光纤、光纤连接器、电缆、电缆连接器及其他传输线。光纤介质是现代传输网络的主要载体，光缆会由于人为施工、环境灾害及老化等原因导致故障。光纤连接器也经常会由于连接器松动、灰尘等造成光纤连接失效。

相对于光纤而言，电缆和电缆连接器比光纤指标还要差，其受到人为影响的可能性更大。不过随着光口交换机和路由器的出现，传输电缆的用量在逐渐减少。一些咨询公司和运营商的统计数据表明，对于一个端到端的电路而言，光纤的失效往往在网络失效中占有非常高的比例，大部分都超过整个网络失效的 50%。所以提高网络可靠性首先要考虑的是提高传输介质的基本可靠性。

（3）服务器故障

服务器作为网络的结点，存储处理网络上 80% 的数据和信息。服务器通常是指具有某些高性能的计算机，并能通过网络对外提供服务。相对于普通个人计算机来说，服务器的稳定性、安全性、性能和可靠性等方面都要求更高，因此在 CPU、芯片组、内存、磁盘系统、网络等硬件上和普通 PC 有所不同。服务器故障包括服务器无法启动、系统频繁重启和服务器死机等。

（4）电源故障

如果说 CPU 是网络设备的心脏，那么电源就是网络设备的能量源泉了。它为 CPU、内存、光驱等所有网络设备提供稳定、连续的电流。如果电源出了问题，就会影响网络设备的正常工作，甚至损坏硬件。网络设备故障，很大一部分是由电源引起的。在一个灾难恢复研究中心宣布的灾难记录中，大约 27% 的灾难是源于电源故障。这个数字也包括因为环境灾难造成的停电，诸如暴风雪、龙卷风和飓风等。

（5）软件故障

软件故障是造成系统不可靠的常见故障之一，确认造成系统不可靠的根源是错综复杂的，大约 20% 的软件故障导致的停机是由于操作系统故障造成的，20% 是由于应用程序故障造成的。例如数据库系统故障，所有的数据库系统都避免不了会发生故障，有可能是硬件失灵，有可能是软件系统崩溃，也有可能是其他外界的原因，比如断电，等等。运行的突然中断会使数据库处在一个错误的状态，而且故障排除后没有办法让系统精确地从断点继续执行下去，这就要求数据库管理系统要有一套故障后的数据恢复机制，保证数据库能够恢复到一致的、正确的状态。

（6）网络故障

网络故障大体可分为连通性问题及性能问题两种。连通性问题是指网络的连通遭到中断破坏，它包括诸如硬件、传输介质、电源故障等。具体来说，如设备或线路损坏、插头松动、线路受到严重电磁干扰等。还有软件配置错误，最常见的情况是网络设备的配置不当而导致的网络异常或故障。另外是兼容性问题，不同厂家设备可能存在不兼容的情况。

性能问题是指诸如网络拥塞、供电不足及路由环路等导致网络性能的大幅下降而出现的用户感知应用无法使用的情形。在大多数情况中，当应用程序性能开始降低时，人们往往会认为网络的可靠性可能出现了问题。

（7）拒绝服务攻击

DoS 是 Denial of Service 的英文简称，即拒绝服务，造成 DoS 的攻击行为被称为 DoS 攻击，其目的是使计算机或网络无法提供正常的服务。最常见的 DoS 攻击有计算机网络带宽攻击和连通性攻击。带宽攻击指以极大的通信量冲击网络，使得所有可用网络资源都被消耗殆尽，最后导致合法用户请求无法完成。连通性攻击指用大量的连接请求冲击计算机，使得所有可用的操作系统资源都被消耗殆尽，最终计算机无法再处理合法用户的请求。

（8）人为错误

由于生理因素、心理因素和训练因素等原因，人们对系统的操作会导致系统出现不可靠。大多数报告表明系统故障是源于不恰当的系统配置和不正确的系统操作造成的。

2.3　网络可靠性机制的评价标准

网络可靠性机制的评价标准是看所采取的机制是否有利于提高平均故障间隔时间（MTBF），在提高可靠性时所付出的代价和对系统性能的影响，以及可靠性的提高是否可以进行量化评估与分析。

（1）对 MTBF 的提高

提高平均故障间隔时间（MTBF）是提高可靠性最核心的标准，各种提高可靠性的机制都首先要考虑这个要素。

（2）考虑付出的代价

不同的可靠性要求付出的代价可能差别很大，因此既要考虑可靠性，又要以获得较高的性价比为原则。

（3）考虑机制的复杂性对系统性能的影响

为了提高网络系统的可靠性，需要在网络设备、软件开发和管理上要做更复杂的设计、制造工艺和容错措施等，这些措施直接影响到网络的性能，因此要考虑提高可靠性机制的复杂性与对系统性能的影响，找到合理的折中方案。

（4）可靠性的量化评估

对于给定的各个部件的可靠性，要能定量计算出整个系统的可靠性，并给出改进的建议。通常要考虑两种情况。

第一种情况是设计时的考虑，主要是对关键路径可靠性值的理论估算。关键路径可靠性值的理论估算的方法是：先估算元件的可靠性，再估算由元件组成的设备的可靠性，最后估算由设备组成的网络系统的可靠性。其中元件可靠性主要是指元件的平均故障间隔时间（MTBF），设备的可靠性不仅包括元件的可靠性，还包括设备构成关系，设备的构成关系是指元件组成设备的拓扑结构（如串联关系、并联关系等）；网络系统可靠性包括设备可靠性和系统的拓扑结构关系，计算是从元件、设备到网络系统逐层进行和量化评估的。

另一种情况是网络维护时的考虑，主要是从用户的角度出发对实际服务可靠性的测量。服务可靠性的实际测量是指在实际网络维护中从最终用户的角度测量服务可靠性，根据网络提供的不同服务，建立不同的可靠性模型，而实测的原始数据往往还需要根据故障发生时间、用户是否得到通知等进行修正。

（5）考虑提高可靠性对信息的有效率的影响

冗余策略是提高可靠性的一种有效方法，但也有缺点。为了提高网络的可靠性，可能要对信息采用冗余的办法，这样就降低了信息的有效率，因此要考虑提高可靠性的信息冗余机制对信息有效率的影响，找到合理的折中方案。

2.4　提高网络可靠性机制与评价

2.4.1　基于避错方法提高网络的可靠性与评价

定义 2.2　避错　避错就是通过改进硬件的制造工艺和设计，选择技术成熟可靠的软硬件等策略来防止网络系统的错误产生，从而提高网络的可靠性。通俗地讲，就是让网络不出现故障或者使出现故障的概率达到最低。避错方法是追求网络系统可靠的完美性。避错方法包括各种硬件、软件和管理措施。

硬件避错方法是通过改进硬件的制造工艺和设计，防止错误的产生。主要通过环境保护技术、质量控制技术、元件集成度选择等措施提高硬件的可靠性。器件的工作失效率与质量等级、使用环境、电路规模和封装复杂度等因素有关，因此硬件避错技术通常包括元器件控制、热设计和耐环境设计等可靠性设计技术。硬件的避错还需要为硬件提供充足的气流和冷却设备，这种良好的适宜环境有利于提高硬件的可靠性。系统管理人员应使用能够监控环境温度和能够在条件超过允许范围时产生警告（如SNMP 协议）的平台。

软件避错方法包括形式说明、过程管理、软件测试和程序设计技术选择等。影响软件可靠性的因素包括：①需求分析定义错误，如用户提出的需求不完整，用户需求的变更未及时消化，软件开发者和用户对需求的理解不同，等等；②设计错误，如处理的结构和算法错误，缺乏对特殊情况和错误处理的考虑等；③编码错误，如语法错误，变量初始化错误等；④测试错误，如数据准备错误，测试用例错误等；⑤文档错误，如文档不齐全，文档相关内容不一致，文档版本不一致，缺乏完整性等。

针对上述情况主要从以下两个方面采取措施来保证软件避错。

① 软件过程管理，软件管理可采用软件过程能力成熟度模型（Capability Maturity Model for Software），它是以探索保证软件产品质量、缩短开发周期和提高工作效率的软件工程模式与标准规范。这个模型和标准对软件开发过程中的各种应当进行的活动和应当撰写的文档加以较明确的规定，从而在管理层次上保证软件开发过程的有序进行。

② 软件测试，包括软件静态测试和软件动态测试。静态测试不执行软件代码，而是直接检查软件设计或代码。动态测试则选择一定的输入或运行条件，执行软件代码，并观测相应的软件输出或响应，以判定软件内部是否存在缺陷。

管理避错方法要求网络运行管理要严格按照规范进行，包括制度建设、任务分配、设备标识、规范文档记录、各种软硬件日常维护和网络安全管理标准等。

1. 基于避错方法提高网络可靠性的总结分类

基于避错方法提高网络的可靠性包括用各种硬件、软件和管理方面的避错措施来提高网络的可靠性。

（1）硬件方面的避错

网络中电气系统的避错：例如保证电源的可靠性，可采用不间断电源（Uninterrupted Power Supply，UPS），它是一种含有储能装置，以逆变器为主要组成部分，稳压稳频输出的电源保护设备。当市电输入正常时，UPS 将市电稳压后供给负载使用，此时的 UPS 就是一台交流稳压器，同时它还向机内电池充电，当市电发生中断等情况时，UPS 立即将机内电池电能通过逆变转换的方法向负载继续供应交流电，使负载维持正常工作，并保护负载的软、硬件不受损害。

网络设备的避错：网络设备包括交换机、路由器等，例如，在选择交换机时，应选择模块式交换机，通常这些模块式交换机均具备了模块的热插拔特性。这种热插拔特性使得交换机的某个模块可以在不影响交换机中其他模块正常工作的前提下进行不断电地插拔操作。这样就可以在不影响交换机工作或尽量少地影响交换机工作的情况下，对有故障的模块进行更换和检修，或者对交换机模块进行硬件升级。在选择路由器时，在资金容许的情况下选择对称多处理器结构的路由器，而不选择单 CPU 路由器。在对称多处理器结构中，路由器背板的每个插槽具有一个专用 CPU，该 CPU 维护完整的路由表，它可以独立确定第三层分组的路由。只有有不同插槽上的端口之间的数据转发时才经过共享总线，同一插槽上端口之间的数据转发无需经过路由器总线。对称多处理器结构支持热插拔，扩展性好，但比较复杂、昂贵。

服务器的避错：网络中服务器是非常关键的，在选择服务器时可以通过查看服务器采用的可靠性技术来判断产品的可靠性。如冗余电源、冗余网卡、ECC（错误检查纠正）内存、ECC 保护系统总线、RAID 磁盘阵列技术、两块以上插拔硬盘和自动服务器恢复等。

网络中传输媒体的避错：保证双绞线、光缆传输信息等的可靠性，例如对于提高双绞线的可靠性来说，可用光缆传输代替双绞线传输，光缆传输不受电磁场的作用和影响，对电磁干扰、工业干扰有很强的抵御能力，另外要防止埋在地下的光缆被工程施工者挖断和破坏，可在可能挖掘的路边等树立提醒牌子。当有线线路的铺设和安装受到房屋和地形条件的限制而导致网络不能通信时，可以在系统工程中采用无线传输方式，利用无线电波、红外线和微波等空间电磁波传送信息，信号完全通过空间从发射器发射到接收器。

（2）软件方面的避错

网络应用系统的避错：首先是网络系统与应用系统接口的可靠性，它是通过确保每个接口的兼容性并应用公认的标准来保证，其次是成熟可靠的网络数据库的选择。目前比较流行的网络数据库有：Oracle、Microsoft SQL Server、MySQL、IBM DB2 等服务器产品。一般情况下，Oracle 在 UNIX 系统下使用，MySQL 在 Linux 系统下使用，Microsoft SQL Server 在 Windows Server 系统下使用，IBM DB2 常在 AIX 操作系统下使用。不同的网络数据库可靠性、操作和价格相差很大，需要根据需要具体考虑。

成熟可靠的网络操作系统的使用：服务器上运行的操作系统必须是先进的、可靠的，因为服务器的可靠性和可管理性是需要通过先进、可靠的操作系统来保证的。

（3）管理方面的避错

信息存储的管理：在大型服务器系统的背后都有一个网络，它把一个或多个服务器与多个存储设备通过交换机连接起来（每个存储设备可以是 RAID 和 CD-ROM 库等），构成了存储域网络（Storage Area Network, SAN），SAN 中的存储系统通常具备可热插拔的冗余部件以确保可靠性。

网络拓扑结构的选择：保证网络拓扑结构的可靠性，例如在可靠性要求较高的系统中采用具有冗余功能的网状拓扑结构，而不采用总线结构或者星状结构等。

提供适合环境标准要求的网络环境：网络系统可靠性的高低与提供给网络设备的环境有直接关系，可按照国家标准 GB 50173—2008《电子信息系统机房设计规范》和 GB/T 2887—2011《计算机场地通用规范》对网络环境进行环境安全设置。

2. 基于避错方法提高网络可靠性的机制评价

避错的各种方法的内涵和形式随着计算机学科的长足发展而日益丰富，没有一成不变的方法，要不断改进，因此要结合实际项目，运用标准化的方法，逐步形成完整的避错措施。

要根据客户的实际需求确认具体的避错需求，不同用户的网络，其可靠性设计目标是不一样的，比如运营商对可靠性的要求要远远高于一般的企业。

网络是一个综合系统，在研究避错方法时要将木桶原理应用到整个避错措施中，要重点考虑单点失效及最容易失效的部分。

不同的避错要求付出的代价可能差别很大，因此也要考虑实用性，以获得较高的性价比。

各种避错功能的设计工具为避错技术的应用提供了有力保证，因此要选用好的有效的设计工具。

随着高性能计算机规模的扩大，功耗也越来越大，在避错设计中系统的热设计越来越受到重视。

网络是由硬件、软件组成的一个有机整体，硬件与软件之间相互依赖、相互作用，因此为了提高网络系统的可靠性，必须从软/硬件综合系统的角度来认识问题。

在软件设计中，从开始调研到最终的系统形成，错误的影响是发散的，所以要尽量把错误消除在开发前期阶段。

按照网络结构的不同层次进行避错的设计，比如对同一个企业网来说，核心层要求较高的避错措施，汇聚层次之，而接入层基本上不需要考虑。

在选择网络设备时要尽可能选择技术成熟的设备、成熟的软件、利用成熟的技术、采用先进的设计思想和先进的开发工具。

2.4.2　基于容错方法提高网络的可靠性与评价

避错方法可以提高网络的可靠性，但无论多么可靠的系统都会出现系统失效，光靠避错方法是不能完全解决系统的可靠性的。因此容错技术成为了提高系统可靠性的另一个设计重点。

定义 2.3　容错（Fault Tolerance）　容错就是如何保证在网络系统出现错误的情况下，通过外加冗余资源消除单点故障的措施使系统仍然能够正常工作。

容错技术主要是为了提高网络系统中的平均故障间隔时间，其主要思路是通过冗余手段来实现系统的可靠性，冗余就是采用多个设备同时工作，当其中一个设备失效时，其他设备能够接替失效设备继续工作的机制。冗余技术一般分为以下几种。

元件的冗余：利用元件冗余可以保证在局部出现故障的情况下，系统仍能够正常工作。

网络关键设备的冗余：以检测或屏蔽故障为目的而增加一定硬件设备从而提高网络的可靠性，为了达到较高的性价比，主要对关键的网络连接设备进行双备份冗余。例如，在汇聚层网络中采用冗余网络结点的方式，通过协议配置，正常情况下业务可通过两台设备分别进行转发，降低大业务量对单台设备的压力。当一台汇聚层设备出现故障的时候，下联的接入层设备的业务都可以切换到另外一台汇聚层设备上正常转发，增强了网络对单点设备故障的容错能力。如图 2-2 所示，服务器、三层交换机等关键设备采用了冗余，当其中的一个设备不可用时，另一个备份的设备顶替其运行。过多的备份冗余会导致性价比降得很快，要根据实际情况酌情使用。

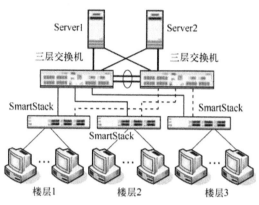

图 2-2　网络关键设备的冗余

容错性服务器集群技术：集群技术是实现系统高可靠性的重要手段，服务器集群是作为单一系统进行管理的一组独立的服务器，用于实现系统的高可靠性、可管理性和更优异的可伸缩性，它们作为一个整体向用户提供一组网络资源，这些单个的服务器就是集群的结点。一个理想的集群是：用户从来不会意识到集群系统底层的结点，在用户看来，集群是一个系统，而非多个服务器系统，并且集群系统的管理员可以随意增加和删改集群系统的结点。服务器集群致力于提供高可靠的服务，就是利用集群系统的容错性对外提供 7×24 小时不间断的服务，如高可靠的文件服务器、数据库服务等关键应用。多服务器集群系统除了提高系统的可靠性外，使用户的应用获得更高的速度、更好的平衡和通信能力也是其主要目的，因此服务器集群系统按应用目标可以分为高性能集群与高可靠性集群。

链路冗余：对于光纤、光纤连接器和电缆等传输介质的高可靠性，主要通过对它们进行双备份，链路汇聚等技术来实现。通常情况下，为了提高可靠性和降低投资的费用，一般只为主要路径提供备用路径，以便在主路径出现问题时，在备用路径上传送数据。备用路径由路由、交换机以及路由器与交换机之间的独立备用链路构成，它是主路径上的设备和链路的重复设置。

存储设备的冗余：RAID 是 Redundant Array of Inexpensive Disks 的英文缩写，中文简称为廉价磁盘冗余阵列。RAID 可以提供良好的容错能力，在任何一块硬盘出现问题的情况下都可以继续工作，不会受到损坏硬盘的影响。其实，从 RAID 的英文原意中，已经能够知道 RAID 就是一种由多块廉价磁盘构成的冗余阵列。虽然 RAID 包含多块磁盘，但在操作系统下是作为一个独立的存储设备出现的。

网状拓扑结构：在传统的星状网络连接中，中心结点的故障往往会导致下层所连接的所有结点设备的业务中断，或当下层结点设备有大流量业务冲击时，上层设备处理能力不够。网状拓扑结构是通过在各个结点之间增加链路数使之形成网状来提高网络连通性和可靠性的冗余方法，当某条链路失效时，网络分组可以动态选择另外一条可用的路径。N 个结点的全连接需 $N(N-1)/2$ 对线路，可以达到结点的两两相互连接，当结点的数量很大时，这种连接方法需要的链路对的数量与结点数的平方成正比，所付出的代价也是很高的，因此要根据实际情况找出合理的折中，这里也可以看出可靠性和代价的辩证关系。

软件冗余：为了检测或屏蔽软件中的差错而增加一些在正常运行时所不需要的软件方法，提供足够的冗余信息和程序，以便能及时发现编程错误，采取补救措施，提高可靠性。例如，程序由不同的人独立设计，使用不同的方法，不同的设计语言，不同的开发环境和工具来实现都能达到软件冗余的目的。

信息冗余：信息冗余是在实现正常功能所需要的信息外，再添加一些信息，以保证信息存储、传输的可靠性的方法。检错码、纠错码就是信息冗余的例子，它是为检测或纠正信息在运算或传输中的错误而额外加的一部分信息，例如 CRC 循环冗余码。

网络关键服务的冗余：通过对关键服务的双重设定和数据的复制，达到关键服务和数据的冗余来提高网络系统的可靠性。

双重系统：带有热备份的系统称为双重系统。在双重系统中，两个子系统同时同步运行，当联机子系统出现故障时，它退出服务，由备份系统接替，因此只要有一个子系统能正常工作，整个系统仍能正常工作，这种备份方式也称为"热备份"。

1. 基于容错方法提高网络可靠性的总结分类

基于容错方法提高网络可靠性包括用各种硬件、软件和管理方面的容错措施来提高网络的可靠性。

（1）硬件方面的容错

部件的冗余：对于设备自身的电源、引擎和风扇等关键部件的冗余是提高设备可靠性的基本要求。

链路的冗余：链路的冗余是网络高可靠性设计中最常用、也是非常有效的冗余技术，很多协议对链路冗余也提供了很好的支持，如链路聚合等。链路冗余要尽量设计的简洁、清晰，过分的网状连接会增加协议计算的复杂度和收敛的不确定性，通常一条主用链路备用一条备份链路即可。

网络关键结点的冗余：例如，核心层或者汇聚层的交换机或路由器冗余等。

（2）软件方面的容错

网络系统软件和应用软件的冗余：例如，网络应用程序由不同的人独立设计，使用不同的方法，不同的设计语言，不同的开发环境和工具来实现软件等。

网络信息的冗余：例如，网络中的信息采用 CRC 循环冗余码进行检错等。

关键服务的冗余：例如，关键 DNS，E-mail 服务的冗余等。

（3）管理方面的容错

拓扑结构的冗余：例如，采用可靠性最高的 N 个结点的全连接的网状拓扑结构等。

容错性服务器集群技术：例如，采用多服务器集群系统。

信息存储的冗余：网络系统中最核心的东西是数据，因此对存储数据的存储设备的冗余是容错方法的主要内容，如采用冗余磁盘阵列 RAID 技术等。

2.　基于容错方法提高网络可靠性的机制评价

容错方法多用在容易单点失效的关键部件、关键链路、关键设备和关键的服务上，例如在汇聚层和核心层的设计中采用冗余技术。

如果在网络系统中没有备用部件，可以设计成隔离开故障部件，系统仍能继续使用的模式，从而实现系统降级使用，通过降低系统性能来保证系统的可靠性。

要根据客户的具体容错需求，采取相应的容错措施。不同用户的网络，其高可靠性设计目标是不一样的，例如运营商对可靠性的要求要远远高于一般企业。

不同的容错要求付出的代价可能差别很大，因此要考虑实用性，以获得较高的性价比。冗余的主要目的是满足可靠性需求，但同时它通过并行运行支持负载平衡来提高性能。

按照网络结构的不同层次进行容错的设计，通常对同一个企业网来说，核心层要求较高的容错措施，汇聚层次之，而接入层基本上不需要考虑。

在实际的网络设计中并不是冗余越多越好，过多的冗余会增加网络配置和协议计算的复杂度，反而延长网络故障的收敛时间，适得其反。另外，容错系统比传统系统更容易出现软件问题，也缺乏传统系统的灵活性和方便性。

容错在网络系统集成中的规划设计阶段和设备选型阶段体现最为突出。

对于备用路径，应该考虑备用路径支持的容量和网络启用备用路径需要多长时间两个方面的问题。在一些网络设计中，备用链路除了用于冗余外，也用于负载平衡，这样做有一个好处，即备用路径是一个测试过的解决方案，经常作为日常运行的一部分被定期使用和监控。

具体的协议、配置优劣对可靠性有显著的影响。快速收敛，协议参数调优等有助于提高冗余部件间的切换时间，对提高可靠性有较大意义，因此需要建立统一的配置模板，并针对路由收敛、冗余协议等进行优化。

容错的各种方法的内涵和形式随着计算机学科的长足发展而日益丰富，没有一成不变的方法，要不断改进，因此要结合实际项目，运用标准化的方法，逐步形成完整的容错措施。

总之，各种冗余网络设计允许通过重复设置网络链路和互连设备来满足网络的可靠性需求。冗余减少了网络上由于单点失败而导致整个网络失败的可能性。它的目标是重复设置一个必需的组件，使得它的失败不会导致关键应用程序的失败。这个组件可以是一个核心路由器（交换机）、一个电源、一个广域网主干，等等。在选择冗余设计解决方案之前，首先应该分析用户目标，以确定关键应用程序、系统、网络互连设备和链路的可靠性需求。通过分析用户对风险的容忍程度和不实现冗余的后果，需要在冗余与低成本、简单与复杂之间作取舍。另外，冗余增加了网络拓扑结构和网络寻址与路由选择的复杂性，因此需要认真斟酌。

2.5 网络可靠性的量化评估

2.5.1 设备串联形成的系统可靠性评估方法

网络串联系统是由 n 个网络设备串联而形成的，只要有一个设备不工作系统就是不可靠的，即只有全部设备正常工作系统才是可靠的。假设整个系统的可靠性是 R，每个设备的可靠性为 R_i，整个系统的可靠是指系统中的每个设备都必须可靠，因此 R 就是 n 个设备可靠性的累乘，其计算公式如下：

$$R = \prod_{i=1}^{n} R_i \tag{2-2}$$

由上面的计算公式可知，n 个设备串联的可靠性会随着设备串联结构的增多而降低，例如，假设每个设备可靠性值是 0.99，5 个设备串联后的可靠性接近 0.95，10 个设备串联后的可靠性就已经接近 0.9。

【例 2-1】 如图 2-3 所示，三个网络元素串联形成一个系统，各个网络元素的可靠性均为 0.99，则串联后所形成的系统的可靠性 R 为多少？

解：因为系统是由三个网络元素串联形成的，因此根据式（2-2）知：

$$R = 0.99 \times 0.99 \times 0.99 = 0.97$$

可见串联后整体的可靠性降低了。

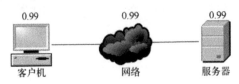

图 2-3 网络元素串联形成的网络系统

2.5.2 设备并联形成的系统可靠性评估方法

为了增加系统的可靠性，可以将多个设备并联起来，n 个网络设备并联（冗余）的可靠性是指：在并联系统中，多个并联设备同时运行工作，只要有一个设备正常工作系统就是可靠的，不像传统备份系统那样要等到一个设备不能用了才进行切换，这种传统的方式一旦切换出了问题就会导致系统中断。在并联系统中只有一个子系统是真正需要的，其余 $n-1$ 个子系统都被称为冗余子系统。系统随着冗余子系统数量的增加，其平均故障间隔时间也随着增加。可以看到，这样的并联结构的冗余的代价也是很高的。

假设整个系统的可靠性是 R，每个设备的可靠性为 R_i。设备并联形成的系统可靠，换句话说，并联结构所形成的系统不可靠除非每个设备都不可靠，每个设备不可靠可用公式 $\prod\limits_{i=1}^{n}\overline{R}_i$ 表示，则并联形成的系统可靠性 R 用 $1-\prod\limits_{i=1}^{n}\overline{R}_i$ 计算，整体系统的可靠性随着并联设备的增加而增加，其计算公式为：

$$R=1-\prod_{i=1}^{n}\overline{R}_i \qquad (2-3)$$

【例 2-2】 路由器 A 和路由器 B 按图 2-4 所示进行并联，其可靠性分别为 0.97 和 0.95，则并联所形成的系统的可靠性为：$R_{AB}=1-(1-0.97)(1-0.95)=0.9985$，可见并联后整体的可靠性增加了。下面给出设备串并联混合形成系统的可靠性计算的一些例子。

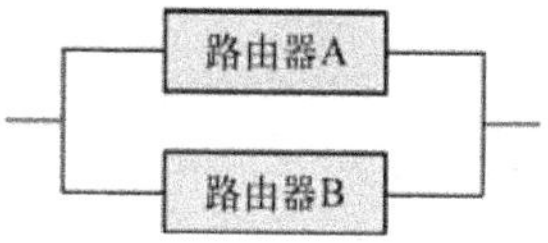

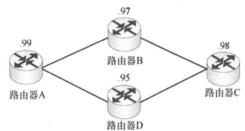

图 2-4   两个路由器冗余连接形成的并联系统

【例 2-3】 四个路由器进行混合连接，每个路由器的可靠性分别为 0.99，0.98，0.97 和 0.95，如图 2-5 所示，则所形成的系统的可靠性可用下列公式计算：

先计算两个并联路由器形成的可靠性：$R_{BD}=1-(1-0.97)(1-0.95)=0.9985$。

然后计算三个串联形成的可靠性：$R=R_A\times R_{BD}\times R_C=99\%\times99.85\%\times98\%=0.969$。

图 2-5   四个路由器连接形成的混合（串并）网络系统

【例 2-4】 某大型软件系统按功能可划分为两部分 P1 和 P2。为提高系统可靠性，软件应用单位设计了如图 2-6 给出的软件冗余容错结构，其中 P1 和 P2 均有一个与其完全相同的冗余备份。若 P1 的可靠性为 0.9，P2 的可靠性为 0.9，则整个系统的可靠性是多少？

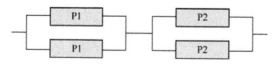

图 2-6   由 P1 和 P2 冗余形成的混合（串并）软件系统

解：当系统采用串联方式时，其可靠性可由公式 $R=\prod\limits_{i=1}^{n}R_i$ 求得。当系统采用并联方式时，其可靠性可由公式 $R=1-\prod_{i=1}^{n}\overline{R_i}$ 求得。这个系统总体是串联，但每个部分又由两个并联部分组成。第一部分的可靠性为：$R_1=1-(1-0.9)(1-0.9)=0.99$；第二部分的可靠性的计算机结果一样也为 0.99；所以整个系统的可靠性为：$R=R_1\times R_2=0.9801$。

【**例 2-5**】 1 台服务器、3 台客户机和 2 台打印机构成了一个局域网（如图 2-7 所示）。在该系统中，服务器根据某台客户机的请求，数据在一台打印机上输出。设服务器、各客户机及各打印机的可靠性分别为 a、b、c，则该系统的可靠性为多少？

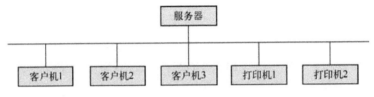

图 2-7　由 1 台服务器、3 台客户机和 2 台打印机构成了一个局域网系统

解：在给出的系统中，客户机之间是并联的（任何一台客户机出现故障，对其他客户机没有影响），同理，打印机之间也是并联关系，客户机组、服务器、打印机组之间再组成一个串联关系。因此，我们可以把该系统简化为图 2-8。

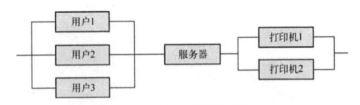

图 2-8　图 2-7 的简化系统

首先计算客户机组的可靠性，由 $R=1-\prod_{i=1}^{n}\overline{R_i}$ 知，其可靠性 R 为：$(1-(1-b)^3)$，然后计算打印机组的可靠性，由 $R=1-\prod_{i=1}^{n}\overline{R_i}$ 知，其可靠性 R 为：$(1-(1-c)^2)$，系统总的可靠性由 $R=\prod_{i=1}^{n}R_i$ 知，系统总的可靠性 R 为：$a(1-(1-b)^3)(1-(1-c)^2)$。

2.5.3　设备备份形成的系统可靠性评估方法

对于传输网络来说，更多的保护方式是 1+1 的保护，即平时只用其中的一个主用设备（路径），当主用设备（路径）不可用的时候再切换到备用设备（路径），设 R_a 是主用（active）设备（路径）的可靠性，R_s 是备用（standby）设备（路径）的可靠性，c 是网络切换成功率。此时可靠性由两部分组成，第一部分是主用设备的可靠性 R_a，第二部分是当主用设备不可用时切换到备用设备的可靠性 $c\times(1-R_a)\times R_s$，二者之和就是整个系统的可靠性 R_{1+1}，其计算公式为：

$$R_{1+1} = R_a + c \times (1 - R_a) \times R_s \qquad (2\text{-}4)$$

很明显，有保护系统的可靠性 R_{1+1} 要高于无保护系统的可靠性 R_a，高出多少与 R_a、R_s 和 c 都有关。

【例 2-6】 如图 2-9 所示，系统是由两个路由器基于 1+1 备份结构形成的可靠系统，主路由器的可靠性为 0.97，备份路由器的可靠性是 0.95，切换成功率为 0.96，试计算整个系统的可靠性。

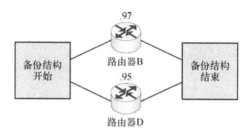

图 2-9 1+1 备份结构形成的系统

解： 当系统采用 1+1 备份结构形成的系统时，其可靠性可由公式 $R_{1+1} = R_a + c \times (1 - R_a) \times R_s$ 求得，即 R_{1+1}=0.97+0.96×(1−0.97)×0.95=0.997。

2.5.4 模冗余系统的可靠性评估方法

m 模冗余系统由 m 个（m=2n+1 为奇数）相同的子系统和一个表决器组成，经过表决器表决后，m 个子系统中占多数相同结果的输出可作为系统的输出，在 m 个子系统中，只有 n+1 个或 n+1 个以上的子系统能正常工作，系统就能正常工作并输出正确结果，因此可以提高系统的可靠性，即只要不是大部分系统出现问题系统就是可靠的，如图 2-10 所示。

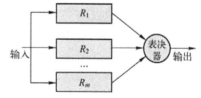

图 2-10 模冗余系统

假设表决器是完全可靠的，每个子系统的可靠性为 R_0，则 m 模冗余系统的可靠性为：

$$\sum_{i=n+1}^{m} C_m^i R_0^i (1 - R_0)^{m-i} \qquad (2\text{-}5)$$

2.6 基于优先级的区分可靠性保障机制

2.6.1 区分可靠性保障的必要性

进行区分可靠性保障主要考虑下列原因。

（1）网络在出现拥塞等资源短缺的情况下需要进行区分可靠性保障

例如，网络在下列情形下虽然没有中断，但用户感觉到网络性能下降得很厉害甚至感觉不可用：①网络出现严重拥塞；②服务器严重超负荷；③上网高峰期（例如考试网络集中报名、铁路系统集中时间订购火车票等）；④对于网络的带宽和资源都很有限的物联网来说，部分传感器失效可能会给网络带来雪上加霜的问题；⑤物联网主干传输网受到严重损害；⑥网络受到 DoS、蠕虫等病毒的大量入侵等。

（2）用户在不同场合要求的可靠差异性需要进行区分可靠性保障

例如在基于物联网的三江源草地生态监测中，平时用户需求的可靠性要求包括音频、视频在内的所有监测对象都能实时传输，但在传感器长期运行中部分传感器因为腐蚀、缺电等原因导致的网络资源不足，还未对系统进行更新的情况下可能只要求传递图片和生态数值数据就可以了。进一步，如果监测区遭到严重的狂风暴雨的自然破坏，在这种应急状态下，可能只需要传输生态数值数据就可以了。如果遭到像地震等特大的灾害，则可能只要求能传输关键的生态监测数值就可以了。

（3）不同的应用类型本身具有区分可靠的服务质量需求

例如，多媒体应用和 E-mail 应用要求的可靠性是不一样的，分布式多媒体应用的可靠性要求信息传输具有低延迟和低抖动特性，但是这些应用大都能够容忍一定程度的信息丢失和错误。E-mail 应用的可靠性对网络的延迟要求没有多媒体高，但对信息的分组丢失率要求很高。

2.6.2 基于优先级的区分可靠性保障的基本思路

如何保障区分可靠性，特别在重大安全生产应急报警、地震灾害报警等方面具有重要的意义。本质上区分可靠性控制的目标是为网络应用提供区分服务。区分服务是指根据不同应用的需求为其提供不同的服务，它包括以下三个内容。

一是要能对不同的服务区分开来，首先要对用户轻重缓急的信息根据实际情况进行划分等级或分类，没有分类就不可能提供区分可靠性保障，因此对应用和信息进行分类是基于优先级的区分可靠性保障的前提。例如，在应急监测中可以将监测的数据分成四级，即一般数据、较重数据、严重数据、特别严重数据。也可根据不同的应用进行划分，例如，在基于物联网的三江源草地生态监测中，监测的常见参数包括气温、气压、风向、风速、相对湿度、地表温度、土壤温度、降水量等。在干旱季节容易发生火灾，当发生火灾的时候，传感器监测的地表温度就会达到很高，因此可以将地表温度的可靠性设为最高级作为重点监测的对象，其他的设为较低等级。这样在网络性能下降（比如部分传感器失效）的时候保证地表温度能够实时传输，其他的可根据网络性能进行适度保证。其他参数的分类可以以此类推，再进行等级细分，从而达到在不同的网络性能情况下保证用户不同的可靠性，进行区分提供可靠性。另外，也可按应用特性进行分类，如分为多媒体数据、E-mail 数据等，然后在传输的报文上给予不同标记，最后在路由器上利用报文分类技术对不同类型的报文能进行分类。

二是对进入有限 Buffer 缓冲空间的已经分类的报文数据进行优先管理，给高优先级的报文有较大的优先权使用 Buffer，对于低优先权的报文可能因 Buffer 空间紧张而拒绝使用，按丢弃处理。

三是对从路由器转发出去的数据根据优先级进入不同的优先队列进行区分调度，达到保障区分可靠性的目的。

区分可靠性保障的基本措施与网络服务质量 QoS（Quality of Service）的服务区分控制措施相似，但也有区别。网络服务质量控制除了进行区分服务外还要设法提高整个网络的性能，而保障区分可靠性则是在应用层上实施，是在性能已经无法改变的前提下向用户提供不同的可靠性服务，本章的其余部分会分别论述具体内容。表 2-2 给出了一些典型应用的不同网络可靠性与 QoS 需求。

表 2-2　一些应用的可靠性与 QoS 需求

应 用 类 型	QoS 要求参数	可靠性需求范围
FTP	带宽	0.2～10 Mbps
Telnet	相应延迟	≤800 ms
电话	带宽	16 Kbps
	端到端延迟	0～150 ms
	端到端抖动	1 ms
	分组丢失率	$\leqslant 10^{-2}$
MPEG-1	带宽	≤1.86 Mbps
	端到端延迟	250 ms
	端到端抖动	1 ms
	分组丢失率	$\leqslant 10^{-2}$（未压缩的视频）
		$\leqslant 10^{-11}$（压缩视频）
HDTV	带宽	≥1 Gbps（未压缩）
		≈ 500 Mbps（无损压缩）
		20 Mbps（有损压缩）
	端到端延迟	250 ms
	端到端抖动	1 ms
	分组丢失率	$\leqslant 10^{-2}$　（未压缩的视频）
		$\leqslant 10^{-11}$（压缩视频）

2.7　区分可靠性保障的关键技术——报文分类机制

2.7.1　区分可靠性的报文分类概述

报文分类是指在 Internet 路由器或者物联网的传感器中基于一个或多个报文头的

字段（或报文的内容），把报文分类到相应的流/服务类的过程。不同的应用分类的标准和原则不一样，用户可根据需要来设定分类的标准，以便在网络资源受限的情况下来保证何种资源优先进行传输，从而达到保障区分可靠性目的。所有属于同一个流的报文应遵守事先规定的规则，并由路由器或者传感器按相同或相似的方式进行处理或标记。

事先规定的规则称为过滤规则，所有规则的集合称为分类器（或规则库）。每个分类规则关联一个行为（Action），以便对符合该规则的报文做相应的处理或标记。简单地说，把报文映射到不同的服务类的过程就称为报文分类。例如，所有具有相同源 IP 地址，目的 IP 地址的报文被定义成一个流，事先定义好的源 IP 地址，目的 IP 地址对就是规则，相关的行为可以是保证一定的传输带宽或将报文丢弃等。

下面从一个 ISP 所用的实际例子来说明报文分类的应用。图 2-11 显示 ISP1 连接 3个不同的点：两个企业网络 E1 和 E2 及网络存取点（Network Access Point，NAP），网络存取点又连接到 ISP3 和 ISP2。ISP1 向它的用户提供一系列不同的服务，详细见表 2-3。

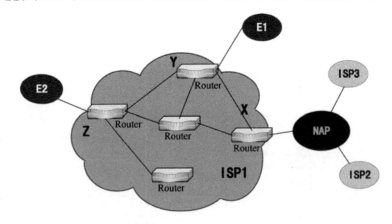

图 2-11　一个 ISP（ISP1）的网络例子，它连接两个企业网络（E1 和 E2），
并通过网络接入点又连接另外两个其他网络

表 2-3　由 ISP1 所提供的客户服务

服　务	例　子
报文过滤	拒绝所有从 ISP3（在接口 X）到 E2 的传输
基于策略的路由	让所有从 E1（在接口 Y）到 E2（在接口 Z）的 IP 语音传输通过某个特定的 ATM 网络
记账	对所有的到 E1 的视频传输（通过接口 Y）赋予最高的优先权，并对这种类型的传输执行记账
传输速率限制	确保 ISP2 在接口 X 的输入不超过 10 Mbps 的 E-mail 传输和不超过 50 Mbps 的总量传输
传输整形	确保进入 ISP2（在接口 X）的 Web 传输不超过 30 Mbps

表 2-4 给出了在接口 X 流入到路由器的报文必须被分类的例子，同时也给出了需

要分类的报文头字段。

表 2-4　在接口 X 流入到路由器的报文必须被分类的例子

流	需要考虑的相关报文字段
从 ISP2 来的 E-mail 报文	源链路层地址，源端口号
从 ISP2 来的把普通报文	源链路层地址
从 ISP3 来的到 E2 去的报文	源链路层地址，目的网络层地址

2.7.2　文中用到的符号术语及报文分类定义

为了便于后面的论述，先定义一些将要用到的符号术语。

Field（字段）：Field 字段 F_i 是一个连续的位的集合，它可以是报文的一部分也可以是与报文相关的信息，例如，时间戳或者进入报文的端口号。

Field list（字段列表）：Field 字段列表 $F = [F_0, F_1, \cdots, F_n]$ 是一个有顺序的字段集合，不同的顺序将产生不同的分类效果。

Address（地址）：地址 D 是一个长度为 W 的位串。

Prefix（前缀）：前缀 P 是一个长度为 0～W 的位串，用符号 length(P) 表示一个前缀的位的个数。

Packet Head（报文头）：报文头 H 是 K 个字段的集合，这些头字段分别表示为 $H[1], H[2], \cdots, H[K]$，这里每个字段都是一个位串。

Filtering rule（过滤规则）：过滤规则 R 是由 K 个前缀/范围组成，每一个前缀/范围对应报文头的相应字段，在更复杂的报文分类中可能要包含报文的内容，规则的字段用 R[i] 表示。一些规则用前缀表示（如 IP 源目的地址），一些规则用范围表示（如 FTP 的端口号为 20～21），还一些规则用具体的值表示（如协议类型的值）。

Classifier（分类器）：分类器/规则库 C 是规则的集合，也称策略数据库、流分类器等。规则的总个数记为 N，这些规则的排列具有一定的顺序关系，当一个报文同时匹配多个规则时，许多算法默认排在前面的规则具有较高的优先权，即，报文匹配在所有匹配的规则中排在最前面的规则。

Exact Matching（精确匹配）：精确匹配是对规则字段 i 的值的说明，一个报文头字段 H[i] 与一个规则字段 R[i] 是一个精确匹配是指，任给一个 i，当且仅当 H[i] = R[i]。

Prefix Matching（前缀匹配）：前缀匹配是对规则字段 i 的前缀说明，一个报文头字段 H[i] 与一个规则字段 R[i] 是一个前缀匹配是指，任给一个 i，当且仅当 R[i] 是 H[i] 的一个匹配前缀。

前缀匹配也可以表示成地址/掩码的形式，在这种形式中，掩码中位置 x 若为 0/1，表示在地址中的对应位为任意/有效位（必须相同），而且这种掩码是连续的，即掩码中所有位为 1 的都在所有位为 0 的左边。

Range Matching（**范围匹配**）：范围匹配是对规则字段 i 的范围的说明，是指一个报文头字段 $H[i]$ 落在规则字段 $R[i]$ 的范围之内。

Matching rule（**匹配规则**）：一个规则 R 是一个报文头的匹配规则，当且仅当报文头的每个字段 $H[i]$ 匹配对应的规则字段 $R[i]$。匹配的类型由 $R[i]$ 说明，可以是精确匹配、前缀匹配或范围匹配。

Cost function（**代价函数**）：每一个规则联系一个代价函数，记为 $Cost(R)$，以便当一个报文同时匹配多个规则时，通过寻找最低代价函数的规则作为最终匹配规则来解决规则的冲突问题。

Action（**行为**）：每一个规则联系一个行为，记为 $A(R)$，当一个报文匹配一个规则时，就按照 $A(R)$ 对报文进行处理。

规则更新：对分类器 C 进行规则的增加或删除等所做的更新操作。

规则重叠：指两个或多个规则所确定的范围、前缀有相互重合的部分。

规则冲突：规则冲突指两个或多个规则重叠，从而导致一个模糊的分类问题，即，当有一个报文同时匹配多个过滤规则并且这些规则所相联系的行为不一致时就产生规则的冲突。

最佳匹配：最佳匹配是指在分类器 C 中查找满足下列条件的规则 R_{best}。

① R_{best} 是与报文头 H 匹配的规则

② 在 C 中不存在其他的规则 R，R 与 H 匹配并且满足：$Cost(R) < Cost(R_{best})$，换句话说，R_{best} 是在所有与 H 匹配的规则中，代价函数最低，或者说优先级最高的规则。

一维分类：假定一个有 N 个规则的分类器，每一个规则只有一个在 $[1..u]$ 范围内的字段，且每个规则联系一个代价函数，一维分类是指在分类器 C 中查找一个包含点 $q \in [1..u]$ 且具有最小代价函数的规则的过程。我们最常见的一维分类是 IP Lookup（IPL），分类规则是目的 IP 地址或者其前缀，它已被广泛用于路由表查找中。

多维分类：多维分类的含义与一维分类的含义相似，只不过每个规则中可以包含两个或多个字段。

有了上面的符号和术语，我们就可以用这些符号和术语对报文分类进行形式化定义。

定义 2.4　报文分类　假定一个分类器 C 含有 N 个规则 $R_j (1 \leqslant j \leqslant N)$，如果对报文头的 K 个字段进行分类，这里的规则 R_j 由以下三部分组成。

① 关于报文头第 i 个字段的正则表达式 $R_j[i]$，$1 \leqslant i \leqslant K$。通常用具体的值、范围表达式或者前缀表达式表示。

② 一个整数 $pri(R_j)$，表示这个规则在分类器中的优先级，用来当一个报文同时匹配多个规则时来决定优先匹配哪个规则；

③ 一个行为 $A(R_j)$，表示当这个规则被匹配后应对报文所做的操作。

对于一个进入路由器的报文 P，假设考虑报文头的 K 个字段（$P_1, P_2, \cdots, P_K$），则 K 维报文分类是指在所有的匹配（$P_1, P_2, \cdots, P_K$）的规则 R_j 中找到一个具有最高优先权的规则 R_m。即，$\forall j \neq m, 1 \leqslant j \leqslant N$，都有 $\mathrm{pri}(R_m) > \mathrm{pri}(R_j)$，且满足 P_i 匹配 $R_j[i]$，$1 \leqslant i \leqslant K$。我们称 R_m 是报文 P 的最佳匹配规则。

2.7.3　区分可靠性的报文分类的例子

1. 一维报文分类的例子——IP Lookup

一个最简单的报文分类的例子是 IP Lookup（IPL），它执行最长地址匹配查找，每一个目的 IP 地址前缀就是一个规则 R，对应的下一跳就是规则相关联的行为 $A(R)$，分类器 C 是转发表，如果假定在转发表中较长的前缀总出现在较短的前面，即规则的优先级由规则在分类器中所处的位置先后来确定，则它是一个一维的报文分类。所以 IP Lookup（IPL）是报文分类的特例（见表 2-5），它是典型的一维报文分类问题，而报文分类则是 IPL 的一般化。

表 2-5　报文分类与 IP Lookup 的对照表

报 文 分 类	IP Lookup	报 文 分 类	IP Lookup
分类器	路由表	规则表达方式	前缀
分类维数	一维	行为	下一跳地址，端口号
规则	路由表项	优先级	最长匹配规则

2. 多维报文分类的例子

对于二维报文分类问题可能要在一维分类的基础上加上源 IP 地址，三维分类要加上传输层协议，五维分类要加上源端口和目的端口，有时为了唯一确定一台计算机，要采用 IP 地址与网卡 MAC 地址绑定的办法，这就要用到源 MAC 地址和目的 MAC 地址，有时还要用到报文的内容，例如在入侵检测时就要检测报文的内容等。所以，根据分类的不同应用目的报文分类所涉及的分类字段是不同的。表 2-6 是一个多维分类器的通用表达形式。注意：这里规则的优先级省略，默认情况是按规则的位置确定规则的优先级，即，前面规则的优先级高于它后面规则的优先级。

表 2-6　多维分类器的通用表达形式

规　　则	字段 F_1	字段 F_2	⋯	字段 F_K	行为 A（R）
R1	166.111.*	202.192.*	⋯	UDP	A1
R2	162.105.*	166.111.*	⋯	TCP	A2
⋯	⋯	⋯	⋯	⋯	⋯
RN	202.114.*	202.192.*	⋯	*	AN

表 2-7 是一个四维分类的具体例子，其中源、目的 IP 地址是用前缀表示，目的端口号是用范围表示，第四层协议是用具体值表示，*表示该字段值可以是任意值，不进行任何限制。

表 2-7　一个实际的四维分类器

规　则	目的 IP 地址	源 IP 地址	目 的 端 号	第 四 层 议	行　　为
R1	152.163.190.69/ 255.255.255.255	152.163.80.11/ 255.255.255.255	*	*	拒绝
R2	152.168.3/ 255.255.255	152.163.200.157/ 255.255.255.255	等于 WWW	UDP	拒绝
R3	152.168.3/ 255.255.255	152.163.200.157/ 255.255.255.255	范围在 20～21 之间	UDP	容许
R4	152.168.3/ 255.255.255	152.163.200.157/ 255.255.255.255	等于 WWW	TCP	拒绝
R5	*	*	*	*	拒绝

表 2-8 是表 2-7 的分类结果，报文 A 因为匹配规则 R1 而被路由器拒绝转发，报文 B 因为匹配规则 R2 也被路由器拒绝转发。

表 2-8　表 2-9 的分类结果

报　文　头	目的 IP 地址	源 IP 地址	目 的 端 口	第 四 层 协	规则，行为
报文 A	152.163.190.69	152.163.80.11	WWW	TCP	R1，拒绝
报文 B	152.168.3.21	152.163.200.157	WWW	UDP	R2，拒绝

2.7.4　区分可靠性的报文分类的几何解释

报文分类可以用几何的方式进行解释，我们知道前缀可以用来表示线段上连续的间隔，那么两维的规则在二维欧几里得空间上就表示为 $2^{w_1} \times 2^{w_2}$ 的长方形，其中 w_1，w_2 分别表示每个维的宽度。类似的，三维的规则在欧几里得空间上表示一个立方体，一般地，一个 d 维规则在 d 维空间上表示为一个 d 维超长方形。一个分类器就是一个具有优先级的超长方形集合。报文头表示一个点，这个点的值就是对应的报文头 d 个字段的值。

对一个报文的分类相当于寻找一个包含报文点，且具有最高优先级的长方形，图 2-10 是表 2-9 分类器的几何解释，点 P（011，110）由规则 5 来分类。

表 2-9　一个分类器的例子

规　　则	字段 1	字段 2	规　　则	字段 1	字段 2
R1	00*	00*	R4	00*	0*
R2	0*	01*	R5	0*	1*
R3	1*	0*			

注意：高优先级的规则可以覆盖低优先级的规则，例如，在图 2-12 中，规则 4 被规则 1 和规则 2 所覆盖。

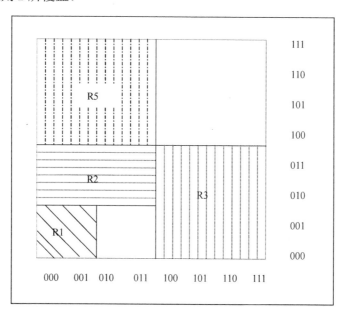

图 2-12　表 2-9 分类器的几何解释

前面已经讨论了多维分类的问题，分类的字段可能要涉及报文头字段，也可能涉及报文的内容，下面对可以用来分类的内容进行归纳总结。

2.7.5　可用作报文分类的字段及常见的分类组合

1. 第二层可分类的字段

从 IEEE 802.3 MAC 层的格式（见图 2-13）可以看出，可以分类的字段有源 MAC 地址，目的 MAC 地址（用以确定报文发送的源，目的主机），对于以太网还可以按类型来分类，用于确定上层传输所使用的协议（见图 2-14）。综合起来，第二层可以分类的字段如表 2-10 所示。

表 2-10　第二层可以分类的字段

层	长度/位	字 段 名 称
2	8	目的 MAC 地址
2	48	源 MAC 地址
2	48	类型（以太网）

先导字段	帧开始标志	目的MAC地址	源MAC地址	数据字段长度	数据	填充字段	校验和

图 2-13　IEEE 802.3 MAC 层格式

为了使以太网帧和 IEEE 802.3 帧能够兼容，要处理好类型和长度的区别问题，解决方法是，如果该字段的值大于帧的最大长度（1518）则表示为类型，否则表示为长度，即 802.3 标准。具体的做法是以 1536（十六进制 0600）为界限，大于或等于该值认为是以太网，这时可以按类型处理，如 IP 为 0800H，XNS 为 0600H，IXP 为 8137H 等。

| 先导字段 | 帧开始标志 | 目的MAC地址 | 源MAC地址 | 数据类型 | 数据 | 填充字段 | 校验和 |

图 2-14　以太网 MAC 层格式

2. 第三层可分类的字段

从 IPv4 报文的格式（见图 2-15），可以看出在第三层可以分类的字段有源，目的 IP 地址（用以确定主机），传输层协议类型（用于确定第四层所使用的协议，例如 TCP，UDP），服务类型是一些指示服务质量的参数，这些参数用于在特定网络指示所需要的服务，所以也可以用作分类的字段。综合起来，第三层可以分类的字段如表 2-11 所示。

版本	报文长度	服务类型	总长度
标识		标记	段偏移量
生存时间		协议	头校验码
源地址			
目的地址			

图 2-15　IP 报文格式

表 2-11　第三层可以分类的字段

层	长度/位	字 段 名 称
3	8	服务类型
3	32	源 IP 地址
3	32	目的 IP 地址
3	8	传输层协议

3. 第四层可分类的字段

从图 2-16 的 TCP 报文格式可以看出第四层可以分类的字段有源、目的端口，它们包含了表示连接两端应用程序的 TCP 端口号。TCP 报文段有多种应用，包括用于传输数据、携带确认信息、携带建立或关闭连接请求等。TCP 使用 6 位长的标识字段来指示报文段的应用目的和内容，所以标识字段也可以用作分类的字段，详细的每个标识字段的含义见表 2-12。综合起来，第四层可以分类的字段见表 2-13。

4. IPv6 的分类字段及常见的分类组合

在同时支持 IPv4 和 IPv6 的机制中，IPv6 的版本号也可以作为分类的字段，用来区分 IPv4 和 IPv6。IPv6 的报文格式见图 2-17，优先级字段用来区分哪些分组能进行流量控制，哪些不能。值 0～7 表示在拥塞时可以慢下来的传输，值 8～15 是给恒速传送的实时通信量的，即使所有的分组都丢失也要保持恒速，所以优先级可以用作分类字段，流量标识用于使源端口和目的端口之间建立一条有特殊属性和需求的伪连接。不同的流量标识表示具有不同属性的伪连接，所以也可以作为报文分类的字段。源地址、目的地址与 IPv4 一样也可以作为报文分类的字段。

源端口	目的端口
时 序 号	
确 认 号	
数据偏移量 | 保留 | 标 识	窗 口
校 验 和	紧 急 指 针
选 项	填 充
数 据	

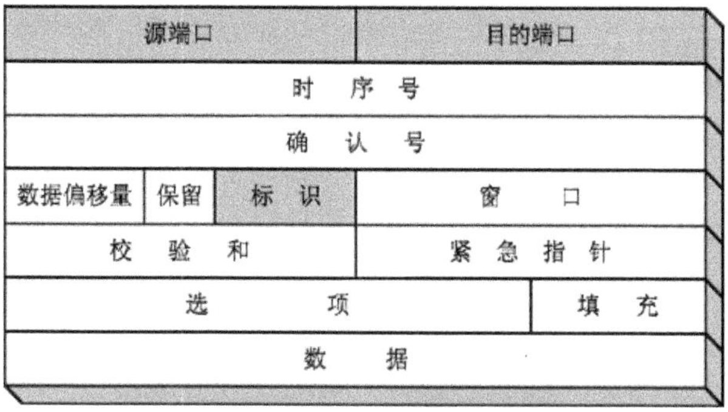

图 2-16 TCP 报文格式

表 2-12 TCP 报文头标识字段的含义

位（从左到右的标识）	该位置 1 的含义
URG	紧急指针字段可用
ACK	确认字段可用
PSH	请求急迫操作
RST	连接复位
SYN	同步序号
FIN	发送方字节流结束

表 2-13 第四层可以分类的字段

层	长度/位	字 段 名 称
4	16	源端口
4	16	目的端口
4	6	标识

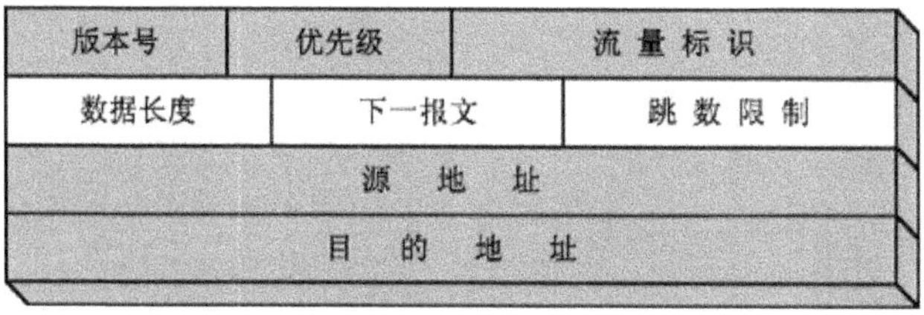

版本号	优先级	流 量 标 识
数据长度	下一报文	跳 数 限 制
源 地 址		
目 的 地 址		

图 2-17 IPv6 报文格式

从上面讨论可以知道哪些报文的头字段可以用作分类字段，除此之外，诸如入侵检测还需要检测报文的净负荷，部分 URL 等相关内容。

从上面的讨论知，在报文分类中，可供分类的字段分布在从 OSI 参考模型的数据链路层一直到应用层的不同层中，但目前比较常见的分类组合有以下两种：

① 源、目的 IP 地址的两维分类；

② 源、目的 IP 地址、传输层协议类型号、源、目的端口号五维分类。

2.7.6　区分可靠性的分类在网络中的位置及其模型示意图

一般报文分类处在通信子网的结点或路由器中，路由器分为识别流与非识别流路由器。识别流路由器跟踪流的传输并对在同一个流的报文进行相同或相似的处理，非识别流的路由器（也称报文-报文路由器）单独处理每个进入的报文。报文分类在网络流识别路由器中的位置见图 2-18，分类的基本原理见图 2-19。

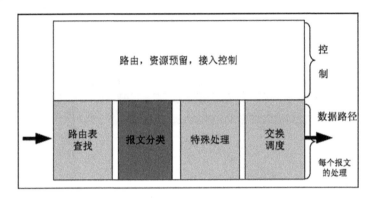

图 2-18　流识别路由器的基本结构组成

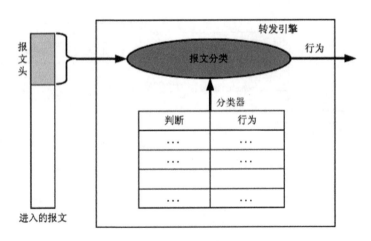

图 2-19　报文分类的基本原理图

每个报文在流识别路由器中的处理步骤为：

步骤 1，进入路由器；

步骤 2，路由表的查找（Routing lookup）；

步骤 3，报文分类（Packet classification）；

步骤 4，特殊处理（Special processing）；

步骤 5，交换调度（Switching scheduling）；

步骤 6，退出路由器。

2.7.7　区分可靠性的报文分类算法的衡量标准

衡量报文分类算法的好坏有许多技术指标，例如，时间复杂度，空间复杂度和更新复杂度等，下面分别进行论述。

1. 时间复杂度（Time Complexity）

该指标用于定义执行分类所需要的步骤或循环的数目的最大边界 $O(f)$，f 是规则个数 n、域宽 w 和维数 d 的函数。该指标用于确定找到匹配/不匹配规则所需要的顺序的步骤数。

2. 空间复杂度（Space Complexity）

该指标用于定义报文分类所需要保存分类器及其相关数据结构所需要的空间的最大边界 $O(f)$，和时间复杂度相同，f 也是规则个数 n、域宽 w 和维数 d 的函数。分类应要求较少的存储空间，因为较少的存储空间要求意味着可以使用更快的内存，例如，静态随机存储器（SRAM）或者芯片存储器等。

3. 更新复杂度（Update Complexity）

该指标用于定义对分类器进行原子的插入、删除或更新所需要的步骤或循环数目的最大边界 $O(f)$。分类规则改变，数据结构也相应更新，不同的应用要求不同的更新速率，像防火墙这种由人工来增加规则，增加规则的频率不是很高，一个很低的更新速率就可以满足了，但是像对每个流都有队列的路由器来说可能要求很高的更新速率。一般有三种可能的更新：

① 完全更新，完全更新是指对全部数据结构进行重建。

② 增量更新，增量更新是指在运行过程中向分类器中插入或删除一条过滤规则。

③ 结构重组更新，结构重组更新是指随着过滤规则的不断插入和删除，可能会造成查找数据结构效率变低，需要对数据结构进行适当调整，以提高查找效率。

4. 可扩展性（Extension）

可扩展性包括以下三个方面的内容。

① 分类器规则个数的可扩展性，指分类器的规则个数 n 可以很大，而不是限定在固定的数目上。

② 分类维数的可扩展性，指分类可以包含任意多个分类字段，而不是限定在固定的某几个字段上，例如常见的有源、目的 IP 地址的两维分类和源、目的 IP 地址、协议类型、源、目的 TCP/UDP 端口号的五维分类等。

③ 分类层次上的可扩展性，指分类可包含 OSI 模型的多层内容，理想的算法应该是能够容许匹配任意层内的字段，包括数据链路层、网络层、传输层，在一些特殊

的情况下可能要包括应用层的内容。

5. 最坏情况下的性能分析

一个分类算法的好坏，除了给出平均的性能分析外，还应该给出在最怀情况下的性能分析。平均的性能分析有时不能完全真实反映分类的性能，最近的研究表明，75%的报文要比典型的 552 字节的 TCP 报文要小。而且将近一半的报文是 40～44 字节的长度，主要由 TCP 确认报文和 TCP 控制报文组成。由于分类算法在执行过程中不能用缓冲来消减报文的变化，即使报文的大小都是 44 字节，分类算法也必须以线速处理报文。这就意味着算法应能够提供最坏情况下报文最小的执行时间。

6. 规则表达的灵活性

规则表达的灵活性是指一个分类算法应该支持通用规则说明，除简单的前缀说明、具体的值说明外，还应包括范围说明（如小于，大于，等于）和通配符，等等。

7. 预处理时间

一般的分类算法都有一个预处理时间，一般要求预处理时间也比较低，但一些算法往往通过增加预处理时间来提高分类的速度，所以此项要求达到合理的程度就可以了，视不同的情况而定。

8. 算法执行的灵活性

算法执行的灵活性是指算法能够在软、硬件上均可实现。因为分类操作必须是高速的，所以算法除了可以用软件实现外，也应能够易于用硬件实现，一个报文分类算法的执行不应该只限定为软件执行。

对于报文分类算法而言，一般期望时间复杂度、空间复杂度和更新复杂度越小越好，并具有良好的可扩展性，不仅平均性能好，而且在最坏情况下的性能也良好。但在许多情况下，报文分类算法无法满足全部指标达到最优，而是要根据算法的使用场合加以折中。

2.7.8 区分可靠性的报文分类的设计原则

1. 线速转发原则

报文分类必须以线速转发报文，这要求路由器能够及时转发从线路进入的最小分组（64 字节），这对基于报文分类的各种应用来说是非常重要的，否则路由器就有可能在路由器还未知道报文的重要性之前将一些重要的报文丢掉。

2. 折中原则

评价分类算法的标准有很多方面，而这些方面又往往是相互矛盾，相互冲突的。设计算法就是要根据分类的实际要求选取所需要的速度、内存、规则更新等各方面因素的折中。例如，分类的速度和所需的内存就是一对矛盾，在不可能两者都兼顾到的情况下，必须根据实际情况找到一个折中点。

3. 满足实时需要原则

不同的应用所需要的分类、规则更新速度不一样（如边缘路由器要求规则更新速度较慢，而核心路由器要求规则更新速度较快），所以要根据实际需要设计符合实时需要的分类算法。满足所有要求的算法是很难找到的。

4. 遵循算法的简单性原则

过分复杂的分类算法不仅会导致算法的实现复杂，而且算法本身的运行要消耗一定的资源和时间，在理论上提出了大量的"高效"分类算法，但在实际中却用得很少或者根本不用，其原因与分类算法本身是否简单可行很大的关系。所以提倡研究在满足实时需要的前提下的简单分类算法。

2.7.9　区分可靠性的报文分类算法的设计思路

1. 范围查找

分类算法的本质是多维查找，路由表查找是分类的特殊情况（一维分类），由于路由表查找方法已经比较成熟，并且一些快速的路由表查找算法已经研究出，分类算法能否利用这些已经成熟的查找算法来解决分类问题是一个基本的解决报文分类的思路。如果在某个维上字段的说明都是前缀说明，则路由表查找技术就很有可能用上。或者查找所有的前缀匹配或者查找最长前缀匹配，这可以利用任何以前的路由表查找算法。然而，分类字段的说明不仅仅只是前缀说明，它可以是任意的范围说明（如 FTP 协议使用的端口号为 20～21）。因此，定义一个长度为 w 的一维的范围查找问题是很有用的，它可以将范围说明等价为前缀说明，因此是解决报文分类的一个基本思路。

定义 2.5　范围查找

给定一个包含 N 个不相交的范围集合 $G = \{G_i = [l_i, u_i]\}$，它组成对线段 $[0, 2^w - 1]$ 的一个分割，即 l_i 和 u_i 满足 $l_1 = 0$，$l_i \leq u_i$，$l_{i+1} = u_i + 1$，$u_N = 2^w - 1$，范围查找问题是查找一个包含进入的点 P 的范围 G_p。

范围查找问题可以首先通过把每个范围转换成最大前缀集合，然后在这些前缀组合的基础上解决前缀的匹配问题，范围转换成前缀利用这样观察到的事实，设长度为 s 的前缀对应的范围为 $[l, u]$，l 是 $(w-s)$ 个最低有效位全为 0 的二进制数，u 是 $(w-s)$ 个最低有效位全为 1 的二进制数。因此，如果把一个给定的范围分成满足这个特性的最小个数的子范围，我们将得到一个与原范围等价的最大前缀集合。表 2-14 是一些将 4 位字段的范围说明转换为前缀说明的例子。

表 2-14　一些将 4 位字段的范围表示转换为
前缀表示

范　　围	连续的最大前缀
[4,7]	01**
[3,8]	0011, 01**, 1000
[1,14]	0001, 001*, 01**, 10**, 110*, 1110

可以看到一个关于 w 位的范围可以被分成最多为 $2w-2$ 个最大前缀，虽然范围查找问题可以被转换成前缀匹配问题，但内存的存储要求增长了 $2w$ 倍。Feldmann 和 Muthukrishgnan[1] 提出了一种可以减少存储空间的方法，增长的倍数只是常量 2，然而，这种存储空间减少技术不能被用在所有的多维分类机制上。所以，直接通过把所有字段中的范围说明转换为前缀说明，然后利用路由表查找技术进行报文分类是行不通的，必须与其他技术结合（如分类规则的特性等）才有可能设计出较为有效的报文分类算法。

2. 计算几何的上下界

在计算几何领域内有几个标准的问题[2][3][4]，例如点的定位问题、长方形的包围问题等非常类似报文的分类问题，所以利用计算几何理论解决报文分类问题也是一种思路。

我们知道前缀可以用来表示线段上连续的间隔，那么两维的规则在二维欧几里得空间上就表示为 $2^{w_1} \times 2^{w_2}$ 的长方形，其中 w_1，w_2 分别表示每维的宽度。类似的，三维的规则表示在三维欧几里得空间上的立方体。一般地，一个 d 维的规则表示在 d 维空间上的 d 维超长方形。一个规则库/分类器就是一个具有优先级的超长方形集合。报文头表示一个点，这个点的值就是报文头 d 个字段的值，例如图 2-20 是有关表 2-15 分类器的几何解释。

表 2-15　一个分类器的例子

规　　则	F1	F2
R1	00*	00*
R2	0*	01*
R3	1*	0*
R4	00*	0*
R5	0*	1*

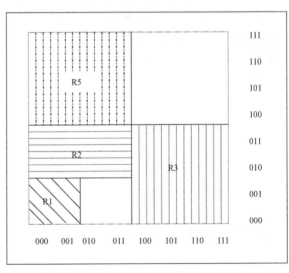

图 2-20　表 2-15 所示分类器的几何解释

在这种几何解释的前提下，对一个报文的分类就相当于在所有的长方形中寻找一个包含代表报文分类的点，且具有最高优先级的长方形。如果较高优先级的长方形总是画在较低优先级的前面，报文分类就等价与找一个包含给定点的最前面的可见的长方形。例如在图 2-15 中的点 P（011,110）将由规则 5 来分类，注意，规则 4 被规则 1 和规则 2 所覆盖。

多维空间点的定位问题要求在一组互不重叠的范围内查找一个包围给定点的范围。由于报文分类的超长方形可以相互重叠，所以解决报文分类问题的难度要大于计算几何中点的定位问题。在最坏情况下，具有 d 维（$d > 3$）的 N 个长方形区域的最好的点的定位的边界是：时间复杂度为 $O(\log N)$，空间复杂度为 $O(N^d)$；或者时间复杂度为 $O((\log N)^{d-1})$，空间复杂度 $O(N)$[5]。显然，对于高速的路由器的报文分类来说是不行的，对于仅有 100 条过滤规则 4 维分类，N^d 所要求的空间为 100 MB；$(\log N)^{d-1}$ 是大约 350 次内存存取次数。所以纯粹用计算几何的理论解决报文分类问题也是行不通的，必须与其他技术结合（如分类规则的特性等）才有可能设计出较为有效的报文分类算法。

3. 规则个数的压缩

规则个数的增加是分类算法速度减慢的原因之一，大多数分类算法的速度都与规则个数 N 有关，如果能够减少规则个数，则可加快分类的速度，同时也能节省内存空间。研究表明在分类器中，8% 的规则是冗余的，这是由于网络操作员日积月累地增加新规则但有没有删除可能是冗余的规则而造成的，如果报文分类算法能够识别冗余规则并删除这些冗余的规则，则可提高报文分类的性能，删除冗余规则的前提是如何判断哪些规则是冗余的，下面给出判断冗余规则的两条规则。

（1）向后冗余的规则

规则 2.1 向后冗余规则的判断

设在分类器 C 中的两个规则 R_t 和 R_s 符合下面条件：

① $t < s$；

② $\forall i$，都有 $R_t[i] \supset R_s[i]$，$1 \leqslant i \leqslant k$，其中 k 为分类的维数；

③ $\forall j > m$，$\mathrm{pri}(R_m) > \mathrm{pri}(R_j)$，其中 $\mathrm{pri}(R_j)$ 表示规则 R_j 的优先级。

这样就永远不会有报文匹配规则 R_s，这时规则 R_s 就是冗余的了。我们称这样的冗余为**向后冗余**，在实际调查中表明，大约有 4.4% 的规则是向后冗余的。

（2）向前冗余的规则

规则 2.2 向前冗余规则的判断

设在分类器 C 中的两个规则 R_t 和 R_s 符合下面条件：

① $t > s$；

② $\forall i$，都有 $R_t[i] \supset R_s[i]$，$1 \leqslant i \leqslant k$，其中 k 为分类的维数；

③ $\forall m \in [s,t]$，都有 $A(R_s) = A(R_m)$ 或者 $R_m[i] \cap R_s[i] = \varnothing$，$1 \leqslant i \leqslant k$；

④ $\forall j > m$，都有 $\mathrm{pri}(R_m) > \mathrm{pri}(R_j)$，其中 $\mathrm{pri}(R_j)$ 表示规则 R_j 的优先级。

这时规则 R_s 就是冗余的，我们称这样的冗余为向前冗余，在实际调查中表明，大约有 3.6% 的规则是向前冗余的。

对于冗余的规则可以从分类器中删除掉，从而减少分类器的规模。这样既可以提高分类的速度，也可以减少内存的需求。

另外，一些具有相同的行为的规则，如果大部分规则字段的说明是相同和相近的可以进行合并。当把多个规则合并为一个规则后，同样可以得到像删除规则一样所带来的好处。

4. 分类域宽的压缩

分类域宽的增加是分类算法速度减慢的原因之一，随着分类字段的增加，分类的域宽也在增加，大多数分类算法的速度都与分类域宽 w 有关，如果能够减少域宽，则可加快分类的速度，同时也能节省内存空间。

第四层协议类型长度是 8 个位（可表示 256 种协议类型），但真正在实际中使用的协议类型很少，从 101 个不同的 ISP 收集来的 793 个分类器的研究表明，协议类型仅包含 TCP，UDP，ICMP，IGMP，（E）IGRP，GRE 和 IPNIP，这样就不需要 8 个位表示协议类型，只需要 3 个位就够了。一旦协议类型所需的位数少了，就可以减少内存的需求，而且也可以加快分类的速度。

在绝大多数客户-服务器结构中，所有端口可以分为两类，一类是保留端口（Reserved Ports），端口号为 1～1023，另一类是临时端口（Ephemeral Ports），端口号大于 1 023。临时端口通常用在客户端，大多数是由内核（kernel）指定的，它除了标识一个连接的端点之外并没有其他意义。过滤规则几乎不可能对单独某个大于 1023 的端口感兴趣，比较常见的是用 ">1023" 表示大于 1023（小于 65 535）的所有端口。保留端口也主要集中在 20～21（用于 FTP），23（Telnet），25（SMTP（E-mail）），110（POP3（E-mail）），53（DNS），80（HTTP（WeB）），68（DHCP），161（SNMP）等十多种常用的端口号上，因此用 5 位表示协议类型足够了，而且还留有余地，可以进行扩充，这与协议本身定义的 16 位相差很大，可以节约出来十多位，其余端口则在过滤规则中较少出现，可用*表示。另外，客户-服务器结构本身的特性决定了在绝大部分情况下，通信双方的端口一个为保留端口，另一个为临时端。假设用 6 位表示端口号，这样源、目的端口号共用 12 位，协议类型用 3 位，我们就可以用 2 个字节表示这三个分类字段，最高位保留。把原来的 5 维分类缩减为 3 维分类。表 2-16 和表 2-17 规定一种将协议值，源目的端口号的不同的值分别映射到 3 位和 6 位上，映射后的 16 位字段见图 2-21。

表 2-16　8 种协议类型号映射成 3 位二进制数

TCP（6）	UDP（17）	ICMP（1）	IGMP（2）	（E）IGRP（88）	GRE（47）	IPNIP（4）	*
000	001	010	011	100	101	110	111

表 2-17　17 种端口号映射成 6 位二进制数

十进制编码	端　口　号	用　　途	6 位二进制代码
0	20	FTP Data	000000
1	21	FTP Control	000001
2	23	Telnet	000010
3	25	SMTP（E-mail）	000011
4	53	DNS	000100
5	70	Gopher	000101
6	79	Finger	000110
7	80	HTTP（Web）	000111
8	88	Kerberos	001000
9	110	POP3（E-mail）	001001
10	111	Remote Procedure Call　（RPC）	001010
11	119	NNTP（News）	001011
12	68	Dynamic Host Configuration Protocol　（DHCP）	001100
13	69	Trivial File Transfer Protocol　（TFTP）	001101
14	161	Simple Network Management Protocol　（SNMP）	001110
15	2049	Network File System　（NFS）	001111
16	*	Other ports	010000

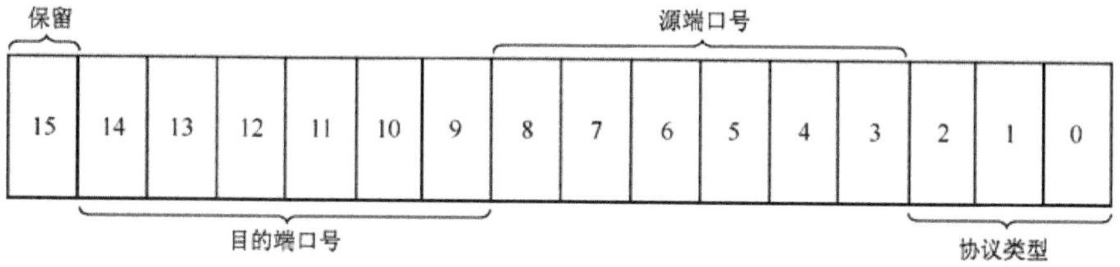

图 2-21　协议类型、源、目的端口号映射到一个 16 位字段内的一种分配图

下面例子说明如何将表 2-18 中 5 维分类压缩为 3 维分类，从而减少分类的域宽。

表 2-18　5 个 5 维的过滤规则

	目的端口号	源端口号	协议类型	目的 IP 地址	源 IP 地址
规则 0	20～21 （0x14-0x15）	21 （0x15）	6（tcp） （0x06）	166.111.68.22 （0xa66f4416）	166.111.68.22 （0xa66f4416）
规则 1	21 （0x15）	21 （0x15）	6（tcp） （0x06）	166.112.68.23 （0xa6704417）	166.112.68.23 （0xa6704417）
规则 2	23 （0x17）	20 （0x14）	17（udp） （0x11）	166.113.68.24 （0xa6714418）	166.113.68.24 （0xa6714418）
规则 3	20 （0x14）	23 （0x17）	6（tcp） （0x06）	16.113.68.24 （0xa6714418）	166.112.68.23 （0xa6704417）
规则 4	23 （0x17）	23 （0x17）	17（udp） （0x11）	166.112.68.23 （0xa6704417）	166.113.68.24 （0xa6714418）

表 2-19　按表 2-16 和表 2-17 的映射规则将源目的端口、协议类型压缩成一个端口协议字段

	端口协议字段	目的 IP 地址	源 IP 地址
规则 0	0x0008，0x0208	166.111.68.22 (0xa66f4416)	166.111.68.22 (0xa66f4416)
规则 1	0x0208	166.112.68.23 (0xa6704417)	166.112.68.23 (0xa6704417)
规则 2	0x0401	166.113.68.24 (0xa6714418)	166.113.68.24 (0xa6714418)
规则 3	0x0010	16.113.68.24 (0xa6714418)	166.112.68.23 (0xa6704417)
规则 4	0x0411	166.112.68.23 (0xa6704417)	166.113.68.24 (0xa6714418)

2.7.10　设计高速可行的报文分类算法的思路

1. 最慢的报文分类算法——线性查找算法

线性查找算法是一个按优先级降序排列的规则链表，一个报文顺序地与每个规则进行比较直到找到第一个与报文匹配的规则（因为规则已经事先按优先级降序排列好了，所以第一个匹配的规则就是最佳匹配规则）。算法的优点是简单，而且存储器的利用率很高，但这种算法显然扩展性很差。报文分类的时间随着规则数的增加线性增加，所以此算法因分类速度太慢而不可行。

2. 最快的报文分类算法及其缺点

最快的报文分类算法是利用哈希函数或其他方法直接计算出每个报文分类字段所对应的规则的位置，例如可以将所要分类的所有字段作为一个整体进行排序，这样用报文头各个字段的值作为索引值进行查找，只要一次内存访问时间就可以找到所匹配的规则。但这种算法要求非常大的内存空间，以 5 维分类为例，IP 源目的地址（各 32 位），源目的端口号（各 16 位），第四层协议类型（8 位），至少需要 2^{104} 个存储单元。即使是按 IP 源地址的 1 维分类，如果用这种方法也需要 $2^{32} = 4\,294\,967\,296$ 个存储单元，如果每个存储单元是 32 位，则至少需要内存 17 179 869 184 B，所以此算法因内存爆炸而不可行。

一个高速可行的报文分类算法是对前面提到的两个极端化解决方法的折中，是时间和空间的折中，但要找到一个既符合实时需要且以线速转发，同时又对内存的要求比较合理的报文分类算法并不是一件简单的事情。前言中已经谈到，在现有的算法中，一维、二维的分类算法比较多，而对高维（指二维以上）分类支持的算法要么要求的内存空间过大无法满足低成本的要求，要么分类的速度较低无法满足高速网络环境的应用需求。一个高速可行的报文分类算法应该从以下几个方面考虑。

（1）充分利用分类规则的特性

正如前面所述，虽然第四层协议类型长度是 8 位（可表示 256 种协议类型），但

真正在实际中使用的协议类型只有 7 种，这样就不需要 8 位表示协议类型了，而只需要 3 位就可以了。一旦协议类型所需要的位数少了，就可以减少内存的需求，而且也可以加快分类的速度。

再例如，研究了分类规则字段的分布规律之后，可以先查找分类规则中分布最均匀的字段，就有可能只查找报文前几个字段就可以提前找到匹配的规则，从而提前结束查找的整个过程。

（2）排序索引思想

因为通过排序，可以根据索引值进行快速查找，但正如前面所提到的一样，排序要大量的内存空间。要注意内存空间的爆炸问题，找到一个合适的平衡点是非常重要的。换句话说，分类是一个多目标的优化问题，而不是单目标优化问题。例如可以对要分类的报文字段进行分别排序，这样不仅可以加快分类的速度，同时也可以解决内存空间的爆炸问题。把这种方法在与其他方法结合起来就有可能设计出一个好的算法来。

（3）通过增加预处理时间来增加报文分类的速度

因为预处理在真正分类前执行且只执行一次，所以不影响分类时的操作，这样把一些可以在分类时做的工作放在分类的前面去做，就可以减少分类时所需要的时间。例如，提前对分类规则的某些分类字段进行预处理（如排序），从而使得在分类时可以利用索引值进行查找，加快分类的速度。再如，通过在预处理部分统计协议类型字段的种类个数，通过减少表示协议类型的二进制位数，减少整个分类的域宽，从而加快了分类的速度。通过删除在预处理部分统计出的冗余规则，使得分类时减少了分类的规则数，从而也加快了分类的速度。所有的这些操作都是通过增加预处理时间来加快分类速度的。

（4）提高内存的访问速度

内存访问是分类算法速度比较慢的主要原因，应减少内存访问的次数，同时可利用加快存储器访问速度的技术来提高访问内存的速度，例如利用交叉访问存储器，并行访问存储器等技术加快内存访问的速度。算法中用到的变量尽量用寄存器而少用内存，在用内存时尽量用芯片内存（on-chip），其次是 SRAM，SDRAM 等。但如果像 SDRAM 技术能被用上，内存的访问代价可以相对降低。因为这种设备不仅可以提供非常大的容量，而且只要存取是连续的就可提供高的存取速度。一个报文分类算法的执行如果要求比较多的对高速的 SDRAM 连续访问，则这种报文分类算法可能比使用高代价、低容量内存（如 SRAM）的报文分类算法更可行。另外，一个好的数据结构，巧妙的设计思路都可以减少内存的访问次数。需要注意的是，内存是按字长 w 进行组织的，存取一个字中任何位的子集的代价与存取一个字的代价是相同的。

（5）适当增加内存空间

前面已经提到分类速度与内存的需求是一对矛盾，在内存容许的前提下，通过适当增加内存空间可以提高报文分类的速度。例如前面提到的利用计算几何来研究点的定位问题，如果要求最好的时间复杂度 $O(\log N)$，则在没有其他技术的优化下，最坏的空间复杂度 $O(N^d)$ 就不可避免；如果要求最好的空间复杂度 $O(N)$，则在没有其他技术的优化下，同样最坏的时间复杂度 $O((\log N)^{d-1})$ 就不可避免。

（6）充分利用实现算法的硬件平台特性

算法都是在一定的硬件平台上实现的，不同的硬件平台有不同的硬件特性，如是否具有并行部件，是否提供流水线功能（如网络处理器 IXP1200 每个指令的执行都划分为 5 个阶段的流水线），高速缓冲的大小也不完全相同等，算法的实现要充分利用硬件平台的这些特性来提高分类算法的速度。

3．其他加快报文分类的技术

其他加快分类的技术包括是否能找到好的无冲突的哈希函数来快速定位规则的位置，从而加快分类的速度；如果某些规则或者报文命中率比较高，可以考虑高速缓冲[6]或者分层次技术[7]；另外，设计好的数据结构始终是加快分类速度的主要技术之一；基于智能的启发式的分类算法可能是未来彻底解决分类问题的一个方向。

4．理想的报文分类方法

理想的报文分类方法不仅要满足高速度（以线速度分类）、低存储要求（支持大量的分类规则）、快的更新速度、在执行上是可行的（低成本），同时要满足报文头分类字段在个数上的可扩展性和在表达上的灵活性。由于缺乏足够的大量的现实规则库的统计数据，所以很难量化这些参数的值。然而，不难想象一个通信公司的边缘路由器支持 1000 个 ISP 客户，每个又有 256 个 5 维的过滤规则，这样要求路由器的分类引擎要支持 256K 个过滤规则。

在实践中，理想的报文分类的解决方法很难找到，我们相信可能的解决办法是应该基于智能的启发式的方法。

2.8 区分可靠性保障的关键技术——缓冲管理策略

2.8.1 缓冲管理的意义

缓冲管理是指对网络传输结点中队列缓冲资源的管理。在分组传输过程中，其流经的网络传输结点通常采用队列缓存、延迟转发的服务方式以提高输出链路的带宽利用率和保障区分可靠性。当用户根据需要确定了不同需求的可靠性后，缓冲管理机制在分组到达队列前端时依据一定的策略和信息（如传输信息的优先级）决定是否允许该分组进入缓冲队列，从另一个角度看，也就是做出是否丢弃该分组的决策，因此也称为丢弃控制。就单个网络传输结点而言，其控制目标在于解决输出链路的带宽资源分配问题，把有限的资源公平的、有效的分配给不同的用户可靠性需求的服务类别。

队列缓冲资源的管理有两种典型策略：共享和划分。总体而言，共享策略的资源利用率高，但是难以保障不同用户的公平性；而划分策略虽然易于提供应用区分可靠性保障，却降低了资源的利用率。完全共享和完全划分的控制策略都难以达到满意的效果，由此出现了众多介于完全共享和完全划分策略之间的方案。

假定系统中可用的缓冲资源总量为 B，分配给 K 个不同的服务类别使用。为了有效公平地使用缓冲资源，需要为每个服务类别设定资源使用限额，分别为 $B_i(i=1, \cdots, K)$。调整 B_i 的设定，即得到不同的资源管理策略，以下分别论述。

2.8.2　完全划分的资源管理策略

根据公式（2-6）可知，完全划分策略把系统中所有的队列缓冲资源静态划分给不同的服务类别，不同服务类别的数据分组只能使用预先分配的队列缓冲资源，即使仍然有大量缓冲资源闲置。这种方案将不同的服务类别完全隔离，虽然在最坏情况下也可以保障不同服务类别的区分可靠性，但同时造成大量缓冲资源的浪费，降低了系统效率。

$$\sum_{i=1}^{K} B_i = B \tag{2-6}$$

完全划分策略可能使得分配给某些服务类别的缓冲资源一直闲置，而其他服务类别却因为缓冲资源不足而丢弃大量分组，导致系统资源分配的严重失衡，效率低下。这是由于系统资源的静态划分造成的，近年来针对这个问题提出了一些改进方案。

文献[8]中提出的虚拟划分方案（Virtual Partition，VP）基于虚拟划分的概念[9]，其核心思想在于，初始时的缓冲资源划分只是一种名义上的划分，在做分组丢弃控制时不但要依据初始的名义划分，还需要参考当时系统资源的占用情况。

假定初始系统资源划分为 $B_i(i=1, \cdots, K)$，并满足完全划分策略条件。为了简单起见，假定一个服务类别和系统中一个队列相关联，满足一一对应关系（后文如无特别说明均为一样的情况）。当队列长度 Q（即该队列对应服务类别所占用的缓冲资源）低于名义划分时，称之为轻载（Underloaded），否则称其为超载（Overloaded）。同时定义两个静态的系统资源预留参数 R_u 和 R_o，分别对应轻载状态和超载状态，并且满足 $0 \leqslant R_u \leqslant R_o < B$。当到达分组满足且只满足以下条件之一时即可被接收（其中 $Q(t)$ 为当前队列长度）。

$$\begin{cases} Q_i(t) < B_i, Q(t) < B - R_u \\ Q_i(t) \geqslant B_i, Q(t) < B - R_o \end{cases} \tag{2-7}$$

虚拟划分方案的思想显而易见：在系统缓冲资源整体占用较少的情况下，即使超过名义划分，依然可以更多的占用系统资源；而当资源整体大部分被占用的时候，即使尚未到达名义分配，也不允许其再占用剩余的缓冲资源。虚拟划分方案一定程度上提高了划分方案的资源利用率。

动态划分方案（Dynamic Partition）基于前端流量整形保证到达的数据流量符合规范，并依据流量约定计算需要为每个服务类别 i 预留的缓冲上限 $b_{0,i}$ 和缓冲下限 b_i。

同时，动态划分方案也提供对 best-effort 数据流的支持，并采取一定的策略保证其和规范数据流之间的公平性。在运行期间，动态划分方案动态调整为每个服务类别设定的缓冲空间上限 T，如公式（2-8）所示，其中 B 为系统缓冲容量，γ 为预设的参数，接近于 B，$Q(t)$ 为当前队列长度，α 为一调节因子。

$$\begin{cases} T_i(t) = b_{0,i} + \alpha(\gamma - Q(t)), & Q(t) \leqslant \gamma \\ T_i(t) = b_{0,i} - \dfrac{(b_{0,i} - b_i)}{(B - \gamma)}(Q(t) - \gamma), & \gamma < Q(t) \leqslant B \end{cases} \tag{2-8}$$

在系统中存在较多缓冲资源空闲时，动态划分方案允许不同服务类别的数据流占用的缓冲资源超过其上限；而当网络流量增大，缓冲资源的占用超过预设的参数 γ 时，就开始降低所有服务类别的缓冲空间上限，但最终仍按照缓冲资源下限为其保留相应的缓冲资源。

2.8.3 完全共享的资源管理策略

$$B_i = B \ (i = 1, \cdots, K) \tag{2-9}$$

由式（2-9）可以看出，完全共享的资源管理策略允许所有数据流使用系统中所有的缓冲资源。传统 Internet 网络采用完全共享策略，不做服务区分，让所有数据流共享所有的缓冲资源。这样虽然获得了相当高的系统资源利用率，但无法为用户应用提供区分可靠性支持，同时也无法提供公平性保障。

出于提供区分可靠性控制和公平性保障的考虑，推出方案在完全共享策略的基础上提供了基于优先级的服务类别区分控制。在推出方案中，只要队列中仍有足够的空闲缓冲资源，就允许到达分组进入队列，并占用该缓冲资源；而当系统中的缓冲资源被完全占用时，只有最低优先级的分组将被无条件丢弃，而较高优先级的分组则可以依据一定的策略"推出"（覆盖）队列中的已经缓冲的较低优先级的分组（如果存在），并占用相应的缓冲资源，这也是推出方案名称的由来。低优先级优先（Low Priority First，LPF）是一种最简单的推出方案——在系统中所有缓冲资源都被占用时，丢弃最低优先级的缓冲分组以满足新到达的高优先级分组的需求。

推出方案本质上是把完全共享策略和选择性丢弃的分组丢弃策略相结合，既可以获得最理想的缓冲资源利用率，同时采用不同的丢弃策略又可以实现不同的控制目标，为不同服务类别提供区分服务保障。推出方案存在的问题在于选择性丢弃机制的实现复杂度高，如何合理平衡控制的有效性和实现的难度仍是一个棘手的问题。

2.8.4　部分共享的资源管理策略

部分共享的缓冲资源管理策略介于前两者之间，既允许系统中一部分缓冲资源被所有服务类别的分组共享，又为高优先级服务类别的分组预留一部分资源以满足其突发需求。同时由于算法实现非常简单，因而也受到了相当广泛的关注，其控制公式见式（2–10）。

$$\begin{cases} \sum_{i=1}^{K} B_i > B \\ B_i \leqslant B(i = 1, \cdots, K) \end{cases} \tag{2-10}$$

部分缓冲共享方案（Partial Buffer Sharing，PBS）基于部分共享策略，采用单队列结构提供两级区分服务，分组丢弃控制阈值 TH 满足 $0<TH=B_1<B_2=B$。当队列长度（此处为被占用缓冲资源的总量）小于控制阈值 TH 时，所有到达的分组都可以进入队列；反之，则只有高优先级分组可以进入队列，低优先级的分组将被丢弃。

从分组的角度来看，缓冲管理也是分组丢弃机制。在数据分组到达队列前端时，缓冲管理方案根据一定的控制信息和当前系统状态决定是否丢弃该分组。

2.8.5　尾部丢弃与头部丢弃策略

尾部丢弃是所有丢弃策略中最简单的一个。尾部丢弃不需要选择丢弃的分组，只是在系统中没有空闲缓冲资源时丢弃到达的分组。尾部丢弃策略不需要保留任何和用户流相关的状态信息，然而尾部丢弃策略无法解决公平性问题，同时也无法避免 TCP 流的全局同步问题。

在缓冲资源被完全占用并且有新的分组到达队列前端时，头部丢弃策略丢弃队列最前端的分组，用以接纳新到达的分组。头部丢弃策略可以保证一定程度的公平性——分组丢弃正比于所消耗的系统带宽，当一个用户流发送越多的分组进入队列时，该用户流分组被选择丢弃的概率也越大。同时，头部丢弃策略可以提高 TCP 端系统对网络拥塞响应的性能，缩短网络拥塞的时间。

2.8.6　阈值丢弃策略

上述的尾部丢弃和头部丢弃策略对应着完全共享的缓冲资源分配策略，基于阈值的丢弃策略则对应着完全划分和部分共享的缓冲资源分配策略。基于阈值的丢弃策略是当考虑的参数大于某个设定的阈值的时候，不管系统是否还有空闲资源就开始丢弃分组。基于阈值控制参数的丢弃策略由于其机制简单、易于实现，是影响最广、被广泛接受和采纳的控制策略。

基于阈值的丢弃策略，无论是静态完全划分也好，还是静态部分共享也好，都有一个严重的问题——资源预留导致的利用率下降。众多的研究算法都偏向于动态调整控制阈值，如何依据当前状态和流量特性有效调整阈值，同时保证算法的稳定性是这类算法的关键所在。

2.8.7　随机丢弃策略

传统基于阈值的丢弃策略，在队列长度的阈值位置上有一个突变——从接收到直接丢弃，从控制理论的角度来看这将使得队列长度趋于不稳定，甚至产生振荡。文献[10]中提出的 RED 算法首先提出了基于概率的随机丢弃的思想，旨在平滑路由器上的分组丢弃行为。

2.8.8　非参数控制丢弃策略

非参数方案模型在优化问题求解，控制器设计等领域都有着非常广泛的应用。然而由于网络处理的实时性要求很高，这些方案的应用都有相当大的难度。文献[11]中提出了一种基于模糊控制思想的丢弃策略。其主体思想和随机丢弃策略非常接近，利用模糊控制的平滑过渡特性平滑分组丢弃行为，同时保持队列长度的稳定性。

这类方案的主要问题在于实现过于复杂，如果没有专用的硬件支持，软件实现的难度和复杂性远远超过现在网络设备的处理能力。

2.8.9　选择性丢弃策略

如前所述，绝大多数丢弃策略都基于一个队列操作的简单规则——进入队列的分组将不再被丢弃，而选择性丢弃策略则打破了这个约束，每当新的分组到达时，如果缓冲空间已经被完全占用则依据一定的策略选择出需要丢弃的分组（包含到达的新分组）。前述的头部丢弃策略正是选择性丢弃策略的一个简单实现。

由于选择性丢弃策略在数据流量足够大的情况下，总能保证所有缓冲资源都被使用，因此可以获得最大的缓冲资源利用率。然而选择性丢弃策略需要一种选择丢弃分组的机制，在支持多个服务等级的情况下，实现将更为复杂。

2.8.10　缓冲管理的典型算法——RED 算法

早期 IP 网中的拥塞控制机制在 TCP 传输控制协议中实现并由端系统执行，根据发送分组的丢弃估计网络中可能出现的拥塞，并相应降低发送速率以减轻网络的负担。然而这样的机制缺乏网络传输结点的配合，存在以下两个问题：

① 端系统采取的拥塞控制机制根据分组丢弃来判断出现网络拥塞，而此时拥塞已经发生，已经影响了网络的运行效率，而没有达到拥塞避免的效果；

② 早期 IP 网络中网络传输结点采用尾部丢弃策略，在缓冲资源被完全占用时将

造成大量分组丢弃。受此影响大量 TCP 数据源将几乎同时降低自己的发送速率，在短期内造成网络负载过轻，降低了网络资源的利用率；然后，所有 TCP 数据源又将同时逐步增大自己的发送速率，导致下一轮网络拥塞的出现，周而复始的影响网络的运行效率。这被称为 TCP 流的全局同步问题。

因此把拥塞控制引入到网络传输结点的控制机制中，提高网络资源的利用率成为研究领域内关注的话题，Floyd 和 Jacobson 正是由此而提出了影响相当广泛的随机早期检测（Random Early Detection，RED）算法[10]。RED 算法基于平均队列长度预测可能到来的网络拥塞，并采用随机选择的策略对分组进行标记（或丢弃该分组，这是为了和早期 TCP 协议中拥塞控制机制相兼容），在拥塞尚未出现时提示端系统降低其发送速率，到达拥塞避免的目的。同时，由于 RED 算法随机标记到达的数据分组，使不同 TCP 流的拥塞相应异步化，解决了 TCP 流的全局同步问题。

RED 算法不提供服务区分，采用完全共享策略和单队列结构对到达的分组进行排队。分组到达时，RED 算法采用指数加权平均算法计算系统的平均队列长度，作为拥塞预测的依据，并依此计算该分组的标记（或丢弃）概率。平均队列长度的计算公式如下：

$$\text{avg} = (1 - w_q) \times \text{avg} + w_q \times q \tag{2-11}$$

其中，q 为当前队列长度，w_q 为当前队列长度加权系数，满足 $0 < w_q < 1$，avg 为平均队列长度。从式（2-11）中可以看出，RED 算法采用平均队列长度作为判断是否拥塞的依据，平滑了突发流量到来时对算法的影响。在网络流量突然增大的情况下，由于平均队列长度的计算采用指数平均算法，同时 w_q 参数的数值一般设置得较小，使得平均队列长度变化很缓慢，不会突然增大而导致大量分组丢弃，提高了系统对于突发流量的适应性。

RED 算法设定两个控制阈值 min_{th} 和 max_{th}，当平均队列长度 avg 小于最小阈值 min_{th} 时，所有到达分组将都被允许进入队列，当 avg 超过最大阈值 max_{th} 时，所有到达分组将被直接标记（或丢弃）；而当 avg 介于两个控制阈值之间时，将依据一定的概率标记（或丢弃）到达的分组，标记（或丢弃）概率的计算公式如下：

$$p_b = \text{max}_p \times (\text{avg} - \text{min}_{\text{th}}) / (\text{max}_{\text{th}} - \text{min}_{\text{th}})$$

$$\tag{2-12}$$

其中 max_p 是预先设置的标记概率，下标 P 表示概率，p_b 为当前分组标记概率的计算值，如图 2-22 所示。

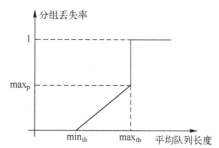

图 2-22　RED 算法丢弃概率分布

从式（2-12）中可以看出，RED 算法的标记概率随平均队列长度的变化满足分段线性关系。在算法的实际实现中，为了使被标记的分组散布的更均匀，对标记概率 p_b 作

如下修正得到 p_a 作为实际标记概率：

$$p_a = p_b / (1 - \text{count} \times p_b) \tag{2-13}$$

为了简化考虑，假定 p_b 在一段时间内保持为常数且 $1/p_b$ 为一整数。假定 X 为两次分组丢弃之间到达的分组个数，则应满足式（2-14），其中 Prob 表示概率。易见，经过优化处理后的分组标记概率使得两次分组丢弃之间到达的分组个数满足平均分布，有效地平滑了分组的标记过程。

$$
\begin{aligned}
\text{Prob}[X = n] &= \frac{p_b}{1 - (n-1) \times p_b} \times \prod_{i=1}^{n-1}\left(1 - \frac{p_b}{1 - (i-1) \times p_b}\right) \\
&= \begin{cases} p_b & (1 \leqslant n \leqslant 1/p_b) \\ 0 & (n > 1/p_b) \end{cases}
\end{aligned}
\tag{2-14}
$$

RED 算法的优点包括：

① 设计基于拥塞避免的思路，在网络尚未发生拥塞时提示端系统减小发送速率以避免网络拥塞的出现。同时 RED 算法不是采用源抑制策略立刻把反馈信息返回给发送端，而是通过设置标志位提示接收端，再由接收端传递给发送端。这样，对于网络传输结点而言，至少需要经历一次往返时间才能看到到达速率的降低。这使得 RED 算法判断拥塞的时间尺度和端系统响应拥塞指示的尺度大致吻合。

② 采用随机早期标记的策略处理到达的分组，使得不同端系统对拥塞指示的响应更加分散，有效地避免了 TCP 流全局同步现象的出现，提高了网络资源的利用率。

③ 有效地控制平均队列长度，使得系统吞吐率和分组时延到达很好的平衡，获得良好性能。

④ 虽然 RED 算法没有基于服务类别或用户流来设计，但是其随机选择标记的机制使得发送速率越大的用户流得到标记的概率也越大——与占用的带宽成正比。这样，如果需要的话，在网络发生拥塞时，可以根据标记分组的计数情况确定占用大量系统带宽的用户流，并采取一定的附加机制来保障系统的公平性。

⑤ RED 算法基于简单的控制机制，如果采取合适的参数设置，平均队列长度和标记概率的计算都可以转化为加法和移位操作完成，易于实现，因此也得到了业界的广泛认可和支持。

RED 算法存在的问题有：

① 对控制参数敏感过于敏感，难以优化参数设定。算法的性能对控制参数和网络流量负载的变化非常敏感。在用户流增大的情况下，RED 算法的性能会急剧下降。

② 不支持服务区分，基于 best-effort 服务模型，没有考虑不同等级服务之间，不同用户流之间的差别，无法提供有效的公平性保障。

2.9　区分可靠性保障的关键技术——分组调度策略

调度是保障区分可靠性的核心机制之一，是解决多个业务竞争共享资源问题的有效手段。本节所述分组调度实现对链路带宽的管理，是指按照一定的规则来决定从等待队列中选择哪个分组进行发送，使得所有输入业务流能够按照预定的方式共享输出链路带宽。它是实现网络服务质量控制的核心技术之一，也是确保区分可靠性的重要手段。

2.9.1　分组调度的功能

典型地，分组调度发生在传感器（路由器）去往下一个传感器（路由器）或主机的输出接口，但可潜在地存在于路由器内部的任何发生资源竞争而需要排队等待调度的地方。当一个分组到达网络结点后，分类器根据分组（或业务类）的上下文和粒度确定它所在的队列，分组进入相应队列排队等候，直至调度器将其选择发送。

如何把输入业务流对应到不同的队列中，不同的调度算法在不同的网络环境下有不同的方法，需要分类功能和调度规则的配合。先到先服务（First Come First Served，FCFS）只根据分组的到达时间对之进行服务，队列数为 1。这种调度算法的粒度较大，因为把所有输入业务流无区别地放在一个队列里。而较复杂的调度算法则会根据一定的规则把输入业务流对应到不同的队列里，从而对输入业务进行有区别的服务，称为 CQS 结构[11]（Classification，Queuing，Scheduling），如图 2-23 所示。分组调度的前提是分组的分类，在分类的基础上进一步进行调度。比如在因特网中，可以基于 IP 源/目的地址、传输层/源/目的端口和协议类型对输入业务进行分类，每一类可能对应一个队列。分类的结果使得不同队列中的分组有不同的服务质量要求，比如第一个队列要求排队时延不超过 5 毫秒，第二个队列要求排队时延小于 20 毫秒即可；或者第一个队列的服务速率为第二个队列服务速率的 2 倍，等等。虽然分类和调度紧密相关，但本节主要讨论对不同业务流所属队列的调度。假定在调度器之前存一个性能良好的分类器，能够根据调度规则对分组进行分类，并把分组存入到相应的队列中。

传统的路由器在每个输出链路接口只有单个队列，所以调度任务很简单——只要底层链路能传输，它就从队列中尽快地取出分组。支持区分可靠性的网络环境下，要求路由器每个接口有一个调度器，每个调度器对应多个队列，这些队列之间共享输出链路容量。何时和如何频繁地从每一队列中取出分组进行传输是由调度器运行分组调度算法完成的。当某个队列中的分组被调度发送时，其余队列只能等待。而在每个队列内部，仍然采用 FCFS 的服务方式。分组长度可以是变化的，而且一个分组的服务不能被抢断。

分组调度规定了分组从每个队列离开的瞬时特性，通过流隔离，使得不同业务类的分组得到不同等级的服务。具体表现为带宽分配、时延范围和抖动控制、不同业务类之间公平性和相对优先级。

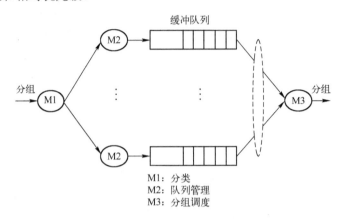

M1: 分类
M2: 队列管理
M3: 分组调度

图 2-23 多队列系统的 CQS 结构

① 带宽分配：一个调度器可为特定的业务类提供最低的带宽可靠性保证，以确保分组规则地从该类所在队列中取出（即确保队列被规则地服务）。一个调度器也可提供速率整形（控制一些特殊业务类的最大允许带宽）以限制该类的队列被服务的频率。根据调度器设计，它可能对每一队列既强调上限带宽，又强调下限带宽，或对某些队列只强调上限或只强调下限带宽。

② 时延控制：某些实时业务要求严格的时延可靠性保证和抖动控制，而某些非实时业务则需要较为宽松的时延可靠性控制。对于某个业务类，其平均服务速率（服务带宽）$R(s)$ 与经历的排队时延 D 存在着关系：$Q = D \cdot R(s)$，其中 Q 为该服务类所在队列的平均长度。这个关系可以从两个方面理解：对于具有一定到达速率的业务类，在不考虑分组丢弃的情况下，带宽分配可以通过时延特性来反映；调度器通过控制各个业务类的服务速率分配，来实现对实时特性的控制。分组公平排队（Packet Fair Queuing，PFQ）算法就采用了这种思想。

③ 相对优先级控制：调度器使得重要的分组得到最好的可靠性，次要分组得到较差的可靠性，表现出使用共享资源的一定的相对优先级。这种优先级关系可以在系统初始化时设置为静态优先级，也可以在运行过程中根据系统状态进行调节，即计算动态优先级。

2.9.2　分组调度算法本质分析

调度算法是研究分组调度的核心问题，本质上可以理解为从多个对象 O_i（$0 < i \leqslant N$）中选择一个符合某种条件 C 的对象 O_j 进行服务。具体到分组调度，就是从多个队列 Q_i（$0 < i \leqslant N$）中选择一个符合某种条件 C 的队列 Q_j 进行服务（分组发

送），即从系统中找到一个关系 (C, j)，其中 j 为队列编号。寻找关系 (C, j) 的基本方法有以下两种：

① 先确定 j，即假设下一个要服务的队列为 Q_j，然后判断该队列是否满足条件 C。如果满足，则服务之，如果不满足，则再判断下一个队列。这可称为基于轮循的方法。

② 通过比较判断条件 C 来确定 j。按照条件 C 的要求为每个队列动态计算一个优先级参数 p_j，每次调度具有最大或最小 p_j 值的队列。这可称为基于优先级的方法。大部分现有算法可归结为此类方法，不同之处在于如何设定条件 C 和如何计算优先级 p_j。

另外，从分组调度的控制过程来看，分组调度就是根据某些与队列相关的信息进行判断和控制，从而改变队列和系统的状态，实现某种控制目标。

调度算法所依据的系统信息又分为两个层面：时间层面和空间层面。时间层面是指所考虑的信息可以是静态的（比如静态优先级、权值等）、可以是当前的状态信息、也可以是历史状态信息（比如平均值）。空间层面是指考虑不同对象的信息如数据到达速率、队列长度、分组的等待时间等。一般来讲，考虑的信息越多，算法越有效，当然复杂性也就越高。比如有些简单算法，如轮循（Round-Robin，RR），优先排队（Priority Queuing，PQ），只考虑队列的静态信息（静态优先级），有些更先进的算法，如 WFQ（Weighted Fair Queuing，权重公平队列）、EDF（Earliest Deadline First，最早截止优先），则考虑了分组的服务时间、到达时间等状态信息。

调度算法的控制目标在某种程度上是与系统服务模型相关的。算法可以进行带宽分配，例如 DRR（Deficit Round Robin），可以提供严格的时延范围的保证（比如 WFQ、EDF 等，适用于综合服务模型），也可以提供服务等级的比例关系，比如 WTP（Waiting Time Priority）、HDP（Historical Date Priority），适用于区分服务模型。

分组调度算法还有一种特性：连续工作（Work-Conserving）或断续工作（Non-Work-Conserving）。连续工作是指只要系统中有等待分组，调度器就可以选出一个分组进行服务。连续工作的调度算法可以获得很高的链路利用率。断续工作是指即使系统中有等待分组，调度算法也可能暂时不对其进行调度。这一类算法一般是在输入业务流被调度之前对其进行整形（Shaping）处理。好处是可以对端到端时延和时延抖动进行控制，缺点是链路利用率较低。只有少数算法是断续工作的，比如 HRR（Hierarchical Round Robin，分类循环），Jitter-EDD（Jitter-Earliest-Due-Date，抖动最早到期优先）。

2.9.3　分组调度算法的性能指标

分组调度算法在不同的环境下可能有不同的应用。比如，分组调度算法可能被用于隔离恶意业务流来为正常业务流提供服务质量保证，还可能用来让用户平等地使用共享链路的可用带宽。有效的分组调度算法应该拥有诸多好的特性，这里将其总结为有效性、公平性和复杂性这三个方面。

1. 有效性

分组调度算法应该能够实现预期的控制目标，使得各个数据流（业务类）能得到事先约定的等级的服务。有效性可包括资源利用率和时延特性等。资源利用率体现了系统对调度算法的要求，时延特性体现了用户对调度算法的要求。分组调度算法应为不同的业务流提供端到端的时延保证，而且只与此业务流的某些参数（如带宽需求）有关，而与其他的业务流无关；或者保证不同业务流时延之间的优先级关系。Stiliadis 和 Varma 首先提出了一种分析网络中不同分组调度算法带来的端到端时延的模型：时延速率服务器（Latency Rate Server，LRS）[12]。Francini 随后又提出了另一种分析端到端时延的模型：速率分隔时签调度器（Rate Spaced Timestamp Scheduler，RST）[13]、[14]，此模型的限制条件比 LRS 少，而且在定长分组环境下应用时更加有效。

2. 公平性

可用的链路带宽必须以公平的方式分配给共享此链路的各个业务流，并且必须能够隔离不同的业务流，让不同的流只享用自己可以享用的带宽，这样即使存在恶意或高突发性业务，它也不致影响到其他的正常业务流。然而，不同的人对公平性有不同的理解。有人认为，公平就是所有用户均等地占用资源，也有人认为，公平是相对而言的，与用户的需求和系统状态有关。关于算法公平性的定义有：服务公平指数（Service Fairness Index，SFI）[15]、最坏公平指数（Worst-case Fairness Index，WFI）[15]和 Raj Jain 公平指数（Raj Jain's Fairness Index）[16]以及成比例公平原则。SFI 表示任意两个活动队列在任意时间间隔内收到的规格化（Normalized）服务量（等于服务量与其分配的服务速率的比值）的最大差值；WFI 用来表示一个队列在分组级系统和相应流系统上接收到的服务量的最大差值，较大的 WFI 意味着调度输出业务较大的突发性；Raj Jain 公平指数表示所有队列收到的服务量之和的平方与这些服务量平方和的比值再除以队列个数，可用来评价系统中所有业务流的带宽分配或时延公平性。

3. 复杂性

速度的不断提高和规模的不断扩大是网络发展的一个趋势。在高速网络中，分组调度算法必须能够在很短的时间内完成分组的调度转发。这要求调度算法应该比较简单，易于实现。另外当业务流数量增加和链路速率变化范围较大时，调度算法仍应有效工作，即要求算法具有良好的可扩展性。然而，算法的有效性和复杂性之间是存在矛盾的，一般来讲，考虑的信息越多，算法越有效，复杂性也就越高。因此分组调度算法通常是在实现简单性和有效性之间进行折中。

分类后的分组的储存和调度主要考虑分类分组的实时传输和公平性的要求，满足这些要求的不同方法表现为不同的策略。先入先出（First In First Out，FIFO）调度策略是一种最自然、最简单的调度策略。它没有考虑分类分组传输的不同性能要求，使用相同的服务规则对待所有的分类分组，仅按分类分组到达的顺序进行服务和输出。下面是考虑了用户感知可靠性的需求得出的不同调度策略。

2.9.4　静态优先级的调度策略

常见的基于静态优先级的分组调度算法有 PQ 和队列长度阈值（Queue Length Threshed，QLT）[17]。

PQ 算法给每个队列赋予不同的优先级，每次需要调度时，具有最高优先级的非空队列中的分组最先被选择服务。如果最高优先级的队列为空，则服务具有次优先级的队列，以此类推。这样，最重要的分组能得到最好的服务，比如最小的时延。此类算法简单，容易实现，然而在高优先级队列源源不断有分组到达时，低优先级的队列容易被"饿死"，即在很长时间内得不到服务，因而公平性很差。而且，优先级是静态配置的，不能动态适应变化的网络要求。

解决 PQ 算法中低优先级队列"饿死"现象的一个有效手段就是设置调度阈值。QLT 给每个队列设置调度阈值，需要进行调度时从最高优先级开始比较队列的长度和调度阈值。当最高优先级队列的长度大于等于其调度阈值时，该队列头部的分组首先被选择服务。当最高优先级队列的长度小于其调度阈值时，不再服务调度该队列，而是检查具有次高优先级的队列，以此类推。通过设置合理的调度阈值，QLT 算法在保证优先级关系的基础上，提高了公平性。

2.9.5　动态优先级的调度策略

动态优先级策略对静态优先级策略进行了改进。在动态优先级策略中，优先级是随时间而动态变化的。可给定一个最小松弛阈值（Minimum Laxity Threshed，MLT）或队列长度阈值（QLT），用阈值控制来改善低优先级分类分组传输的性能。

采用最小松弛阈值时，等待队列中分类分组的松弛度定义为缓冲区中空槽的个数，队列中的分类分组或者被传送出去，或者其松弛度变为零。若松弛度为零，则该分类分组被丢弃。如果队列中有松弛度小于最小松弛阈值的延迟敏感分类分组，则将优先级赋予延迟敏感分类分组的传输，否则，将优先级赋予丢失敏感分类分组的传输。采用队列长度阈值时，当队列中丢失敏感分类分组个数超过阈值，则将优先级赋予丢失敏感分类分组的传输，否则，将优先级赋予延迟敏感分类分组的传输。

MLT 和 QLT 方案比较，MLT 方案在每一个时间区间内，都必须重新计算每一个实时分类分组的松弛度，然后再从队列中找出具有最小松弛度的分类分组，这一过程非常复杂，当到达转换结点的分类分组数很多时，往往使该结点成为传输瓶颈。因此，相对而言，QLT 方案由于其算法简便，比 MLT 更具有实用性。

2.9.6　最早截止优先的调度策略

最早截止优先（Earliest-Deadline-First）的调度方案要求在分类分组进入网络前给分类分组分配传输时间期限，具有最早期限但又不超过时间期限的分类分组被首先传输。在不考虑分类分组丢失率有不同优先级的条件下，这个方案是最优方案。

2.9.7　分类分组丢失控制和实时调度的综合策略

这个方案同样要求在分类分组进入网络前给分类分组分配传输时间期限，但为了提高网络吞吐量，在分类分组进入等待队列时，将分类分组尽量放在靠近时间期限位置。当从等待队列头部到时间期限位置已满时，从这些位置中挑选一个具有最小丢失优先级的分类分组，将其丢弃，而将新的具有较高丢失优先级的分类分组放入等待队列。这个方案采用工作保留规则，只要等待队列不为空，就对队列中排位最前的分类分组进行传输服务。这个方案具有分类分组加权丢失率最优的性质。

第 **3** 章

网络可用性实现机制与评价

3.1 网络可用性概述

目前，国际公司变得越来越分散，公司体系结构可以将管理职责分布到远程办公室，授权个人进行决策。很多公司在世界各地的办公室具有分布式计算机系统，它们可以很容易地访问到公司数据。虽然公司变得越来越不集中，或者区域上越来越分散，但它们却越来越需要共享跨单位和分支办公室的信息。结果，公司将它们的应用合并到较少的服务器上，以便整个企业易于访问，由此，单个被合并的服务器的可用性显得更为重要，因为现在更多的应用程序和更多的用户连接到了这个服务器上，这就要求系统具有较高的可用级别，公司必须使系统的正常运行时间最大化，而使停工时间最小化，这就是网络可用性的问题。下面先看网络可用性的定义。

定义 3.1 网络可用性（Availability） 网络可用性是指网络可以提供正确服务的能力，它是为可修复系统提出的，是对系统服务正常和异常状态交互变化过程的一种量化，是网络可以被使用的概率。它是可靠性和可维护性的综合描述，系统可靠性越高，可维护性越好则可用性越高。根据可用性与时间的关系，可用性分为瞬时可用性和稳态可用性。

① 瞬时可用性的形式化计算。设系统正常服务状态的集合为 S_A，系统在时间 t 所处的状态为 $X(t)$，则瞬态可用性描述系统在任意时刻可提供正常服务的概率为：

$$A_{\mathrm{I}}(t) = P\{X(t) \in S_A\} \tag{3-1}$$

② 稳态可用性的形式化计算。稳态可用性描述在一段时间内系统可用来正常执行有效服务的程度：

$$A_{\mathrm{S}} = \lim_{t \to \infty} A_{\mathrm{I}}(t) = \lim_{t \to \infty} \frac{\int_0^t A_{\mathrm{I}}(u)\mathrm{d}u}{t} \tag{3-2}$$

通俗地讲，网络可用性是指网络提供的服务是可用的，可用性使合法用户能访问网络系统，存取该系统上的信息，运行系统中各种应用程序。网络系统可用性并不是简单的网络设备、服务器或结点的可用与不可用，而是一种综合管理信息，以反映支持业务的网络是否具有业务所要求的可用性。网络系统的可用性包括：链路的可用性，交换结点的可用性（如交换机和路由器），主机系统的可用性，网络拓扑结构的可用性，电源的可用性以及配置的可用性等。系统整体的可用性要考虑木桶原理，可用性最低的网络设备、服务器或结点是整个系统可用性的关键点。

网络可用性 A 用下列公式计算：

$$A = MTBF/(MTBF+MTTR)\times100\% \tag{3-3}$$

其中平均无故障时间（MTBF）反映了网络系统的可靠性，它取决于网络设备硬件和软件本身的质量，在平均修复时间（MTTR）一定的情况下，MTBF 越大网络的可用性就越大。当然也不是 MTBF 值越高越好，可靠性越高设备成本也越高，根据实际需求选择适度可靠性就行了。MTTR 反映了网络系统的可维护性，MTTR是随机变量"系统恢复到可用的时间"的期望值，它包括确认系统失效发生所需的时间以及维护所需要的时间。更具体讲，MTTR 也包含获得设备的时间，维修团队的响应时间，记录所有任务的时间，还有将设备重新投入使用使用的时间，即指系统修复一次故障所需要的时间。在 MTBF 一定的情况下，它越小网络的可用性越大。

在讲述可用性时，常常容易跟可靠性混淆，要注意它们的区别。可靠性是提供正确服务的连续性，它可以描述为系统在一个特定时间内能够持续执行特定任务的概率。它侧重分析服务正常运行的连续性，而可用性是为可修复系统提出的，是对系统服务正常和异常状态交互变化过程的一种量化，是可靠性和可维护性的综合描述。例如系统发生了故障，需要维修，对于可用性来说，这个维修处理需要的时间越短越好，但不能说这个维修处理时间越短，可靠性越高，因为假如在很短的 1 分钟内就让系统恢复正常了，但是系统出问题的频率很高，十天半月就出一次故障，那系统的可用性可能很高，但可靠性仍然很低。相反，如果系统出问题的频率很低，一年才出一次故障，即使维修时间较长，可靠性还是比较高的。一个具有低可靠性的系统可能具有高可用性，例如，一个局域网每小时失效一次，但在 1 秒后即可恢复正常。该网络的平均故障间隔时间是 1 小时，显然有很低的可靠性，然而，可用性却很高：$A = 3599/(3599 + 1) = 0.99972$。一般情况下，可用性不等于可靠性，只有在系统一直处于正常连续运行的理想状态下，两者才是一样的。

高可用性的网络首先要确保不能频繁出现故障，即使出现很短时间的网络中断，都会影响业务运营，特别是实时性强、对丢包和时延敏感的业务，如语音、视频和在线游戏等。其次，高可用性的网络即使出现故障，应该能很快恢复，这包括快速定位故障和快速恢复故障两个方面。如果一个网络一年仅出一次故障，但故障需要几个小时，甚至几天才能恢复，那么这个网络也算不上一个高可用性的网络。

从公式（3-3）可知，提高系统可用性主要从两个方面着手解决，一是增加 MTBF，二是减少 MTTR。增加 MTBF 的主要措施包括第 2 章讲的避错和容错两种方法，减少 MTTR 的主要措施包括检错和排错（恢复）两种方法。因此提高系统可用性的主要措施有避错、容错、检错和排错四个方面：避错和容错可以提高系统的可靠性，检错和排错可以提高系统的可维护性，具体机制如图 3-1 所示。

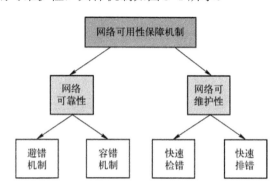

图 3-1　实现网络高可用性的基本机制

3.2　造成网络系统不可用的原因和评价标准

造成网络系统不可用的因素较多，除了第 2 章介绍的造成网络不可靠的原因外，另一个就是导致网络可维护性差所造成的原因，具体包括：① 技术人员的理论和实践技术不过硬，出现问题不能快速定位问题的位置和原因，或者找到问题不能及时解决；② 日常网络管理不规范，主要指不规范的网络管理流程和制度等，包括技术文档记录和管理不规范，关键的时候找不到相关的记录文档等。

网络可用性机制的评价标准包括所采取的机制对网络可靠性和可维护性的提高程度，在提高可用性时所付出的代价和对系统性能的影响，以及对可用性的提高是否可以进行量化评估与分析等。

（1）对可靠性的提高

这个评价标准是看所采取的措施是否有利于提高平均故障间隔时间（MTBF），即保证网络在规定时间内不出故障或少出故障，主要的措施是避错和容错机制。

（2）对可维护性的提高

这个评价标准是看所采取的措施是否有利于降低平均修复时间（MTTR），即网络出了故障要能迅速修复，主要的措施是快速检错和快速排错（恢复）机制。

（3）考虑付出的代价

不同的可用性要求付出的代价可能差别很大，因此既要考虑可用性，又要以获得较高的性价比为原则。

3.3 基于网络管理提高网络可用性

网络可用性与网络管理有直接的关系，网络管理是随着计算机网络技术的发展而发展的。早期的计算机网络主要是局域网，在一定范围内连接数百台计算机，因此最早的网络管理就是局域网管理，其目的主要是保证在局域网内的所有计算机能够顺利地传递和共享文件，因此早期的局域网管理系统与网络操作系统密不可分。随着Internet 的出现，跨地域的广域网得到了飞速发展，这时的网络管理已不再局限于保证文件的正确传输，而是扩展为保障连接网络的网络对象（路由器、交换机、线路等）的正常运转，同时监测网络的运行性能，并不断优化网络的拓扑结构。网络管理系统也因此越来越独立，越来越复杂，功能也越来越完备，网络管理随之也发展成为计算机网络中的一个重要分支。随着国际上各种网络管理标准的相继制定，网络管理正在逐步变得规范化、制度化。企业和服务提供商越来越认识到在当今计算环境中网络管理的重要战略地位。

3.3.1 网络管理概述

1. 网络管理的内容

网络管理的目的是更加有效地利用网络中的资源，以维护网络的正常运行，并在网络出现故障时能及时报告和处理，协调、保持网络系统的高效运行。

对于一个网络管理系统，一般需要定义以下内容：

① 网络管理功能，即一个网络管理系统应具有哪些功能；

② 网络资源表示，因为网络管理的一大部分内容是对网络中资源的管理。所谓网络中的资源是指网络中的硬件、软件以及所提供的服务等。网络管理系统必须能够在系统中将它们表示出来，才能对其进行管理；

③ 网络管理协议，网络管理系统实现对网络的管理主要靠系统中网络管理信息的传递来实现。网络管理信息如何表示、怎样传递，需要有专门的网络管理协议来规定；

④ 网络管理系统，即网络管理系统采用什么样的管理模型，系统由哪些部分构成，这些构成部分之间的关系怎样，以及网络管理系统的总体结构如何。

2. 网络管理系统的逻辑模型

通常一个网络管理在逻辑上由被管对象（Managed Object）、管理进程（Manger）和管理协议（Management Protocol）这三部分组成。

被管对象是抽象的网络资源。ISO 认为，被管对象从 OSI 角度所看到的 OSI 环境下的资源。这些资源可以通过使用 OSI 管理协议而被管理。ISO 的 CMIS/CMIP 采用

ASN.1 语言描述对象，被管对象在属性（Attributes）、行为（Behaviors）和通知（Notifications）等方面进行了定义和封装。

管理进程是负责对网络中的资源进行全面管理和控制（通过对被管对象的操作）的软件。它根据网络中各个被管对象的参数和状态变化来决定对不同的被管对象进行不同的操作。

管理协议则负责在管理系统与被管对象之间传送操作命令和负责解释管理操作命令。实际上，管理协议也就是保证管理进程中的数据与具体被管对象中的参数和状态的一致性。

3.3.2　网络管理的主要功能

在实际的网络管理过程中，网络管理应具有的功能非常广泛。ISO/OSI 在 ISO/IEC 7498-4 文档中定义了网络管理的五大功能，即故障管理、配置管理、计费管理、性能管理和安全管理，这五个方面是网络管理最基本的功能。事实上，网络管理还应该包括其他一些功能，比如网络规划、网络管理者的管理等。不过除了网络管理的五大基本功能之外，其他的网络管理功能实现都与具体网络的实际条件有关，因此这里只关注 ISO/OSI 网络管理标准中的五大功能。

1. 故障管理

故障管理（Fault Management）是整个网络管理的核心，是指网络管理功能中与故障检测、故障诊断、故障恢复或排除等措施有关的网管功能，其目的是保证网络能够提供连续、可靠的服务。

用户都希望有一个运行可靠的计算机网络。当网络中某个组成部件发生失效时，网络管理系统必须迅速查找到故障并及时排除。通常很难马上检测和隔离引起失效的某个故障，因为网络故障的产生原因往往非常复杂，特别是当故障是由多个网络组成部件共同引起的时候。因此，通常的做法是先将网络修复，然后再分析网络故障的原因。分析故障原因对于防止类似故障的再次发生非常重要。

故障管理功能主要包括：

① 检测被管对象的差错，或接收被管对象的差错事件报告；

② 在紧急情况下启用备份设备或迂回路径，提供新的网络资源用于服务；

③ 创建和维护差错日志库，并对差错日志进行分析；

④ 进行诊断和测试，以追踪和确定故障位置、故障性质；

⑤ 通过对故障资源的更换、修复或其他恢复措施使其重新开始服务。

对网络故障的检测依据对网络组成部件状态的监测。不严重的简单故障通常只是被记录在错误日志中，不作特别处理；而比较严重的故障则需要发出报警通知网络管理系统。一般网络管理系统应能够根据有关信息对报警进行处理，排除故障。当故障比较复杂时，网络管理系统应该能够执行一些诊断测试来辨别故障原因。

故障管理的日常工作包含对所有结点动作状态的监控、故障记录的追踪与检查，以及平常对网络系统的测试。

2. 配置管理

配置管理（Configuration Management）是网络管理的最基本的功能，用来定义、识别、初始化、控制和监测通信网中的被管对象，改变被管对象的操作特性，报告被管对象状态的变化等。其目的是实现某个特定功能或使网络性能达到最佳。

配置管理功能需要监视和控制的内容包括：网络资源及其活动状态，网络资源之间的关系，新资源的引入和旧资源的删除等。

配置管理功能主要包括：

① 鉴别并标识辖区内的所有被管对象；

② 设置被管对象属性的参数；

③ 处理被管对象之间的关系；

④ 改变被管对象的操作特性，报告被管对象的状态变化；

⑤ 动态地定义新的被管对象和删除已废除的被管对象等。

配置管理要求在管理中心和各个被管对象的设备中都要有配置信息数据库。配置信息数据库中记录着关于网络（或设备）的配置关系和当前的状态值，依据这些信息，可以反映出网络中管理对象的关系和它们的运行状态，为其他管理功能提供基础信息来源。

3. 计费管理

计费管理（Accounting Management）随时记录网络资源的使用，目的是控制和监测网络操作的费用和代价。它可以估算出用户使用网络资源可能需要的费用，以及已经使用的资源。

计费管理是网络系统向用户提供服务好坏的重要指标之一，而且也能让用户更好地使用网络提供的各种服务，提高网络系统的运营效益，即保护网络运营者和网络使用者双方的利益。网络管理者还可以规定用户可使用的最大费用，从而控制用户过多占用和使用网络资源。另外，当用户为了一个通信目的需要使用多个网络中的资源时，计费管理应该能够计算总费用。它对一些公共商业网络尤为重要。

计费管理功能主要包括：

① 统计网络的利用率等效益数据，以使网络管理者确定不同时期和时间段的费率；

② 根据用户使用的特定业务在若干用户之间公平、合理地分摊费用；

③ 允许采用信用记账方式收取费用，包括提供有关资源使用的账单审查；

④ 当多个资源同时用来提供一项服务时，能计算各个资源的费用。

计费系统的基础是计费数据采集，但计费数据采集往往受到采集设备硬件与软件的制约，而且也与进行计费的网络资源有关。同时，由于计费政策会经常发生变化，因此实现用户自由制定输入计费政策尤其重要。这样就需要一个制定计费政策的友好人机界面和完善的实现计费政策的数据模型。对于网络用户，需要提供其使用网络资源情况的详细信息，网络用户根据这些信息可以计算、核对自己的收费情况。

4. 性能管理

性能管理（Performance Management）以网络性能为准则收集、分析和调整被管对象的状态，其目的是在使用最少的网络资源和具有最少的数据时延下，保证网络可以提供高可靠、高吞吐的通信能力。

性能管理收集分析有关被管网络当前状况的数据信息，并维持和分析性能日志，包括监视和分析被管网络及其所提供服务的性能机制。性能分析的结果可能会触发某个诊断测试过程或重新配置网络以维持网络的性能。

性能管理功能主要包括：

① 从被管对象中收集与性能有关的参数信息；

② 分析并统计被管对象的性能，对与性能有关的历史数据进行记录和维护；

③ 分析当前统计数据以及时检测性能故障，产生性能告警和事件报告；

④ 将当前统计数据的分析结果与历史模型比较以预测性能的长期变化；

⑤ 形成改进性能评价准则和性能门限；

⑥ 以保证网络性能为目的，对被管对象和被管对象组实施控制。

OSI 性能管理标准定义了网络或用户对性能管理的需求，以及度量网络或开放系统资源性能的准则，还定义了若干参数用于度量负载、吞吐量、资源等待时间、响应时间、传播时延、资源的可用性，以及表示服务质量变化的参数，从这些参数可以反映出网络的关键特性和运行情况。性能管理功能需要获得配置管理服务和故障管理服务的支持，才能实现对各种对象参数的收集和控制。

5. 安全管理

安全性一直是网络的薄弱环节之一，而用户对网络安全重要性的要求又在日益强化，因此网络安全管理（Security Management）非常重要。这里是从管理的角度来看待安全问题。网络安全管理应包括两部分，首先是网络管理本身的安全，其次是被管网络对象的安全。

网络安全将在后续章节中详细讲述，这里只说明安全管理中有哪些主要功能，它包括：

① 管理员身份认证，可采用基于公开密钥的证书认证机制；

② 管理信息存储和传输的加密与完整性；

③ 网络管理员分组管理及访问控制；

④ 对涉及安全访问的网络操作事件的记录、维护和查阅等日志管理；

⑤ 接收并分析网络对象所发出的报警事件，及时发现攻击或可疑的攻击迹象；

⑥ 实时监测主机系统的重要服务（如 WWW，DNS 等）的状态，并给出安全隐患的弥补措施。

因为网络系统的安全问题与系统的其他管理构件（如上述的配置、计费、故障等管理）有密切关系，所以要实现对网络安全的控制与维护，安全管理设施往往要调用一些其他管理的服务功能。例如需要使用具有特殊权限的设备控制命令来实现加密操作；若发现安全管理故障时，需要向故障管理设施通报安全故障事件以便进行故障记录和故障恢复，还要接收计费管理设施发来的计费故障和访问故障事件通报。

3.3.3 简单网络管理协议 SNMP

1. SNMP 的历史

在网络管理协议产生以前的相当长的时间里，管理者要学习各种从不同网络设备获取数据的方法。因为各个生产厂家使用专用的方法收集数据，相同功能的设备，不同的生产厂商提供的数据采集方法可能大相径庭。在这种情况下，制定一个行业标准的紧迫性越来越明显。ISO 于 1979 年开始对网络管理的标准化工作，主要针对 OSI 七层协议的传输环境。ISO 的成果是 CMIS（公共管理信息服务）和 CMIP（公共管理信息协议）。二者规定了 OSI 系统的网络管理标准。

后来，Internet 工程任务组（IETF）为了管理以几何级数增长的 Internet，把已有的 SGMP（简单网关监控协议）进行修改后，作为临时的解决方案。这个在 SGMP 基础上开发的解决方案就是著名的 SNMP（简单网络管理协议）。SNMP 一共发展了 3 个主版本，分别为 SNMPv1，SNMPv2 和 SNMPv3。

（1）SNMPv1

1990 年 5 月，RFC 1157 定义了 SNMP 的第一个版本 SNMPv1。RFC 1157 和另一个关于管理信息的文件 RFC 1155 一起，提供了一种监控和管理计算机网络的系统方法。

SNMPv1 主要有如下几个特点：

    ◇ 简单性，非常容易实现且成本很低；

    ◇ 可伸缩性，SNMP 能够管理绝大部分符合 Internet 标准的设备；

    ◇ 扩展性，通过定义新的"被管理对象"，可以非常方便地扩展其管理能力；

    ◇ 健壮性，即当被管理设备发生严重错误时，不会影响管理者的正常工作。

（2）SNMPv2

SNMP 在 20 世纪 90 年代初得到了迅猛发展，同时也暴露出了明显的不足，如，难以实现大量的数据传输，缺少身份验证（Authentication）和加密（Privacy）机制。因此，1993 年发布了 SNMPv2。

SNMPv2 主要具有以下特点：

↩ 支持分布式网络管理；

↩ 扩展了数据类型；

↩ 可以实现大量数据的同时传输，提高了效率和性能；

↩ 丰富了故障处理能力；

↩ 增加了集合处理功能；

↩ 加强了数据定义语言。

但是，SNMPv2 并没有完全实现预期的目标，尤其是安全性能没有得到提高，如：身份验证（如用户初始接入时的身份验证、信息完整性的分析、重复操作的预防）、加密、授权和访问控制、适当的远程安全配置和管理能力等都没有实现。

1996 年发布的 SNMPv2c 是 SNMPv2 的修改版本，被称为基于共同体名的 SNMPv2。该协议版本虽然增强了功能，但是安全性能仍没有得到改善，继续使用 SNMPv1 的基于明文密钥的身份验证方式。

（3）SNMPv3

1997 年 4 月，IETF 成立了 SNMPv3 工作组。SNMPv3 的重点是安全、可管理的体系结构和远程配置。该协议版本采用基于用户的安全机制，其安全机制进行了更新，并且对协议机的逻辑功能模块进行了划分，从而保证了良好的可扩充性。

IETF SNMPv3 工作组于 1998 年 1 月提出了互联网建议 RFC 2271—2275，正式形成 SNMPv3。这一系列文件定义了包含 SNMPv1、SNMPv2 所有功能在内的体系框架及包含验证服务和加密服务在内的全新的安全机制，同时还规定了一套专门的网络安全和访问控制规则。也可以说，SNMPv3 是在 SNMPv2 基础之上增加了安全和管理机制。

2. SNMP 体系结构

SNMP 的体系结构包括三个主要部分，即管理信息库 MIB、管理信息结构 SMI 和 SNMP 协议本身。MIB 是存储各个被管对象的管理参数的数据库；SMI 定义每一个被管对象的信息，以及如何用 ASN.1（抽象语法记法 1）描述这些信息在管理信息库中的表示；SNMP 提供在网管工作站与被管对象的设备之间交换管理信息的协议。

（1）管理信息库 MIB

大多数实际网络都采用了多个制造商的设备，为了使管理站能够与所有这些不同设备进行通信，由这些设备所保持的信息必须严格定义。如果一个路由器根本不记录其分组丢失率，那么管理站向它询问时就得不到任何信息。所以 SNMP 极为详细地规定了每种代理应该维护的确切信息，以及提供信息的确切格式。每个设备都具有一个或多个变量来描述其状态。在 SNMP 文字中，这些变量叫做对象（Object）。网络的所有对象都存放在一个叫做管理信息库（MIB）的数据结构中。

MIB 是一个信息存储库，包括了数千个数据对象，它包含了管理代理中的有关配置和性能的数据，网络管理员可以通过直接控制这些数据对象去控制、配置或监控网络设备。网络管理系统可以通过网络管理代理软件来控制 MIB 数据对象。不管有多少个 MIB 数据对象，管理代理都需要维持它们的一致性，这也是管理代理的任务之一。

MIB 指明了网络元素所维护的变量，给出了一个所有可能的被管理对象的数据结构。但 MIB 变量给出的只是每个数据项的逻辑定义，被管对象所使用的内部数据结构可能与 MIB 的定义不同。当一个查询到达被管对象时，运行在被管对象上的代理软件负责 MIB 变量和被管对象上用于存储信息的数据结构之间的映射。

MIB 是一个按照层次结构组织的树状结构（定义方式类似于域名系统），管理对象定义为树中的相应叶子结点。如图 3-2 所示为 MIB 的一部分，也称为对象命名树（Object Naming Tree）。管理对象按照模块的形式组织，每个对象的父结点表示该种对象属于上层的哪一个模块。而且 OSI 为树中每一层的每个结点定义唯一的一个数字标识，每层中的该数字标识从 1 开始递增，这样树中的每个结点都可以用从根开始到目的结点的相应标识对应的一连串的数字来表示，每个对象的一连串数字表示被称为对象标识符（Object Identifier，OID）。

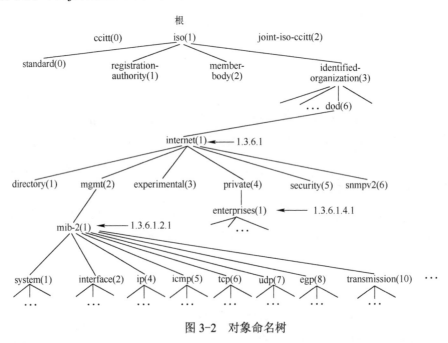

图 3-2 对象命名树

对象命名树的顶级对象有三个，分别是 ISO、CCITT 和这两个组织的联合体。在 ISO 的下面有 4 个结点，其中的一个是被标识的组织（标号为 3）。在其下面有一个美国国防部（Department of Defense，DoD）的子树（标号为 6），其下就是 Internet（标号为 1）。在指 Internet 中的对象时，可只画 Internet 以下的子树，并在 Internet 结点旁加注 {1.3.6.1} 即可。在 Internet 结点下面的第二个结点是 mgmt（管理），标号为 2。再下面是管理信息库 mib-2，其对象标识符为 {1.3.6.1.2.1} 或 {internet(1).2.1}。

　　MIB 中的对象{1.3.6.1.4.1}是 enterprises（企业），其所属结点数目前已超过 3 000。例如，IBM 为{1.1.3.6.1.4.1.2}，CISCO 为{1.1.3.6.1.4.1.9}，Novell 为{1.1.3.6.1.4.1.23}等。世界上任何一个公司、学校只要用电子邮件发往 iana-mib@isi.edu 进行申请即可获得一个结点名。这样，各厂家就可以定义自己的产品的被管对象名，使它能用 SNMP 进行管理。

　　（2）管理信息结构

　　管理信息结构（Structure of Management Information，SMI）是 SNMP 的另一个重要组成部分。为了使网络管理的协议简单，SMI 对 MIB 可使用的变量类型作了许多限制，因而产生了定义 MIB 变量类型的规则。这些规则称指明了所有的 MIB 变量必须使用抽象语法记法 1（Abstract Syntax Notation 1，ASN.1）来定义。SMI 是 ASN.1 的一个子集。

　　在 ISO/OSI 参考模型中，应用层要求表示各种简单、复合的数据形式，以及取自各种字符集的字符串等比较复杂的用户数据。这就需要定义一个抽象语法记法，该记法规定类型的实例在传送中的表示规则（通过 8 比特位组序列）。通过定义若干个简单类型和由简单类型复合而成的结构类型，在表示层用一致的形式来表示应用层的复杂多样的数据，便于异构系统间的通信，这种记法就叫做抽象语法记法（ASN.1）。ASN.1 是一种描述数据和数据特征的正式语言，它和数据的存储及编码无关。

　　ASN.1 有两个主要特点：一个是人们阅读的文档中使用的，另一个是同一信息在使用的紧凑编码表示。这种记法使得数据的含义不存在任何可能的二义性。

　　（3）SNMP 协议

　　① SNMP 模型。

　　SNMP 的网络管理模型包括以下关键元素：管理站、代理者、管理信息库和网络管理协议，其实现管理的基本架构是 C/S 结构，存在一个称为客户端即管理站以及一个或多个服务器即代理者。

　　管理站实际上就是网络控制中心。作为管理员与网络管理系统的接口，它的基本构成包括：一组具有分析数据、发现故障等功能的管理程序；一个用于网络管理员监控网络的接口；将网络管理员的要求转变为对远程网络元素的实际监控的能力；一个从所有被管网络实体的 MIB 中抽取信息的数据库。

　　代理者是网络管理系统中的另一个重要元素。装备了 SNMP 的平台，如主机、网桥、路由器及集线器均可作为代理者工作。代理者对来自管理站的信息请求和动作请求进行应答，并随机地为管理站报告一些重要的意外事件。

　　网络资源被抽象为对象进行管理。但 SNMP 中的对象是表示被管资源某一方面的数据变量。对象被标准化为跨系统的类，对象的集合被组织为 MIB。MIB 作为设在代理者处的管理站访问点的集合，管理站通过读取 MIB 中对象的值来进行网络监控。管理站可以在代理者处产生动作，也可以通过修改变量值改变代理者处的配置。

　　管理站和代理者之间通过网络管理协议通信，SNMP 通信协议主要包括以下几种能力：

 ↪ Get：管理站读取代理者处对象的值。

 ↪ Set：管理站设置代理者处对象的值。

 ↪ Trap：代理者向管理站通报重要事件。

如图 3-3 所示为使用 SNMP 的典型配置。整个系统至少要有一个管理站，在管理站上运行管理进程；在每一个被管对象中一定要有代理进程；MIB 中包含了代理者处的有关配置和性能的数据；管理进程和代理进程利用 SNMP 协议进行通信。图中有两个主机和一个路由器。

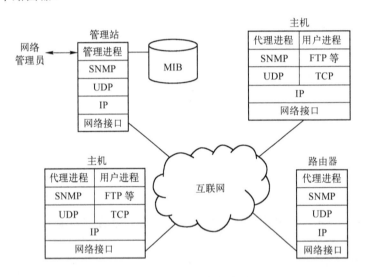

图 3-3　SNMP 典型配置

② SNMP 工作原理。

SNMP 协议使用户能够通过轮询、设置关键字和监视网络事件来达到网络管理目的。

使用 SNMP 协议的网络管理系统的工作一般包括：管理进程以轮询方式定时向各个设备的代理进程发送查询请求消息，跟踪各个设备的状态；当设备出现异常事件，如设备冷启动等时，设备代理进程主动向管理进程发送陷阱消息，汇报出现的异常事件。这些轮询消息和陷阱消息的发送和接受规程及其格式定义都由 SNMP 协议定义。被管理设备会将其各种管理对象的信息都存放在 MIB 中。

SNMP 协议工作在 TCP/IP 协议体系中的 UDP 协议上。在 SNMP 应用实体间通信时无需先建立连接，虽然对报文正确到达不作保证，但这样降低了系统开销。它利用的是 UDP 协议的 161/162 端口。其中 161 端口被设备代理监听，等待接收管理者进程发送的管理信息查询请求消息；162 端口由管理者进程监听等待设备代理进程发送的异常事件报告陷阱消息，如 Trap。如图 3-4 所示为 SNMP 在 TCP/IP 中的位置。

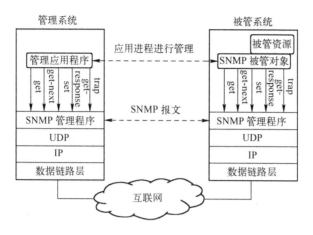

图 3-4　SNMP 在 TCP/IP 中的位置

SNMP 作为数据传输方法，和数据的组织形式 MIB 结合，为网络管理系统提供了底层的保障。一个真正的网络管理系统可以建立在 SNMP 之上，也可以建立在其他的网络管理协议上，如 CMIP。

3. SNMP 报文操作

SNMP 的工作方式很简单。主机通过若干协议数据单元（Protocol Data Unit，PDU）与代理交换网络信息。所谓网络信息就是存放在 MIB 中的有关信息。SNMP 定义了 5 个 PDU，SNMPv2 又增加了两个。在 SNMP 的 5 个 PDU 中，两个用来获取代理中的有关信息（GetRequest，GetNext Request），两个处理设置代理中有关被管对象的参数（GetResponse，SetRequest），一个用来处理网络中的某些突发事件（Trap）（如远端设备出错或关机）。SNMPv2 增加了两个 PDU 来提高效率和增加安全性。PDU 是由 UDP 实现的，这主要是出于简单性的考虑。

（1）报文传送方式

从被管对象中收集数据有两种基本方法：一种是只轮询，另一种是基于中断的方法。

当采用只轮询方法时，网络管理站总是在控制之下。这种方法的缺陷在于信息的实时性，尤其是错误的实时性。轮询的时间间隔和设备的轮询顺序很难确定。如果轮询间隔太小，会产生太多不必要的通信量。如果轮询间隔太大，并且在轮询时顺序不对，一些大的灾难性的事件的通知又会太慢。这就违背了积极主动的网络管理目的。

基于中断的方法在有异常事件发生时，可以立即通知网络管理站（当然前提是该设备还没有崩溃，并且在被管理设备和管理工作站之间仍有一条可用的通信途径）。然而，这种方法也有缺陷。首先，产生错误或自陷需要系统资源。如果自陷必须转发大量的信息，那么被管理设备可能不得不消耗更多的时间和系统资源来产生自陷，从而影响了它执行主要的功能。而且，如果几个同类型的自陷事件接连发生，那么大量网络带宽可能将被相同的信息所占用。克服这一缺陷的一种方法就是对于被管理设备来说，应当设置关于什么时候报告问题的阈值。但这样被管设备势必需要消耗更多的时间和系统资源，来决定一个自陷是否应该被产生。

SNMP 采用了这两种方法的结合，即面向自陷的轮询方法（Trap-directed Polling）。正常情况下，网络管理站轮询被管对象中的代理来收集数据，并且在控制台上用数字或图形的表示方式来显示这些数据，从而允许网络管理员分析和管理设备及网络通信量了。

被管对象中的代理也可以在任何时候向网络管理站报告错误情况，例如预定阈值越界程度等。代理并不需要等到管理站为获得这些错误情况而轮询他的时候才会报告。这些错误情况就是所谓的 SNMP 自陷。

这样，使用轮询（至少是周期性地）以维持对网络资源的实时监视，同时也采用陷阱机制报告特殊事件，使得 SNMP 成为一种有效的网络管理协议。

（2）报文操作分类

SNMP 提供了三种类型的报文操作，用于实现管理进程和管理代理之间的信息交换，分别是：获取网络设备信息（Get，读操作）、设置网络设备参数值（Set，写操作）和事件报告（Trap，陷阱操作）。

读操作是从网络设备中获得管理信息的基本方式，也是 SNMP 协议中使用率最高的一种操作。

写操作或者叫 Set 操作，可以用来改动设备的配置或控制设备的运转状态。利用 Set 操作，网络管理站可以实现直接对操作参数指定的对象标识（Object Identifier，OID）所表示的被管理对象对应的管理信息的值的设置。

前面两种操作实现了轮询机制，由网络管理站主动对被管对象进行轮询访问时发出以得到被管对象的各种信息；而当被管对象出现异常事件需要及时向网络管理站报告时，就需要利用陷阱操作来实现中断机制。Trap 操作实现被管对象向网络管理站报告设备上出现的异常事件，如网络接口出现故障或恢复工作，设备重新启动等信息。

在 SNMPv1 中，读操作有两种形式：Get 和 GetNext 操作。Get 操作指示直接读取操作参数指定的 OID 所表示的被管理对象的管理信息值。GetNext 操作指示读取操作参数指定的 OID 所表示的被管理对象在 MIB 树中按照字典顺序的下一个被管理对象的管理信息的值。网络管理站可以利用这两种操作把感兴趣的变量值提取到其应用程序中，前者是指定对象的读操作，后者则提供了一个树遍历操作符，便于确定一个代理进程支持哪些对象。

在 SNMPv2 中，又增加了一种 GetBulk 操作，是 Get 和 GetNext 的综合，当需要用一个请求报文提取大量数据（如读取某个表的内容）时就可以调用它以提高对被管理信息的访问的效率。另外，在 SNMPv2 中还增加了一种 Inform 操作来实现网络管理站与网络管理站之间的通信。

上述操作都可以在操作参数中一次指定一个或多个被管对象 OID 信息，也就是说一次可以操作多个被管对象的操作。

（3）报文传送过程

SNMP 中具体规定了 5 种协议数据单元，也就是 SNMP 报文，来实现上述的几种操作，如图 3-5 所示。

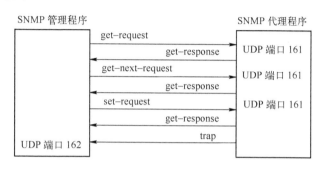

图 3-5　SNMP 的 5 种报文操作

get-request 报文，用于从代理进程处提取一个或多个参数值；

get-next-request 报文，用于从代理进程处提取紧跟当前参数值的下一个参数值；

set-request 报文，用于设置代理进程的一个或多个参数值；

get-response 报文，用于返回一个或多个参数值。这个报文由代理进程发出，它是前面三种报文的响应；

trap 报文，这是代理进程主动发出的报文，通知管理进程该进程有某些事情发生。

前三种报文是由管理进程向代理进程发出，后两种报文是代理进程发给管理进程的。图 3-4 描述了 SNMP 的这 5 种报文操作。其中，在代理进程端是用端口 161 来接收 get 或 set 报文，而在管理进程端是用端口 162 来接收 trap 报文。

3.3.4　对基于网络管理提高网络可用性的评价

在可靠性一定的情况下，要想提高网络的可用性主要在网络管理上下工夫，包括管理制度、操作规程是否规范等、管理技术是否先进等。目的是在网络出现问题时能及时发现、定位故障，及时解决故障。

集中式网络管理模式是在网络系统中设置专门的网络管理结点。管理软件和管理功能主要集中在网络管理结点上，网络管理结点与被管理结点是主从关系。这种方式的优点是便于集中管理；缺点是管理信息集中汇总到管理结点上，信息流拥挤，另外管理结点发生故障会影响全网的工作。

分布式网络管理模式是将地理上分布的网络管理客户机与一组网络管理服务器进行交互共同完成网络管理的功能。其优点是可以实现分部门管理，即限制每个用户只能访问和管理本部门的部分网络资源，中心管理站可实施全局管理，分布式网络管理灵活性和可伸缩性都很强。其缺点是不利于集中管理。所以说采取集中式与分布式相结合的管理模式是网络管理的基本方向。

网络管理系统是要靠技术人员维护和管理的，网络是工作人员在使用的，当出现因人导致的系统的不可用时，要从技术培训、管理、制度、环境、工作对象等多方面去查找，发现问题及时反馈信息，完善管理制度，改善工作环境并及时制定出纠正措施，这样才能全面提高人的可靠性，把人为差错减到最少。

3.4　基于快速检错方法提高网络可用性与评价

检错方法是网络故障管理的重要内容，而网络故障管理又是网络管理中最基本的内容之一，只有快速检错才有可能快速恢复系统，提高系统的可用性。

定义 3.2　检错　检错就是在网络出现故障时，故障管理系统能及时发现故障部位和原因。

故障管理功能以监视网络设备和网络链路的工作状况为基础，包括对网络设备状态和报警数据的采集、存储，可以实现报警信息通知、故障定位、信息过滤、报警显示、报警统计等功能。故障管理可以统一不同网络设备的报警格式，并将其显示在图形界面上，通过对报警信息进行相关性处理，确定报警发生地的管理归属等；除此之外，故障管理还可根据用户需要保存所有报警信息，同时可产生各种故障统计和分析报告。

通常网络故障产生的原因都比较复杂，特别是在故障的产生是由多个网络共同引起时。因此，要求网络管理员必须具备较高的技术水平及业务素质，同时还应该积累丰富的实践经验。故障排除后必须认真分析网络故障产生的原因。分析故障原因是防止类似故障的再次发生的基本环节，这很重要。

由于 MTBF 取决于网络设备硬件和软件本身的质量，而这一手段的作用对于在正在运行的网络是有极限的，无法一味地通过提高 MTBF 数值来获得网络的高可用性，因此通过减小 MTTR 来实现网络高可用性成为必然的选择。从 MTTR 的构成来看，要想减小其数值需要从两方面入手，一是快速发现故障（检错），二是快速从故障状态中恢复出来（排错）。因此构建高可用性网络的基础就是要实现快速故障发现和快速故障恢复。

实现快速故障发现包括故障检测和故障诊断两个方面，故障检测的作用是确定故障是否存在，故障诊断的作用是确定故障的位置。检测和诊断可以联机运行，也可以脱机运行，其中联机检测和诊断是提高系统可用性的重要手段。通常网络故障产生的原因都比较复杂，特别是故障的产生是由多个网络共同引起时。因此，要求网络管理员必须具备较高的技术水平及业务素质，同时还应该积累丰富的实践经验。

基于快速检错方法提高网络可用性主要包括以下几方面。

① **信息的自动检错**：包括循环冗余校验码（CRC）等编码技术可以自动地发现信息错误，但与故障屏蔽中用的纠错码所不同的是，检错码不具备自动纠正错误的能力。

② **线路故障的快速检错**：线路故障的快速检测指的是快速检测线路是否损坏、接头是否松动、线路是否受到严重电磁干扰等情况。比如，网络管理人员发现网络某条线路突然中断，首先用命令 ping 或 fping 检查线路在网管中心这边是否连通。如果连续几次 ping 都出现 "Request time out" 信息，表明网络不通。这时去检查端口插头是否松动，或者网络插头是否误接，这种情况经常是没有搞清楚网络插头规范或者没有弄清网络拓扑规划的情况下导致的。为了快速检测线路故障，提高系统的可用性，要使用线路检测工具，目前主要使用的有：线缆测试仪，它是针对 OSI 模型的物理层设计的，是一种便携、高精度、快速故障定位和排错的线缆测试专用仪器，也是最常用的故障诊断工具；时间域反射计，它用于查找和识别所有类型的电缆故障，包括电缆的开路、短路、开裂和接地故障等。

③ **路由器故障的快速检测**：快速检测路由器故障需要利用网络管理的 MIB 变量浏览器，用它收集路由器的路由表、端口流量数据、计费数据、路由器 CPU 的温度、负载及路由器的内存余量等数据，利用网络管理系统专门的管理进程不断地检测路由器的关键数据，并及时给出报警。

④ **主机故障的快速检测**：主机故障常见的现象就是主机的配置不当。像主机配置的 IP 地址与其他主机冲突，或 IP 地址根本就不在子网范围内，由此导致主机无法连通。主机的另一故障就是安全故障，例如，主机没有控制其上的 finger，RPC，rlogin 等多余服务，而攻击者可以通过这些多余进程的正常服务或 Bug 攻击该主机，甚至得到管理员权限等。发现主机故障一般比较困难，特别是别人的恶意攻击。一般可以通过工具监视主机的流量，或扫描主机端口和服务来防止可能的漏洞。

⑤ **逻辑故障的快速检测**：逻辑故障最常见的情况就是配置错误，它是指因为网络设备的配置原因而导致的网络异常或故障。配置错误可能是路由器端口参数设定有误，或路由器路由配置错误以至于路由循环或找不到远端地址，或者是路由掩码设置错误等。网络测试仪是进行逻辑故障检测的工具，它可以自动定位网络故障源，找出故障点，显示其相关信息。

⑥ **利用网络分析工具进行快速检错**：协议分析程序是基于软件的应用程序，用于监视和分析已经连接的网络，如协议分析程序 Sniffer。在操作系统中内置了一些非常有用的软件网络测试工具，如果能使用得当，并掌握一定的测试技巧一般来说也可以满足一般需求，如 ping，tracert 等。

3.4.1 基于快速检错方法提高网络可用性的总结分类

快速检错是从故障现象出发，以网络诊断工具为手段获取诊断信息，确定网络故障点，查找问题的根源。

① **信息自动检错**：自动检错而不是人工可以更快提高检错的速度。

② **线路故障的快速检错**：借助线路检测工具（如线缆测试仪、时间域反射计）

可以加快线路故障的检错速度。

③ **路由器故障的快速检测**：利用网络管理系统专门的管理进程不断地监测路由器的关键数据并及时给出报警可以加快路由器故障的检测速度。

④ **主机故障的快速检测**：通过工具自动监视主机流量、扫描主机端口和服务来检测主机的异常可以加快主机故障的检测速度。

⑤ **逻辑故障的快速检测**：利用网络测试仪可以自动定位网络故障源，找出故障点并显示其网络相关信息，从而加快逻辑故障的检测速度。

⑥ **利用网络分析工具进行快速检错**：如协议分析程序 Sniffer，操作系统中内置的一些非常有用的软件网络测试工具等。

⑦ **建立故障报警数据库**：通过对历史故障警报资料的统计分析，寻找网络故障发生的规律，建立故障预防体系。

3.4.2 措施评价

当分析网络故障时，首先要清楚故障现象，应该详细说明故障的症候和潜在的原因。为此，要确定故障的具体现象，然后确定造成这种故障现象的原因与类型。例如，主机不响应客户请求服务，可能的故障原因是主机配置问题、接口卡故障或路由器配置命令丢失等。

规范故障检错流程，提高检错效率。网络中可能出现的故障多种多样，往往解决一个复杂的网络故障需要广泛的网络知识与丰富的工作经验。因此要使检错速度加快，要求制定一整套完备的故障检测流程。

把专家系统和人工智能技术引进到网络故障管理中，可以加快网络故障的检错速度。

平时定期收集故障诊断的现象、原因和解决的方法，做好故障管理日志的记录，在故障出现时，检查网络设备的错误日志，分析错误原因。

对网络的快速诊断有很大参考价值。

要多借助网络故障诊断工具来加快网络诊断的速度。

使用多种网络故障监控方式监控网络的整体运行情况。

对于网络中的重要机器、设备进行运行状态的重点监视。

通过各种途径报告网络故障，报告方式包括使用颜色、声音、日志、触发机制等。网络故障自动报警，具有自动通知的手段，包括手机、电子邮件等方法。

根据网络故障的危害程度将报警指示分级管理，系统根据故障级别做出不同反应。

3.5   基于快速排错方法提高网络可用性与评价

可用性是相对的，它是通过提高系统的可靠性和可维护性来度量的。因此当系统出现故障不可用时，需要尽快修复系统（排错），提高网络系统的可用性。

定义 3.3 排错 排错就是在网络出现故障时，逐一排除故障，恢复系统的可用性。

3.5.1 网络系统故障的排错方法

网络故障排错的方法分为：分层故障排错法、分块故障排错法、分段故障排错法及替换法。

1. 分层故障排错法

此方法主要根据网络分层的概念进行逐步分析。为分析方便，可将网络分为物理层、数据链路层、网络层和高层四个层次。物理层主要关注电缆、连接头、信号电平、编码和时钟等问题。数据链路层主要关注协议封装的一致性和端口的状态等问题。网络层与分段打包和重组及差错报告有关，主要关注地址和子网掩码是否正确，路由协议配置是否正确。排错时沿着源到目的地的路径查看路由表，同时检查接口的 IP 地址。高层负责端到端的数据，主要关注网络终端的高层协议及终端设备软硬件运行是否良好等。

2. 分块故障排错法

此方法从设备的配置文件入手，将配置文件分为以下几部分，并对其逐一进行检查排错。

管理部分：通常为了便于管理，常常要为网络设备命名，对设备访问增加口令，对设备提供的服务进行必要控制，以及配置网络设备启动日志功能，这些控制和配置是否正确。

端口部分：检查端口所在网络设备的位置，如第几槽、第几位，是否与物理真实位置相符；封装协议是否正确及所使用的认证等。

路由协议部分：静态路由、RIP、OSPF、BGP 和路由引入配置是否正确。

策略部分：包括路由策略和安全配置等。

接入部分：主控制台、Telnet 登录或哑终端和拨号等。

其他应用部分：语言配置、VPN 配置和 QoS 配置等。

3. 分段故障排错法

此方法是把网络分段，逐段排除故障。一般分为：主机到路由器 LAN 接口的这一段；路由器到 CSU/DSU 界面的这一段；CSU/DSU 到电信部门界面的这一段；WAN 电路；CSU/DSU 本身问题；路由器本身问题。

4. 替换法

替换法是检查硬件问题最常用的方法。当怀疑是网线问题时，更换一根确定是好的网线试一试；当怀疑是接口模块有问题时，更换一个其他接口模块试一试。在实际网络故障排错时，可以先采用分段法确定故障点，再通过分层或其他方法排除故障。

3.5.2 网络故障的排错步骤

网络故障的排错一般从故障现象观察入手，对故障相关信息收集，并对此进行分析，找出可能的原因后得出相应的排错方案，然后逐一排除。故障排除后要及时记入文档，积累故障排除的经验。一般故障的排错步骤如图3-6所示。

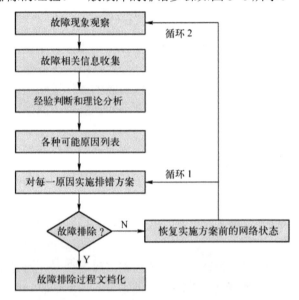

图3-6 一般网络故障排错步骤

3.5.3 系统排错中的数据备份与恢复

在整个网络系统中，备份是防止数据丢失的最后一道防线，是最简单的可用性服务，当然备份的真正目的是为了系统数据崩溃时能够快速地恢复数据，使系统迅速恢复运行。这就必须保证备份数据和源数据的一致性和完整性，消除系统使用者的后顾之忧，好的备份和恢复软件可以缩短停机概念，因此可以提高系统的可用性。

1. 数据备份的概念

数据备份是指为防止系统出现操作失误或系统故障导致数据丢失，而将全系统或部分数据集合从应用主机的硬盘或阵列中复制到其他存储介质上的过程。计算机系统中的数据备份，通常是指将存储在计算机系统中的数据复制到磁带和光盘等存储介质上，在计算机以外的地方另行保管。

2. 数据备份的类型

常用的数据库备份方法有冷备份、热备份和逻辑备份三种。

（1）冷备份

冷备份（也称脱机备份）的思想是关闭数据库系统，在没有任何用户对它进行访问的情况下备份。它是在保持数据的完整性方面是最好的一种。冷备份最好的办法之一是建立一个批处理文件，该文件在指定的时间先关闭数据库，然后对数据库文件进行备份，最后再启动数据库。如果数据库过大，可能无法在备份窗口中完成，备份窗口是指在两个工作段之间可用于备份的那一段时间，在这段时间内数据库可以备份，而在其余的时间段内，数据库不能备份。

（2）热备份

数据库正在运行时所进行的备份称为热备份，数据库的热备份依赖于系统的日志文件。在备份进行时，日志文件将需要更新或更改的指令"堆起来"，并不是真正将数据写入数据库中。当这些被更新的业务被堆起来时，数据库实际上并未被更新，因此，数据库能被完整地备份。

（3）逻辑备份

逻辑备份是使用软件技术从数据库中提取数据，并将结果写入一个输出文件。该输出文件不是一个数据库表，而是表中的所有数据的一个映像。

衡量数据库系统备份性能有两个指标：被复制到磁介质上的数据量和复制所用的时间。

3. 数据备份考虑的主要因素

备份周期的确定：每月、每周还是每日。

备份类型的确定：冷备份还是热备份。

备份方式的确定：增量备份还是全部备份。

备份介质的选择：用光盘、磁盘还是磁带备份。

备份方法的确定：手工备份还是自动备份，以及备份介质的安全存放等。

4. 备份方式

常用的数据备份方式主要有完全备份、差别备份、增量备份和按需备份。

（1）完全备份（Full Backup）

所谓完全备份，就是按备份周期（如一天）对整个系统所有的文件（数据）进行备份。这种备份方式比较流行，也是克服系统数据不安全的最简单方法，操作起来也很方便。有了完全备份，网络管理员可清楚地知道从备份之日起便可恢复网络系统的所有信息，恢复操作也可一次性完成。

如当发现数据丢失时，只要用一盘（卷）故障发生前一天备份的磁带，即可恢复丢失的数据。但这种方式的不足之处是由于每天都对系统进行完全备份，在备份数据中必定有大量的内容是重复的，这些重复的数据占用了大量的磁带空间，这对用户来说就意味着增加成本。

（2）增量备份（Incremental Backup）

所谓增量备份，就是指每次备份的数据只是相当于上一次备份后增加的和修改过的内容，即备份的内容都是已更新过的数据。例如，系统在星期日做了一次完全备份，然后在以后的六天里每天只对当天新的或被修改过的数据进行备份。这种备份方式没有重复的备份数据，既节省磁带空间，又缩短了备份时间。缺点是：在这种备份模式下，如果采用多磁带备份方式的话，其中任何一盘磁带出了问题，都会导致整个备份系统的不可用。

（3）差别备份（Differential Backup）

差别备份也是在完全备份后将新增加或修改过的数据进行备份，但它与增量备份的区别是每次备份都把上一次完全备份后更新过的数据进行备份。比如，星期日进行完全备份后，其余六天中的每一天都将当天所有与星期日完全备份时不同的数据进行备份。注意，这是相对于上一次完全备份之后新增加或修改过的数据，而并不一定是相对于上一次备份。

完全备份所需的时间最长，占用存储介质容量最大，但数据恢复时间最短，操作最方便，当系统数据量不大时该备份方式最可靠；但当数据量增大时，很难每天都做完全备份，可选择周末做完全备份，在其他时间采用所用时间最少的增量备份或时间介于两者之间的差别备份。

在实际备份应用中，通常也是根据具体情况，采用这几种备份方式的组合，如年底做完全备份，月底做完全备份，周末做完全备份，而每天做增量备份或差别备份。

（4）按需备份

除以上备份方式外，还可采用对随时所需数据进行备份的方式进行数据备份。所谓按需备份是指除正常备份外，额外进行的备份操作。额外备份可以有许多理由，比如，只想备份很少几个文件或目录，备份服务器上所有的必需信息，以便进行更安全的升级等。

5．数据恢复

数据恢复是指将备份到存储介质上的数据再恢复到计算机系统中，它与数据备份是一个相反的过程。数据恢复措施在整个数据安全保护中占有相当重要的地位，因为它关系到系统在经历灾难后能否迅速恢复运行。

（1）全盘恢复

全盘恢复就是将备份到介质上的信息全部转储到它们原来的地方。全盘恢复一般应用在服务器发生意外灾难时导致数据全部丢失、系统崩溃或是有计划的系统升级、系统重组等，也称为系统恢复。

（2）个别文件恢复

个别文件恢复是将个别已备份的最新版文件恢复到原来的地方。对大多数备份来说，这是一种相对简单的操作。利用网络备份系统的恢复功能，很容易恢复受损的个别文件。需要时只要浏览备份数据库或目录，找到该文件，启动恢复功能，系统将自动驱动存储设备，加载相应的存储媒体，恢复指定文件。

（3）重定向恢复

重定向恢复是将备份的文件（数据）恢复到另一个不同的位置或系统上去，而不是做备份操作时它们所在的位置。重定向恢复可以是整个系统恢复，也可以是个别文件恢复。重定向恢复时需要慎重考虑，要确保系统或文件恢复后的可用性。

3.5.4　基于快速排错方法提高网络可用性的总结分类

快速排错是确定网络故障位置后，逐一排除故障，恢复系统的可用性。

（1）冗余链路的自动切换

在冗余链路中，为了节约成本，备用路径的容量常常比主路径的容量小，每条备用链路通常使用不同的技术，例如，一条租用线路与一条无线通信线路并行。如果设计一条与主路径具有相同容量的备用路径代价是很昂贵的，只有当用户确实需要一条与主路径具有完全相同的性能特性的备用路径时，才这样做。当主路径出现故障要切换到备用路径时，若需要手动重新配置某些组件的话，用户就会感觉到有中断。对于关键任务应用程序来说，中断可能是不可接受的，因此从主路径到备用路径的自动切换就很必要。

（2）使用具有热交换功能的冗余部件（设备）

冗余部件（设备）要支持热交换，如果网络部件（设备）可以在不关闭的情况下将失效部件（设备）换成新部件（设备），那么它是支持热交换的，热交换也称为热插拔，可见热交换是没有影响系统的正常运行，有利于提高系统的可用性。

（3）利用备用部件（设备）替换故障部件（设备）

要提前准备好备用部件（设备），当检测出一个不可恢复故障（或可恢复故障的故障次数达到规定次数）后，可用备用部件（设备）替代故障部件（设备），称为后援备份。

（4）无备用部件（设备）的隔离与降级

如果没有备用部件（设备），可以通过重组，隔离掉故障部件（设备），从而实现系统降级使用，称为缓慢降级。

（5）服务器集群服务的快速恢复

为了实现服务器集群服务的自动切换，需要服务器支持热交换功能，同时服务器集群最低要满足下列要求：①两台服务器通过网络互连；②允许每台服务器访问对方的磁盘数据；③配有专用的集群软件，如微软的集群服务器（Microsoft Cluster Server，MSCS），服务器之间通过软件监控 CPU 或应用程序，并互相不断地发出信号，一旦发现出错就能自动切换到正常工作的服务器。双机集群的工作模式有主从模式和双工模式。主从模式是由两台服务器组成的，一台为主服务器，另一台为备份服务器。当主服务器发生故障时，备份服务器接管。双工模式是正常时两台服务器同时运行各自的服务，且相互监控对方的情况。当一台服务器发生故障时，其上的应用或其他资源会转移到另外一台服务器上。

（6）服务器的故障转移

服务器集群技术价格昂贵，一个比较实用、成本合理的快速恢复方案是采用两个或者多个常规服务器，利用控制软件将这些服务器连接起来，当一个服务器出现故障的时候，另一个服务器可以自动接管故障服务器的工作，这种将服务从一台服务器转移到另一台服务器称为故障转移。

（7）复制技术

复制是将存储在某一系统及磁盘上的数据拷贝到另一个系统及其完全独立冗余磁盘的过程，复制技术可以提高网络可用性。

3.5.5 措施评价

对备用路径的一个重要的考虑是它们必须已经被测试过。有时网络设计者在解决方案中设计了备用路径，但在出现异常之前从未测试过，当异常出现时，备用链路无法工作。

有时网络系统的可用性破坏不是系统随机产生的，而是由入侵者故意破坏的，对于这种攻击的防范，应采用类似提高可用性的容错方法，但新的名称是"容侵"，是容忍入侵（Intrusion Tolerance）的意思，也就是说，当一个网络系统遭受入侵，而一些安全技术都失效或者不能完全排除入侵所造成的影响时，容侵可以作为系统的最后一道防线，即使系统的某些组件遭受攻击者的破坏，但整个系统仍能提供全部或者降级服务。

注意复制与磁盘镜像和备份的区别。复制与磁盘镜像不同，因为镜像是将两套系统的磁盘视为一个单一的可用性已提高的逻辑卷，而复制则将其视为两个完全独立的个体；复制也与备份不同，复制是保留原有的文件格式，备份根据备份软件的不同，会被打包成不同的备份文件格式，只能用备份软件恢复过来，不能直接使用。复制技术最普遍的用途是灾难恢复。

故障转移过程应该对用户透明，应该仅是一次重新启动，不应该让用户感觉到发生了停机事件，或者用户也仅需要重新刷新一次，再次进入服务器即可。

故障排除后必须认真分析网络故障产生的原因，它是防止类似故障的再次发生的基本环节。

3.6 常见的网络管理工具

当网络规模较大的时候，主要靠网络管理工具进行直接或间接的管理，本节主要介绍四种常见的网络管理工具。

3.6.1　HP OpenView

HP OpenView 网管软件网站结点管理器（Network Node Manager，NNM）以其强大的功能、先进的技术、多平台适应性在全球网管领域得到了广泛的应用。首先，OpenView NNM 具有计费、认证、配置、性能与故障管理功能，功能较为强大，特别适合网管专家使用。其次，OpenView NNM 能够可靠运行在 HP-UX10.20/11.X、Sun Solaris 2.5/2.6、Windows 等多种操作系统平台上，它能够对局域网或广域网中所涉及的每一个环节中的关键网络设备及主机部件（包括 CPU、内存、主板等）进行实时监控，可发现所有意外情况并发出报警，可测量实际的端到端应用响应时间及事务处理参数。OpenView 平台是由用户表示服务、数据管理服务和公共服务三部分组成。

（1）用户表示服务

用户表示服务用图形显示所有 IT 资源的当前状态和工作情况，自动用图形显示用户熟悉的管理环境状况。

（2）数据管理服务

数据管理服务程序组织数据存取。数据存放在一个公共的、定义完善的数据存储单元中，提供 SQL 数据查询支持，使得应用程序易于实现数据操作和报表生成。

（3）公共服务

公共服务提供了固有的管理功能，与管理软件一起，为信息系统管理提供重要信息。

① 发现和布局服务：监视和显示网络情况，管理和显示 IP 信息，并用层次图表示 IP 网络的状态。

② 事件监视器：接收、过滤并多路传送 SNMP 报警到任一注册过的应用程序。

③ 事件管理服务：收集任一与网络有关的数据，过滤并传送到应用程序。

④ 通信协议：实现了 SNMP 和 CMIP 协议，并提供一组程序接口 API 供管理软件访问 OpenView 的服务。

OpenView 具有以下特点：

- 自动发现网路拓扑结构图：OpenView 具有很高的智能，它一经启动，就能自动发现默认的网段，以图标的形式显示网络中的路由器、网关和子网。
- 性能分析：使用 OpenView 中的应用软件 HP LAN Prob II 可进行网路性能分析，查询 SNMP MIB，可监控网络连接故障。
- 故障分析：OpenView 提供多种故障告警方式，例如，通过图形用户接口来配置和显示告警。
- 数据分析：OpenView 提供有效的历史数据分析功能，可实时用图表显示任何指标的数据分析报告。
- 多厂商支持：允许其他厂商的网络管理软件和 MIB 集成到 OpenView 中，并得到了众多网络厂商的一致支持。

3.6.2　IBM NetView

NetView 是 IBM 公司的网管产品，主要运行在 UNIX 系统上。它是 IBM 公司收购系统管理软件厂商 Tivoli 之后形成的网络管理解决方案的重要产品，因此也称为 IBM Tivoli NetView。IBM Tivoli NetView 能够检测 TCP/IP 网络、显示网络拓扑结构、关联和管理事件和 SNMP 陷阱、监控网络运行状况并收集性能数据。通过提供可伸缩性和灵活性，IBM Tivoli NetView 满足了大型网络管理人员的需要，用以管理关键任务环境。

IBM Tivoli NetView 通过以下功能实现其管理目标：
① 提供可升缩的分布式管理解决方案；
② 迅速识别导致网络故障的根源；
③ 构建管理关键业务系统的集合；
④ 与领先的软件产品集成，例如 CiscoWorks 2000；
⑤ 维护资产管理的设备清单；
⑥ 评估系统可用性并提供问题控制和管理的故障隔离；
⑦ 报告网络趋势并进行分析。

IBM Tivoli NetView 具有如下特点：管理异构的、多厂商网络环境，可进行网络配置、故障和性能管理，具有动态设备发现功能以及易于使用的用户界面，能与关系数据库系统集成，并支持众多的第三方应用，具有 IP 监控和 SNMP 管理以及多协议监控和管理功能，可提供 MIB 管理工具和应用开发接口 API，同时该软件易于安装和维护。

IBM Tivoli NetView 支持广泛的操作系统平台，包括 AIX，Linux，Solaris，Windows NT，Windows 2000。

3.6.3　SUN Net Manager

SUN Net Manager 是一个基于 UNIX 的网络管理系统，是最流行的 SNMP 网管平台之一。Net Manager 提供了功能强大、易于使用的网络管理用户工具和增加的管理服务软件，它为集成的网络管理提供一个综合环境，它建立在一个与协议无关的结构之上，支持 TCP/IP 和 ONC RPC 等开放的工业标准。它提供包括最终用户工具的开发环境，提供故障、配置、计费和安全管理服务。

SUN Net Manager 有三个关键组成部分：用户工具、分布式结构、应用程序开发界面（API）。

SUN Net Manager 具有以下特点：
☆ 图形用户界面，简化安装和网络管理，供网络管理所需的默认值，便于学习和使用。

ↄ 基于工业标准，能管理所有支持 SNMP、TCP/IP 的设备，能提供对 SNMPv2 的支持。

ↄ 分布式体系结构，能将网络管理负载分散到整个网络中，使管理负载最小化以及使网络性能和效率最大化。代理能将不同协议产生的管理数据转化成 SUN Net Manager 使用的形式，代理能将分散的网络集合成一个功能实体，实现网络集成化，代理还能连接 SNMP、FDDI、DEC net NICE 和 IBM Tivoli NetView，从而实现异构网络环境的管理。

3.6.4　CiscoWorks

1. CiscoWorks 概述

CiscoWorks 是一个基于 SNMP 的网络管理应用系统，它能和几种流行的网络平台集成使用。CiscoWorks 建立在工业标准平台上，能监控设备状态，维护配置信息及查找故障。

CiscoWorks 提供以下主要功能。

① 自动安装管理。能使用相邻的路由器来远程安装一个新的路由器，从而使安装更加自动化、更加简便。

② 配置管理。可以访问网络中本地与远程 Cisco 设备的配置文件，必要时可进行分析和编辑。同时能比较数据库中两个配置文件的内容，以及将设备当前使用的配置和数据库中上一次的配置进行比较。

③ 设备管理。创建并维护一个数据库，其中包括所有网络硬件、软件、操作权限级别、负责维护设备的人员及相关的场地。

④ 设备监控。监控网络设备以获得环境信息和统计数据。

⑤ 设备轮询。通过使用轮询来获得有关网络状态的信息。轮询获得的信息被存放在数据库中，可以用于以后的评估和分析。

⑥ 通用命令管理器和通用命令调度器。通过调度器可以在任何时候对某一设备或某一组设备启用以及执行系统命令。

⑦ 性能监控。可查看有关设备的状态信息，包括缓冲区、CPU 负载、可用内存和使用的协议与接口。

⑧ 离线网络分析。收集网络历史数据，以对性能和通信量进行分析。集成的 Sybase SQL 关系数据库服务器存储 SNMP MIB 变量，用户可使用这些变量来创建和生成图表。

⑨ 路径工具和实时图形。用路径工具可查看并分析任意两个设备之间的路径，分析路径的使用效率，并收集出错数据；通过使用图形功能可查看设备的状态信息，如路由器的性能指标（缓冲区空间、CPU 负载、可用内存）和协议（IP、SNMP、TCP、

UDP、IPX 等）的通信量。

⑩ 安全管理。通过设置权限来防止未授权人员访问 CiscoWorks 系统和网络设备，只有合法用户才能配置路由器、删除数据库备份信息以及定义轮询过程等工作。

CiscoWorks 2000 是 Cisco 公司推出的基于浏览器-服务器模式、使用 SNMP 作为核心协议的网络管理系统。它使网络管理人员可以通过 Web 页面的方式直观、方便、快捷地完成设备的配置、管理、监控和故障分析等任务。

2．CiscoWorks 2000 工具实例

CiscoWorks 2000 家族包括"CiscoWorks 2000 局域网管理解决方案"、CiscoWorks 2000 广域网管理解决方案"、"CiscoWorks 2000 服务管理解决方案"等。

CiscoWorks 2000 局域网管理解决方案（LAN Management Solutions，LMS）套装软件是 CiscoWorks 的局域网管理解决方案套件，其中主要包括如下组成部分：

① CiscoWorks 2000 管理服务器（Common Services）（CDONE）：含 CiscoWorks 2000 服务器、Cisco View 及与第三方网管软件的接口模块等。可以提供网管系统基本的管理构件、服务和安全性。

② 资源管理器要素（Resource Manager Essentials）：用于简化 Cisco 设备的软件及配置管理的基于 Web 的管理工具。具有网络库存和设备更换管理能力、网络配置与软件映像管理能力、网络可用性和系统记录分析能力。

③ 园区管理器（Campus Manager）：主要工具包括第二层设备和连接探测、工作流应用服务器探测和管理、详细的拓扑检查、虚拟局域网和异步传输模式配置、终端站追踪、第二层/第三层路径分析工具、IP 电话用户与路径信息等。

④ Device Fault Manager （设备故障管理器）：用于收集和分析 Cisco 网络设备的详细故障信息。

⑤ TInternetwork Performance MonitorT（网络性能监视器）：用于监控网络中的信息包和协议。

CiscoWorks 2000 网管系统软件功能强大，操作也比较复杂。详细、全面的资料请见随机文档。

3.7　操作系统内置的网络故障检测的常用命令

3.7.1　Ping

Ping 是网络中使用最频繁的工具，它主要用于确定网络的连通性问题。Ping 程序使用 ICMP 协议（国际消息控制协议）来简单地发送一个网络数据包并请求应答，接收到请求的目的主机再次使用 ICMP 发回相同的数据，于是 Ping 便可对每个包的发送和接收时间进行报告，并报告无响应包的百分比，这在确定网络是否正确连接，以及网络连接的状况（包丢失率）十分有用。

Ping 是 Windows 操作系统集成的 TCP/IP 应用程序之一，可以通过菜单命令"开始"→"运行"，在打开的"运行"对话框中直接执行。

（1）命令格式

ping 主机名 或 ping IP 地址

（2）ping 命令的应用

ping 主机名，如：

```
ping mypc
```

ping IP 地址，如：

```
ping 192.168.123.2
```

还有一些特殊地址，对检验网络状态很有用，如 ping 127.0.0.1。通常，计算机将 127.0.0.1 作为本机的 IP 地址。该命令可以用来检查该计算机是否安装了网卡、是否正确安装了 TCP/IP 协议，以及是否正确配置了 IP 地址和子网掩码或主机名等。

3.7.2　nslookup

nslookup 工具包括在 Windows NT 和 Windows 2000 中，并总是随同 BIND 软件包一起提供。它可提供许多选项，并提供一种方法可从头到尾地跟踪 DNS 查询，是用来进行手动 DNS 查询的最常用的工具。这个独特的工具具有一种特性：它既可以模拟标准的客户解析器，也可模拟服务器。作为客户解析器，nslookup 可以直接向服务器查询信息；而用作服务器，nslookup 可以实现从主服务器到辅服务器的域区传送。

nslookup 可以用于两种模式：非交互模式和交互模式。非交互模式是指在 nslookup 命令后直接加所要查询的域名或主机名，交互模式是指输入 nslookup 命令，在出现提示符"＞"后，输入相关查询内容。任何一种模式都可将参数传递给 nslookup，但在域名服务器出现故障时更多地使用交互模式。

在交互模式下，可以在提示符"＞"下输入"help"或"?"来获得帮助信息。执行 help 命令将提供命令的基本信息。非交互模式下对 nslookup 的使用如下所示。

```
C:\>nslookup www.example.net
Server: ns.win2000dns.com
Address: 10.10.10.1

Non-autheritative answer:
Name: VENERA.ISI.EDU
Address: 128.9.176.32
Aliases: www.example.net
```

在本地主机上执行 nslookup 命令，默认的域名服务器是 ns.win2000dns.com（注意：win2000dns.com 这个地址只是个例子）。"Non-autheritative answer"是指此查询是从缓存中获得回答的。如果服务器是该名称的授权服务器，这一行就不会出现。

也可以这样使用：nslookup www.example.net venera.isi.edu，其中第二个主机名是用于取代默认服务器的。可以看到现在的回答是授权的。

```
C:\>nslookup www.example.net  venera.isi.edu
Server:    venera.isi.edu
Address:   128.9.176.32

Name:   VENERA.ISI.EDU
Address:   128.9.176.32
Aliases:   www.example.net
```

3.7.3 Tracert

Tracert（跟踪路由）是路由跟踪实用程序，用于确定 IP 数据报访问目标所经历的路径。Tracert 命令用 IP 生存时间（TTL）字段和 ICMP 错误消息来确定从一个主机到网络上其他主机的路由。

1. Tracert 工作原理

通过向目标发送不同 IP 生存时间（TTL）值的"Internet 控制消息协议（ICMP）"回应数据包，Tracert 诊断程序确定到目标所经历的路由。要求路径上的每个路由器在转发数据包之前至少将数据包上的 TTL 递减 1。数据包上的 TTL 减为 0 时，路由器应该将"ICMP 已超时"的消息发回源系统。

Tracert 先发送 TTL 为 1 的回应数据包，并在随后的每次发送过程将 TTL 递增 1，直到目标响应或 TTL 达到最大值，从而确定路由。通过检查中间路由器发回的"ICMP 已超时"的消息确定路由。某些路由器不经询问直接丢弃 TTL 过期的数据包，在 Tracert 实用程序中看不到。

Tracert 命令按顺序打印出返回"ICMP 已超时"消息的路径中的近端路由器接口列表。如果使用-d 选项，则 Tracert 实用程序不在每个 IP 地址上查询 DNS。

2. Tracert 命令的使用

命令格式：

```
tracert  IP 地址
```

假设某主机的数据包必须通过两个路由器 10.0.0.1 和 192.168.0.1 才能到达主机 172.16.0.99。主机的默认网关是 10.0.0.1，192.168.0.0 网络上的路由器的 IP 地址是 192.168.0.1。运行 Tracert 命令有如下结果：

```
C:\>tracert 172.16.0.99 -d
Tracing route to 172.16.0.99 over a maximum of 30 hops
1 2s 3s 2s 10,0.0,1
2 75 ms 83 ms 88 ms 192.168.0.1
3 73 ms 79 ms 93 ms 172.16.0.99
```

```
Trace complete.
```

3. 使用 Tracert 解决问题

使用 Tracert 命令确定数据包在网络上的停止位置。举例说明：假设默认网关确定 192.168.10.99 主机没有有效路径，这可能是路由器配置的问题，或者是 192.168.10.0 网络不存在（错误的 IP 地址）。

```
C:\>tracert 192.168.10.99
Tracing route to 192.168.10.99 over a maximum of 30 hops
1  10.0.0.1  reports:Destination net unreachable.
Trace  complete.
```

Tracert 实用程序对于解决大网络问题非常有用，此时可以采取几条路径到达同一个点的方法确定。

3.7.4　Ipconfig

Ipconfig 是 Windows NT 和 Windows 2000、XP 内置的命令行工具。Ipconfig 可以提供关于每个 TCP/IP 网络接口如何配置的基本信息，并提供对 DHCP 客户端租借情况的控制。

与 Ping 命令有所区别，利用 Ipconfig 可以查看和修改网络中的 TCP/IP 协议的有关配置，如 IP 地址、网关、子网掩码等。这个工具在 Windows 中都能使用，是以 DOS 的字符形式显示。

Ipconfig 运行在 Windows 的 DOS 提示符下，Ipconfig 命令格式为：

```
Ipconfig[/参数1][/参数2]……
```

其中最实用的参数为 all，显示与 TCP/IP 协议相关的所有细节，其中包括主机名、结点类型、是否启用 IP 路由、网卡的物理地址、默认网关等。

其他参数可在 DOS 提示符下输入"Ipconfig /?"命令来查看。

3.7.5　Winipcfg

Winipcfg 工具是 Windows 95 和 Windows 98 内置的图形界面工具。其功能与 Ipconfig 基本相同，只是在操作上更加方便，同时能够以 Windows 的 32 位图形界面方式显示。当用户需要查看任何一台机器上 TCP/IP 协议的配置情况时，只需在 Windows 95/98 上选择菜单命令"开始"→"运行"，在出现的"运行"对话框中输入命令"winipcfg"，就能出现测试结果。单击"详细信息"按钮，在随后出现的对话框中可以查看和改变 TCP/IP 的有关配置参数，当一台机器上安装有多个网卡时，可以查找到每个网卡的物理地址和有关协议的绑定情况，这在某些时候是特别有用的。

3.7.6 Netstat

Windows 95/98NT2000/XP 内置的命令行工具。Netstat 不仅提供 TCP/IP 接口的配置信息，还可以提供关于路由、连接、端口和连接统计的信息。

Netstat 命令是运行在 DOS 提示符下的工具，利用该工具可以显示有关统计信息和当前 TCP/IP 网络连接的情况，用户或网络管理人员可以得到非常详尽的统计结果。当网络中没有安装特殊的网管软件，但要对网络的整个使用状况进行详细了解时，就是 Netstat 大显身手的时候了。

Netstat 命令的语法格式：

    Netstat[-参数 1][-参数 2]……

其中主要参数如下。

a：显示所有与该主机建立连接的端口信息。

e：显示以太网的统计住处该参数一般与 s 参数共同使用。

n：以数字格式显示地址和端口信息。

s：显示每个协议的统计情况，这些协议主要有 TCP、UDP、ICMP 和 IP，其中前三种协议一般平时很少用到，但在进行网络性能评析时却非常有用。

其他参数可在 DOS 提示符下输入"netstat-?"命令来查看。另外，在 Windows 95/98/NT/XP 下还集成了一个名为 Nbtstat 的工具，此工具的功能与 Netstat 基本相同，如需要可通过输入"nbtstat-?"来查看它的主要参数和使用方法。

3.7.7 ARP

ARP 是一个重要的 TCP/IP 协议，用于确定对应 IP 地址的网卡物理地址（MAC 地址）。使用 ARP 命令，能够查看本地计算机或另一台计算机的 ARP 高速缓存中的当前内容。

按照默认设置，ARP 高速缓存中的项目是动态的，每当发送一个指定地点的数据报而高速缓存中不存在当前项目时，ARP 便会自动添加该项目。一旦高速缓存的项目被输入，它们就已经开始走向失效状态。例如，在 Windows NT/2000 网络中，如果输入项目后不进一步使用，物理 IP 地址对就会在 2 至 10 分钟内失效。因此，如果 ARP 高速缓存中项目很少或根本没有时，通过另一台计算机或路由器的 Ping 命令即可添加。所以，需要通过 ARP 命令查看高速缓存中的内容时，最好先 Ping 此台计算机（不能是本机发送 Ping 命令）。

ARP 常用命令选项：

    arp -a 或 arp -g

用于查看高速缓存中的所有项目。-a 和-g 参数的结果是一样的，参数-g 是 Unix

平台上用来显示 ARP 高速缓存中所有项目的选项，Windows 用的是"arp –a"。

```
arp -a IP
```

如果有多个网卡，那么使用"arp –a"加上接口的 IP 地址，就可只显示与该接口相关的 ARP 缓存项目。

```
arp -s IP 物理地址
```

向 ARP 高速缓存中人工输入一个静态项目。该项目在计算机引导过程中将保持有效状态，或者在出现错误时，人工配置的物理地址将自动更新该项目。

```
arp -d IP
```

使用本命令能够人工删除一个静态项目。

举例：在命令提示符下，输入"arp － a"；如果使用过 Ping 命令测试并验证从这台计算机到 IP 地址为 10.0.0.99 的主机的连通性，则 ARP 缓存显示以下内容：

```
C: >arp -a
Interface:10.0.0.1 on interface 0x1
Internet Address   physical Address    Type
10.0.0.99          00-e0-98-00-7c-dc   dynamic
```

在此例中，缓存项指出位于 10.0.0.99 的远程主机解析成 00-e0-98-00-7c-dc 的媒体访问控制地址，它是在远程计算机的网卡硬件中分配的。媒体访问控制地址是计算机用于与网络上远程 TCP/IP 主机物理通信的地址。

3.7.8　nbtstat

Windows 95/98/NT/2000/XP 内置的命令行工具。nbtstat 提供 NetBIOS 信息，包括连接和统计信息，并在某些平台中提供设置控制。

命令参数：

```
nbtstat -a  remotename
```

使用远程计算机的名称列出其名称表。

```
nbtstat -A   IP address
```

使用远程计算机的 IP 地址并列出名称表。

```
nbtstat -c
```

给定每个名称的 IP 地址并列出 NetBIOS 名称缓存的内容。

```
nbtstat -n
```

列出本地 NetBIOS 名称。

```
nbtstat -R
```

清除 NetBIOS 名称缓存中的所有名称后，重新装入 Lmhosts 文件。

```
nbtstat -r
```

列出 Windows 网络名称解析的名称解析统计。

```
nbtstat -S
```

显示客户端和服务器会话，只通过 IP 地址列出远程计算机。

```
nbtstat -s
```

显示客户端和服务器会话。尝试将远程计算机 IP 地址转换成使用主机文件的名称。

```
nbtstat interval
```

重新显示选中的统计，在每个显示之间暂停"interval"秒。按 Ctrl+C 键停止重新显示统计信息。如果省略该参数，则 nbtstat 打印一次当前的配置信息。

3.8 网络可用性的量化评估

3.8.1 网络可用性量化评估的基本方法

网络可用性 A 可用公式 3-3 计算，假设某一网络的 MTBF 为 45 000 小时（约为 5.1 年），发生故障后的 MTTR 为 4 小时。这样，该网络的停运时间就是每隔 45 000 小时发生故障 4 小时。可用性 A 的计算方法为：MTBF / (MTBF + MTTR)，即 45 000 / (45 000+4)×100％ = 99.99%。

从上述公式可以看出，可用性和可靠性是不同的：如果平均无故障时间（MTBF）远大于平均修复时间（MTTR），那么系统的可用性将很高。同样的，如果平均修复时间很小，那么可用性也将很高。如果可靠性下降（MTBF 变小），那么就需要减小 MTTR（提高可维护性）才能达到同样的可用性。当然对于一定的可用性，如果可靠性增长了，可维护性就不那么重要了。所以可以在可靠性和可维护性之间做出平衡来达到同样的可用性目的。

3.8.2 设备串联形成的系统可用性评估方法

设备串联形成的系统可用性评估方法与设备串联形成的系统可靠性评估方法相似，设网络串联系统是由 n 个网络设备串联而成的，只要有一个设备不可用系统就是不可用的，即只有全部设备正常工作才是可用的。假设整个系统的可用性是 A，每个设备的可靠性为 A_i，整个系统的可用是指系统中的每个设备都必须可用，因此 A 就是 n 个设备可用性的累乘，其计算公式如下：

$$A = \prod_{i=1}^{n} A_i \tag{3-4}$$

由上面的计算公式可知，n 个设备串联的可用性会随着设备串联结构的增多越来越低，例如，假设每个设备可用性值是 0.99，5 个设备串联后的可用性接近 0.95，10 个设备串联后的可用性就已经接近 0.9。

【例 3-1】 三个网络元素进行串联，如图 3-7 所示。客户机和网络的可用性均为

0.99，服务器的平均无故障时间（MTBF）为 45 000 小时，发生故障后的平均修复时间（MTTR）为 4 小时，则串联后所形成的系统的可用性 A 为多少？

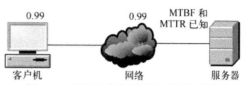

图 3-7　网络元素串联形成的网络系统

解：服务器 S 的停运时间就是每隔 45 000 小时发生故障 4 小时，可用性 A_S 的计算方法为：MTBF / (MTBF + MTTR)，即 45 000 / (45 000+4)×100％ = 99.99%。

因为系统是由三个网络元素串联形成的，因此根据公式 3-4 知：
$$A=0.99×0.99×0.9999=0.98。$$

可见串联后整体的可靠性降低了。

3.8.3　设备并联形成的系统可用性评估方法

设备并联形成的系统可用性评估方法与设备并联形成的系统可靠性评估方法相似，为了增加系统的可用性，可以将多个设备并联起来，n 个网络设备并联（冗余）的可用性是指：在并联系统中，多个并联设备同时运行工作，只要有一个设备正常工作系统就是可用的，不像传统备份系统那样要等到一个设备不能用了才进行切换，这种传统的方式一旦切换出了问题就会导致系统中断不可用。在并联系统中只有一个子系统是真正需要的，其余 $n-1$ 个子系统都被称为冗余子系统。系统随着冗余子系统数量的增加，其平均无故障时间（MTBF）也随着增加。可以看到，这样的并联结构的冗余的代价也是很高的。

假设整个系统的可用性是 A，每个设备的可靠性为 A_i。设备并联形成的系统的可用，换句话说，并联结构所形成的系统不可用除非每个设备不可用，每个设备不可用可用公式 $\prod_{i=1}^{n}\overline{A_i}$ 表示，则并联形成的系统可用性 A 的计算是用 $1-\prod_{i=1}^{n}\overline{A_i}$ 计算，整体系统的可用性是随着并联设备的增加而增加的，其计算公式如下：

$$A=1-\prod_{i=1}^{n}\overline{A_i} \qquad (3-5)$$

【例 3-2】　路由器 A 和路由器 B 按图 3-8 所示进行并联，路由器 A 和路由器 B 的平均无故障时间（MTBF）为 1 000 小时，发生故障后的平均修复时间（MTTR）为 5 小时，试计算并联所形成的系统的可用性 A。

解：路由器 A 的停运时间是每隔 1 000 小时发生故障 5 小时，可用性 A 的可用性 A_A 的计算方法为：MTBF/(MTBF + MTTR)，即 A_A=1 000/(1 000+5)×100%= 0.994。路由器 B 的可用性值 A_B 也是一样的。则整个系统的可用性 A=1-(1-0.994)×(1-0.994)=0.9999，可见并联后整体的可用性增加了。

图 3-8　两个路由器冗余连接形成的并联冗余系统

第 *4* 章

网络访问的可控性实现机制与评价

4.1 网络安全中网络访问的可控性概述

互联网络发展至今，已成为一个庞大的非线性复杂系统，系统规模和用户数量巨大且不断增长，协议体系庞杂，业务种类繁多，异质网络融合发展。这远超过了当初网络设计者的考虑，一些现有的访问控制手段相对薄弱，产生了许多安全隐患。如何解决网络访问的低可控性（Controllability）与安全可信需求之间的矛盾是网络安全的重要内容之一。

前面讲述的数据保密性、完整性、用户的可鉴别性和不可抵赖性问题，结合 PKI 中的数字证书可以得到很好的解决，而在这些技术中最大的安全隐患是存在安全控制点，一旦攻击者攻破了安全控制点，那么所有采用的技术将形同虚设，如私钥的丢失和泄露等。因此增加网络访问的控制手段成为保证网络安全的重要措施，网络访问的可控性的主要目标是：在网络的关键部分增加认证、授权等控制机制使网络的访问更安全可信。

定义 4.1 网络访问的可控性 网络访问的可控性是指控制网络信息的流向及用户的行为方式，是对所管辖的网络、主机和资源的访问行为进行有效的控制和管理。根据 OSI 模型的层次不同，它分为高层访问控制和底层访问控制。高层访问控制是指在应用层层面的访问控制，是通过对用户口令、用户权限、资源属性的检查和对比来实现的，其中资源属性权限要比用户权限高，当两者发生冲突时，以资源属性权限为主。底层访问控制是指在传输层及以下层面的基于网络协议的访问控制，是对通信协议中的某些特征信息的识别、判断来禁止或允许对网络的访问，例如，防火墙就属于底层访问控制，防火墙中的过滤规则通常涉及五个字段：①IP 协议类型（TCP、UDP），②IP 源地址，③IP 目标地址，④TCP 或 UDP 源端口号，⑤TCP 或 UDP 源端口号。访问控制机制是网络安全的一种解决方案，在计算机网络安全中，有以下四类安全特性与访问控制有直接和间接关系。

用户的可鉴别性（Authentication）：它是用户访问网络资源进行访问控制的前提，

只有知道用户的真正身份才能正确地进行访问控制。

数据保密性（Confidentiality）：保证信息的安全和私有，防止信息泄露给未授权的用户，这可通过访问控制机制限制非法用户对敏感信息的访问来间接保护数据的保密性。

数据的完整性（Integrity）：防止信息被非法用户篡改或破坏，它通过访问控制机制限制非法用户对重要信息的非法访问，阻止信息被非法用户篡改或破坏，从而达到间接保护数据完整性的目的。

网络的可用性（Availability）：保障授权用户对系统信息的可访问性，访问控制并不能完全保证可用性，它的作用是当一个非法的攻击者试图访问系统，可能造成系统不可用时，访问控制机制将阻止他。访问控制能保障授权用户对系统的可访问性，是因为访问控制机制阻止了非法用户的可能破坏，这在一定的程度上保护了合法用户对网络的可访问性。

网络访问控制机制的基本思路是：首先，对所辖的整个网络进行访问控制，决定是否允许访问整个网络；其次，如果允许进入网络，要对单个主机和设备进行访问控制，决定是否允许访问单个主机和设备；第三，如果允许访问单个主机和设备，则要对单个主机和设备的数据和资源进行访问控制，决定用户是否可以访问这些资源。

网络访问的可控性机制根据控制的粒度分为三类：对所辖整个网络的访问控制，包括防火墙控制机制、面向网络的入侵检测控制机制；对单个主机和设备的访问控制，包括基于操作系统的访问控制、面向主机的入侵检测和主机防火墙等；对系统资源的访问控制，包括基于数据库管理系统的访问控制等。

另外，加密方法也可被用来提供访问控制，它可以独立实施访问控制，也可作为其他访问控制机制的加强手段。例如，采用加密措施可以限定只有拥有解密密钥的用户才有权限访问特定资源。

4.2　基于防火墙技术的网络访问控制机制与评价

4.2.1　设置防火墙的含义

防火墙（Firewall）是在两个网络之间执行访问控制策略的一个或一组安全系统，可以对整个网络进行访问控制。防火墙是一种计算机硬件和软件系统集合，是实现网络安全策略的有效工具之一。本质上，它遵循的是一种允许或阻止业务来往的网络通信安全机制，也就是提供可控的过滤网络通信，只允许授权的信息通过防火墙。从逻辑上讲，防火墙是分离器、限制器和分析器。防火墙可分为硬件防火墙和软件防火墙两类。通常意义上讲的防火墙是指硬件防火墙，它是由路由器、计算机或者二者的组合，再配上具有过滤功能的软件形成的。通过这种硬件和软件的结合来达到隔离内、外部网络的目的，一般价格较贵，但效果较好。软件防火墙是通过纯软件的方式来实现防火墙功能的，价格很便宜，但这类防火墙只能通过一定的规则来达到限制一些非法用户访问内部网的目的。

通常，防火墙建立在内部网和 Internet 之间的一个路由器或计算机上，该计算机又称堡垒主机（Bastion Host），它是高度暴露给 Internet 的，也是最容易受到攻击的主机，如图 4-1 所示。它就如同一堵带有安全门的墙，可以阻止外界对内部网资源的非法访问，也可以防止内部对外部网的不安全访问。设计防火墙要注意以下基本原则：

- 所有进出网络的通信流都应该通过防火墙，而随着无线网络的发展，这个原则实现起来很难。
- 所有穿过防火墙的通信流都必须有安全策略（规则）确认和授权，规则不能有漏洞，至少要有一个默认规则去处理那些没有匹配任何规则的分组（包）。
- 防火墙本身无法被穿透，要高度安全。

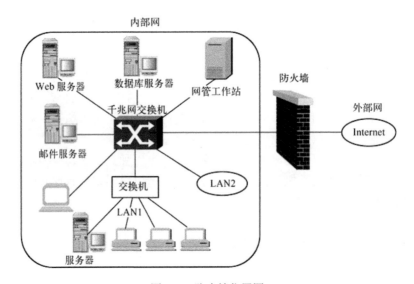

图 4-1　防火墙位置图

4.2.2　防火墙分类

根据不同的标准防火墙根可分成若干类防火墙。

1．包过滤防火墙和代理服务器防火墙

根据实现的技术不同，防火墙分为包过滤防火墙和代理服务器防火墙。包过滤防火墙通常是一个具有包过滤功能的路由器，由于路由器工作在网络层，因此包过滤防火墙又称为网络层防火墙。所谓代理服务器防火墙就是一个提供替代连接并且充当服

务的网关。代理服务器防火墙运行在两个网络之间，对于客户来说，它像是一台真的
服务器一样，而对于外界的服务器来说，它又像是一台客户机。

2．基于路由器的防火墙和基于主机系统的防火墙

根据实现硬件环境不同，防火墙分为基于路由器的防火墙和基于主机系统的防火
墙。包过滤防火墙可以基于路由器，也可基于主机系统实现，而代理服务器防火墙只
能基于主机系统实现。

3．内部防火墙和外部防火墙

根据所处的位置，防火墙分为内部防火墙和外部防火墙。通常意义上的防火墙是
指外部防火墙，它主要是保护内部网络资源免受外部用户的非法访问和侵袭。有时为
了某些原因，还需要对内部网的部分站点再加以保护，以免受内部网其他站点的侵袭。
因此，在同一内部网的两个不同组织之间再建立一层防火墙，这就是内部防火墙。在
园区网中，也常使用 VLAN 技术对内部网进行隔离。

4．各种专用防火墙

根据功能不同，防火墙可分为 FTP 防火墙、Telnet 防火墙、E-mail 防火墙、病毒
防火墙等各种专用防火墙。通常也将几种防火墙技术一起使用以弥补各自的缺陷，增
加系统的安全性能。目前有的厂商把防火墙、入侵检测和病毒防范三种功能合在一起
的网络安全产品，取名为 UTM 安全网关，UTM 是 Unified Threat Management 的
英文缩写。

5．硬件防火墙和软件防火墙

根据产品形式，防火墙可分为硬件防火墙和软件防火墙。

4.2.3　防火墙技术

防火墙基本技术包括包过滤技术、代理服务技术和 NAT 技术。

1．包过滤技术

（1）包过滤涉及的字段

包（又称分组）是网络层的数据单位。在网上传输的文件一般在发出端被划分成
一串数据包，经过网上的中间站点，最终传到目的地，然后将这些包中的数据又重新
组成原来的文件。包过滤技术是对 OSI 模型网络层的包按安全管理规则进行有选择的
通过或者禁止。每个包由数据部分和包头两个部分组成，其中包头中含有重要的跟过
滤有关的信息，防火墙根据这些信息来决定包是否允许进出所管辖的网络。包头包含
的与防火墙有关的主要字段有：

　　◇ IP 协议类型（TCP、UDP）；

　　◇ IP 源地址；

- IP 目标地址；
- IP 选择域的内容；
- TCP 或 UDP 源端口号；
- TCP 或 UDP 目标端口号；
- ICMP 消息类型。

其中第三层可过滤的字段如图 4-2 的灰色部分所示，它包括：32 位的源 IP 地址，目的 IP 地址、IP 协议类型（TCP、UDP）和服务类型。

版本
报文头长度
服务类型
总长度
标识
标记
段偏移量
生存时间
协议
头校验码
源地址
目的地址

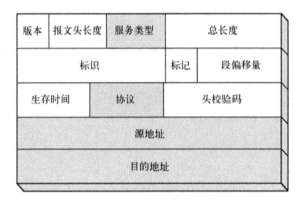

图 4-2　第三层可过滤的字段

第四层可过滤的字段如图 4-3 的灰色部分所示，它包括 16 位的源端口、目的端口和标识符，标识符又包括紧急比特 URG、确认比特 ACK、推送比特 PSH、复位比特 RST、同步比特 SYN 和终止比特 FIN。

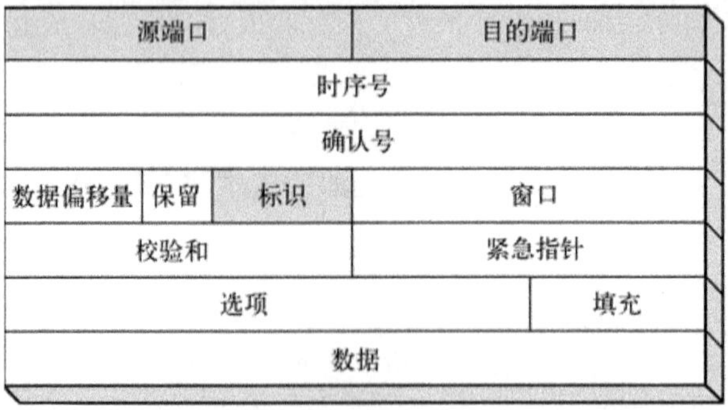

源端口
目的端口
时序号
确认号
数据偏移量
保留
标识
窗口
校验和
紧急指针
选项
填充
数据

图 4-3　第四层可过滤的字段

（2）包过滤基本原理

包过滤是一种简单而有效的防火墙技术，通过拦截数据包过滤掉不应入网的信息。其基本原理是在网络的出入口（如路由器上）对通过的数据包进行检测，只有满足条件的数据包才允许通过，否则被抛弃。每个包在路由器中的处理步骤为：

① 进入路由器；

② 包过滤（Packer filter），这是防火墙的功能；

③ 路由表的查找（Routing lookup），这是确定可以通过防火墙的包的下一个端口；

④ 包分类（Packet classification），这是为保障服务质量 QoS 提供的操作；

⑤ 特殊处理（Special processing），例如，为了检错，路由器需要重新计算校验码等；

⑥ 交换调度（Switching Scheduling），这是为保障服务质量 QoS 提供的操作；

⑦ 离开路由器。

其中第 2 步提供防火墙功能，其他步骤用来提供信息传输功能和保障服务质量功能。在包过滤中，首先从包头中取出规则中要求的字段，然后用字段值去查规则库，从中找到匹配的规则，每一个规则联系一个行为，记为 A(R)，当一个包匹配一个规则时，就按照 A(R) 对包执行过滤功能。

建立一个可靠的规则集对于实现一个安全可靠的防火墙来说是非常关键的一步，因为如果防火墙规则集配置错误，则再好的防火墙也只是摆设。在防火墙的管理策略中有两种截然不同的观点，一是悲观策略，它的基本思路是除非明确允许，否则将禁止某种服务。这种保守策略有利于提高网络的安全，但服务受到很大限制；另一个是乐观策略，它的基本思路是除非明确不允许，否则允许某种服务。这种策略开放大部分服务，但容易产生安全漏洞。

① **一般规则的设置**。规则的一般格式可表示为（R[i]，A(R)），其中 R[i] 是包匹配的字段，A(R) 是匹配规则后防火墙所做的动作。即每条规则做两件事：①定义包在何种情况下匹配该规则，②匹配后防火墙进行何种操作。表 4-1 描述了 5 个防火墙规则，其中防火墙的动作只有两种，一个是允许，另一个是禁止。

表 4-1　5 个 5 维的过滤规则

	目 的 端 口	源 端 口	协 议 类 型	目的 IP 地址	源 IP 地址	动　　作
规则 0	20－21	21	6（TCP）	166.111.68.22	166.111.68.22	允许
规则 1	21	21	6（TCP）	166.112.68.23	166.112.68.23	允许
规则 2	23	20	17（UDP）	166.113.68.24	166.113.68.24	禁止
规则 3	20	23	6（TCP）	16.113.68.24	166.112.68.23	允许
规则 4	23	23	17（UDP）	166.112.68.23	166.113.68.24	禁止

② **默认规则的设置**。防火墙可以对网络的访问进行控制，但至少要保证网络能够实现其最基本功能，因此通常要考虑默认规则的设置。在基本的功能中，要能防止 IP 欺骗，允许地址解析，允许代理服务工作，常见的服务要允许实现，如 E-mail 和 WWW 服务等。

结合上述要求，防火墙的默认规则如下。

↳ 阻止声明具有内部源地址的外来数据包或者具有外部源地址的外出数据包，这是防止 IP 欺骗。

   ◇ 允许从内部 DNS 解析程序到 Internet 上的 DNS 服务器的基于 UDP 的 DNS 查询与应答。这是允许地址解析通过防火墙。

   ◇ 允许从 Internet 上的 DNS 服务器到内部 DNS 解析程序的基于 UDP 的 DNS 查询与应答。

   ◇ 允许基于 UDP 的外部客户查询 DNS 解析程序并提供应答，允许从 Internet 上的 DNS 服务器到 DNS 解析程序的基于 TCP 的 DNS 查询与应答。

   ◇ 允许从出站 SMTP 堡垒主机到 Internet 的邮件外出，允许外来邮件从 Internet 到达入站 SMTP 堡垒主机，这是允许电子邮件的访问。

   ◇ 允许代理发起的通信从代理服务器到达 Internet，允许代理应答从 Internet 定向到外围的代理服务器，这是允许代理行为。

   ◇ 允许从出站 HTTP 堡垒主机到 Internet 的 WWW 外出，允许外来 WWW 从 Internet 到达入站 HTTP 堡垒主机，这是允许 WWW 的访问。

（3）包过滤方式的优点和缺点

包过滤方式的优点主要包括以下两个方面。

① 用一个放置在重要位置上的包过滤路由器即可保护整个网络。这样，不管内部网的站点规模多大，只要在路由器上设置合适的包过滤规则，各站点均可获得良好的安全保护。

② 包过滤不需用户软件支持，也不要对客户机进行特殊设置，包过滤工作对用户来说是透明的。当包过滤路由器允许包通过时，其表现与普通路由器没什么区别，此时用户感觉不到包过滤功能的存在。只有在某些包被禁入或禁出时，用户才会意识到它的存在。

包过滤方式的缺点是：配置包过滤规则比较困难，人们经常会忽略建立一些必要的规则，或者错误配置了已有的规则，同时过滤规则的配置容易产生难于发现的冲突。规则冲突是指两个或多个规则重叠，从而导致一个冲突匹配问题。即当有一个包同时匹配多个规则并且这些规则所联系的行为不一致时，就产生规则的冲突。

例如，假定 166.111.*代表清华大学的 IP 地址，162.105.*代表北京大学的 IP 地址，又设规则仅涉及报文头的两个字段（源 IP 地址，目的 IP 地址）。现考虑两个规则 R1=（166.111.*,*），它所相联系的行为 A（R1）={1000 bps 带宽}，R2=（*,162.105.*），它所相联系的行为 A（R2）={100 bps 带宽}，第一个规则表示分配所有的从清华大学来的报文千兆带宽，而第二个规则表示分配所有到北京大学的报文百兆带宽。现在如果路由器接收了一个源地址为清华大学，目的地址为北京大学的报文（166.111.*,162.105.*）该怎么分配带宽呢？是分配该报文千兆带宽还是分配给该报文百兆带宽呢？这时就产生了规则的冲突问题。矛盾的产生是由于一个报文同时匹配了两个规则（R1 和 R2）并且这两个规则所联系的行为也不一致（一个是百兆带宽，另一个是千兆带宽）造成的。当一个包同时匹配多个规则时，许多算法默认排在前面的规则具有较高的优先权，即包匹配所有匹配规则中排在前面的规则，这样 R1 和 R2 哪个规则在前就匹配哪个规则。可见在设置过滤规则要注意规则的顺序，不同的规则顺序导致的防火墙的动作可能是不一样的。

（4）规则的冗余与处理

向后冗余规则的判断：在防火墙的规则库中，设两个规则 R_t 和 R_s 符合下面条件：

① $t < s$。

② $\forall i$，都有 $R_t[i] \supset R_s[i]$，$1 \leqslant i \leqslant k$，其中 k 为考虑的字段数，$R_i[i]$ 表示规则 t 的第 i 个字段。

③ $\forall j > m$，$\text{pri}(R_m) > \text{pri}(R_j)$，其中 $\text{pri}(R_j)$ 表示规则 R_j 的优先级。

这样就永远不会有包匹配规则 R_s 了，这时规则 R_s 就是冗余的，我们称这样的冗余为向后冗余。

向前冗余规则的判断：在防火墙的规则库中，设两个规则 R_t 和 R_s 符合下面条件：

① $t > s$。

② $\forall i$，都有 $R_t[i] \supset R_s[i]$，其中 k 为考虑的字段数，$R_t[i]$ 表示规则 t 的第 i 个字段。

③ $\forall m \in [s,t]$，都有 $A(R_s) = A(R_m)$，$1 \leqslant i \leqslant k$。

（5）$\forall j > m$，都有 $\text{pri}(R_m) > \text{pri}(R_j)$，其中 $\text{pri}(R_j)$ 表示规则 R_j 的优先级。

这时规则 R_s 就是冗余的，我们称这样的冗余为向前冗余。

对于冗余的规则可以从规则库中删除掉，从而减少规则库的规模，这样既可以提高防火墙的速度，又可以减少内存的需求。

（6）动态包过滤技术

常规的包过滤防火墙是一种静态包过滤防火墙，静态包过滤防火墙是按照定义好的过滤规则审查每个数据包，它不能动态跟踪每一个连接，过滤规则是基于数据包的报头信息制定的。针对传统过滤技术的缺点，提出了更高级的包过滤技术，即动态包过滤技术，它不仅要检查包头的内容，还要跟踪连接的状态信息，例如，假设双方都用 TCP 通信，如果突然出现 UDP 包就应该拒绝。采用这种技术的防火墙对通过其建立的每一个连接都进行跟踪，并且根据需要可动态地在过滤规则中增加或更新条目。

（7）访问控制列表配置举例

当路由器可以进行分组过滤时，路由器就具备了防火墙的功能。防火墙设置的方法之一是访问控制列表（ACL），下面以 H3C 路由器为例，分析如何设置访问控制列表。

在 H3C 路由器系列配置中，访问控制列表可以分为两种：基本访问控制列表（Basic ACL）和高级访问控制列表（Advanced ACL）。基本访问控制列表只使用源地址描述包信息，说明是允许还是拒绝，它的编号范围为 2000～2999。如图 4-4，明 IP 源地址为 202.110.10.0/24 的分组可以通过防火墙，但 IP 源地址为 192.110.10.0/24 的分组不可以通过防火墙。

高级访问控制列表使用更多信息描述包信息，例如传输层协议号、源 IP 地址、目的 IP 地址、源端口和目的端口等，它的编号范围为 3000～3999。如图 4-5 所示，源

IP 地址为 202.110.10.0/24，目的 IP 地址为 179.100.17.10，使用传输层协议是 TCP，应用层协议是 HTTP 的包可以通过路由器。

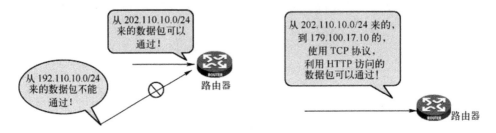

图 4-4　基本访问控制列表功能举例　　　　图 4-5　高级访问控制列表功能举例

【例 4-1】　用基本访问控制列表规则表示"禁止从 202.110.0.0/16 网段发出的所有访问"。

分析：因为是基本访问控制列表，其编号是 2000～2999，根据题意，动作选择禁止"deny"，而非允许"permit"，从网段发出的访问，IP 地址选择源地址"ip source"，而非 IP 目的地址"ip destination"，注意后面跟的是反掩码，而非掩码，在反掩码中 0 表示需要比较，1 表示忽略比较。因此可以用下列访问控制列表规则进行定义：

```
acl number 2000
rule deny ip source 202.110.0.0 0.0.255.255
```

【例 4-2】　用高级访问控制列表规则表示"允许 202.38.0.0/16 网段的主机使用 HTTP 协议访问 IP 地址为 129.10.10.1 的主机。

分析：因为是高级访问控制列表，其编号可以是 3000～3999，根据题意，动作选择允许"permit"，而非禁止"deny"，HTTP 协议使用了面向连接的 TCP 协议，IP 地址选择源地址"ip source" 202.38.0.0/16，目的地址"ip destination"是 129.10.10.1，端口号等于 www 端口号，因此用下列访问控制列表规则进行定义：

```
acl number 3000
rule permit tcp source 202.38.0.0 0.0.255.255 destination 129.10.10.1
0 destination-port eq www.
```

2. 代理服务技术

代理服务又称应用级网关，工作在 OSI 参考模型的应用层，它在网络应用层上建立协议过滤和转发功能。它与包过滤技术完全不同，包过滤技术只是在网络层拦截所有的信息流，代理服务可以进行身份认证等包过滤没有的控制功能，它的安全控制能力比包过滤技术强，但缺点是对用户不透明，速度慢。其基本模型如图 4-6 所示。代理服务器介于客户机和真正的服务器之间，有了它，客户机不是直接到真正的服务器去获取网络信息资源，而是向代理服务器发出请求，信息会先送到代理服务器，由代理服务器取回客户机所需的信息并传送给客户。

代理服务位于内部用户和 Internet 上外部服务之间。代理在幕后处理所有用户和

Internet 服务之间的通信以代替相互间的直接交谈。

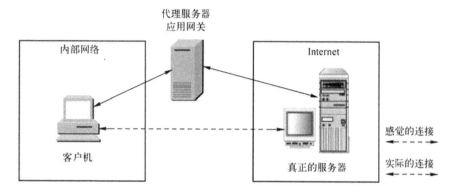

图 4-6　代理服务技术原理图

代理服务的一般工作步骤如下。

① 内部用户用 HTTP 或 Telnet 之类的 TCP/IP 应用程序访问应用级网关。

② 应用级网关询问访问它所需要的用户名和口令，以便在确定身份后进行访问控制。

③ 用户向应用级网关提供用户名和口令。

④ 如果应用级网关判定用户是合法的用户，应用级网关进一步要向用户查询要建立连接进行实际通信的远程主机的域名，IP 地址等以便进行代理，如果应用级网关判定用户是非法的用户，则拒绝进行代理。

⑤ 用户向应用级网关提供这个信息。

⑥ 应用级网关以用户的身份访问远程主机，将用户的分组传递到远程主机。

⑦ 应用网级关成为用户的实际代理，在用户和远程主机之间传递分组。

3.　网络地址转换技术

网络地址转换（Network Address Translation，NAT）技术是指通过有限的全球唯一的 IP 地址（外部地址）作为中继，使计算机网内部使用的非全球唯一的 IP 地址（内部地址）可以对 Internet 进行透明的访问。防火墙通过 NAT 技术达到屏蔽内部地址的作用，可以提高网络的安全性，同时也可解决地址紧缺的问题。

一般 NAT 设备放置在内部网络和外部网络之间（如防火墙），保证所有的对外通信均要通过 NAT 设备。在运作之前必须将内部网络中的 IP 地址分成两类：内部地址和外部地址。在选择内部地址时按照 RFC1597 中的建议使用如下地址范围：

　　↪ 10.0.0.0～10.255.255.255（A 类地址）；

　　↪ 172.16.0.0～172.31.255.255（B 类地址）；

　　↪ 192.168.0.0～192.168.255.255（C 类地址）。

NAT 技术主要完成内外地址的转换，具体步骤如下：

① 检查每一条 TCP 的消息或 UDP 的报文中的地址信息。

② 将每一访问 Internet 的 IP 包中的内部地址替换成外部地址。

③ 将从 Internet 返回的 IP 包中外部地址转换成内部地址，然后转发，从而达到实现使用内部 IP 地址对 Internet 的透明访问。

NAT 实现地址转换的方式可分为三种，即静态 NAT（Static NAT）、动态 NAT（Pooled NAT）和网络地址端口转换（Network Address Port Translation，NAPT）。

静态 NAT 是设置起来最为简单和最容易实现的一种，内部网络中的每个主机都被永久映射成外部网络中的某个合法的地址，内部地址与外部地址的对应关系是固定的，有多少内部地址就需要多少外部地址对应，起到了屏蔽内部地址的作用，但起不到节省地址的作用，因此静态 NAT 方式的使用价值受限。

在动态 NAT 中，内部地址与外部地址的对应关系是根据实际的运行状况决定的，用户连接时，它为每一个内部的 IP 地址分配一个临时的外部 IP 地址，不同连接中内部地址与外部地址的对应关系是不同的，用户断开时，这个 IP 地址就会被释放而留待以后使用。在动态 NAT 中，内部地址可以比外部地址多，因此不仅起到了屏蔽内部地址的作用，而且能够起到节省地址的作用。

在 NAPT 中，它将内部连接映射到外部网络中的一个单独的 IP 地址上，同时在该地址上加上一个由 NAT 设备选定的 TCP 端口号。NAPT 普遍应用于接入设备中，它可以将中小型的网络隐藏在一个合法的 IP 地址后面。

NAT 技术不仅可以节省地址，而且因为外部主机对内部主机的内部地址进行直接访问是不可能的，因此提高了网络的安全性。

4.2.4　防火墙的硬件技术架构

目前防火墙的硬件技术架构主要有以下三种。

基于 X86 体系结构的防火墙，不能满足千兆位防火墙的高吞吐量，低延迟的要求，主要功能和性能依靠算法的好坏，但灵活性强，适应市场速度快。

基于专用集成电路（ASIC）的防火墙，将算法固化在硬件上，因此性能有明显的优势，缺点是灵活性不够，适应市场速度慢。

基于网络处理器（Network Processor，NP）技术的防火墙，它兼有前二者的优点。

4.2.5　防火墙体系结构

防火墙体系结构一般有四种（安全程度是递增的）：过滤路由器结构、双穴主机结构、主机过滤结构、子网过滤结构。

1. 过滤路由器结构

过滤路由器结构是最简单的防火墙结构，这种防火墙可以由厂家专门生产的过滤路由器来实现，也可以由安装了具有过滤功能软件的普通路由器实现，过滤路由器结构示意图如图 4-7 所示。

过滤路由器防火墙作为内外连接的唯一通道，要求所有的报文都必须在此通过检查。

2. 双穴主机结构

双穴主机（Dual Homed Host）体系结构是围绕具有双重宿主的主机而构筑的。该计算机至少有两个网络接口，同时连接两个不同的网络，这样的主机可以充当与这些接口相连的网络之间的路由器，

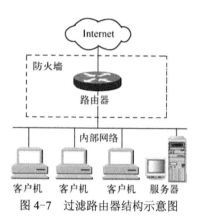

图 4-7　过滤路由器结构示意图

并能够从一个网络到另一个网络发送 IP 数据包。防火墙内部的网络系统能与双重宿主主机通信，同时防火墙外部的网络系统（在 Internet 上）也能与双重宿主主机通信。

通过双重宿主主机，防火墙内外的计算机便可进行通信了，但是这些系统不能直接互相通信，它们之间的 IP 通信需要通过双重宿主主机进行控制和代理。

3. 主机过滤结构

主机过滤结构由内部网中提供安全保障的主机（又称堡垒主机），加上一台单独的过滤路由器，一起构成该结构的防火墙。它既有主机控制又有路由器过滤，因此称为主机过滤结构。主机过滤结构示意图如图 4-8 所示。堡垒主机是 Internet 主机连接内部网系统的桥梁，任何外部系统试图访问内部网系统或服务，都必须连接到该主机上，因此该主机需要高级别安全。在这种结构中，屏蔽路由器与外部网相连，再通过堡垒主机与内部网连接。

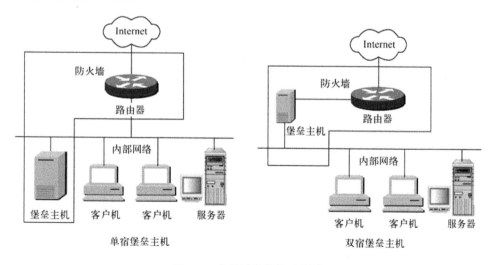

图 4-8　主机过滤结构示意图

来自外部网络的数据包先经过屏蔽路由器过滤，不符合过滤规则的数据包首先被过滤掉，符合规则的包则被传送到堡垒主机上进行再次控制，例如进行代理。主机和路由器的策略不能雷同，否则就起不到各自的作用了。

主机过滤结构又分为单宿堡垒主机和双宿堡垒主机，单宿堡垒主机只有一个网卡连接在内部网上，双宿堡垒主机有两个网卡，一个连接在内部网上，另一个连接在路由器上，具有更好的安全性。

4. 子网过滤结构

子网过滤体系结构添加了额外的安全层到主机过滤体系结构中，即通过添加一个称为参数网络的网络，更进一步地把内部网络与 Internet 隔离开。

参数网络又称周边网络，非军事区（Demilitarized Zone，DMZ），它是在内/外部网之间另加的一个安全保护层，相当于一个应用网关。如果入侵者成功地闯过外层保护网到达防火墙，参数网络就能在入侵者与内部网之间再提供一层保护。

子网过滤体系结构的最简单的形式为两个过滤路由器，每一个都连接到参数网络上，其中一个位于参数网与内部网之间，另一个位于参数网与外部网之间。子网过滤结构如图 4-9 所示。

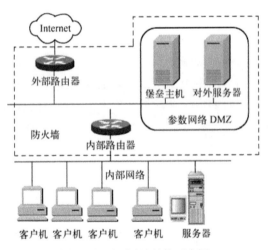

图 4-9 子网过滤结构示意图

非军事区（DMZ）网络中至少有三个网络接口，一个接内网，一个接 Internet，一个接 DMZ。

非军事区网络的优点有：通常公司大都提供 Web 和 E-mail 服务，由于任何人都能访问 Web 和 E-mail 服务器，我们不能完全信任它们，只能通过把它们放入 DMZ 区来实现该项策略。可以限制 DMZ 中的任何服务的访问，例如，如果唯一的服务是WWW，则只允许端口号为 80 的服务通过 DMZ。另外，内部网不直接连接 DMZ，这就保证了内部网的安全。

4.2.6　对防火墙技术的评价

1. 防火墙实现了多层次的访问控制作用

（1）对网络服务的访问控制

防火墙可以控制不安全的服务，只有授权的服务才能通过防火墙，这就大大降低了内网的暴露度，从而提高了网络的安全度。例如，防火墙能防止诸如易受攻击的 NFS 服务出入内网，这使得内网免于遭受来自外界的基于该服务的攻击。这种访问控制是基于端口进行的，因为不同的服务对应的端口不同。常见的 17 种端口号对应的服务如表 4-2 所示。

表 4-2　17 种端口号对应的服务

十进制编码	端　口　号	用　　途
0	20	FTP Data
1	21	FTP Control
2	23	Telnet
3	25	SMTP (E-mail)
4	53	DNS
5	70	Gopher
6	79	Finger
7	80	HTTP (Web)
8	88	Kerberos
9	110	POP3 (E-mail)
10	111	Remote Procedure Call (RPC)
11	119	NNTP (News)
12	68	Dynamic Host Configuration Protocol (DHCP)
13	69	Trivial File Transfer Protocol (TFTP)
14	161	Simple Network Management Protocol (SNMP)
15	2049	Network File System (NFS)
16	*	Other ports

（2）对主机的访问控制

防火墙提供了对主机的访问控制，例如，从外界只可以访问内网的某些主机，而其他主机则不能进行访问，因此可以进行有效地防止非法访问主机。这种访问控制是基于 IP 地址进行的，这也是防火墙最常见的控制形式。

（3）对数据的访问控制

一些防火墙结合了病毒防范功能，可以控制应用数据流的通过，如防火墙可以阻塞邮件附件中的病毒。

（4）对协议的访问控制

对协议的访问控制是指通过协议（如 UDP，TCP，ICMP 等）来控制某个应用程序可以进行什么操作，因为不同的应用程序使用的协议不同，如图 4-10 所示。

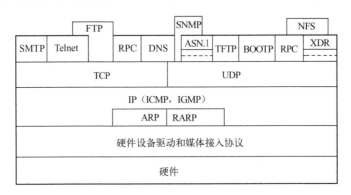

图 4-10　不同的应用程序使用的协议对照

2. 防火墙的其他作用

① 统一安全保护，如果一个内网的所有或大部分主机需要附加相同的安全控制，那么安全软件可以集中放在防火墙系统中，而不是分散到每个主机中。这样，防火墙的保护就相对集中，便于管理和集中控制，价格上也相对便宜。

② 网络连接的审计：当防火墙系统被配置为所有内部网络与外部 Internet 连接均需经过的安全系统时，防火墙系统就能够对所有的访问做日志记录。日志非常重要，它是对一些可能的攻击进行分析和防范的十分重要的情报源。另外，防火墙系统也能够对正常的网络使用情况进行统计，通过对统计结果的分析和合理的配置，可以使得网络资源得到更好的利用。

③ 可以缓解地址短缺的问题和对 IP 地址进行隐藏：通过使用网络地址转化（NAT）技术，防火墙可以在内部 IP 地址和外部 IP 地址间进行转换，达到缓解地址短缺和对 IP 地址进行隐藏的安全目的。

3. 防火墙在网络访问控制中的不足

防火墙在网络安全中虽然非常重要，但也存在许多不足，主要包括：

⤷ 不能防范内部网络的破坏；

⤷ 不能防范不通过它的连接，如绕过防火墙的笔记本电脑和手机等；

⤷ 不能防备全部的威胁，如数据的加密、完整性验证等；

⤷ 难以管理和配置，易造成安全漏洞；

⤷ 只实现了粗粒度的访问控制，对于对更细粒度的数据控制，光靠防火墙难以实现，例如，对于数据库中的记录、字段等访问的控制，必须结合数据库管理系统进行控制；

↳ 容易出现安全误解，人们通常认为只要安装了防火墙，网络就安全了，可以高枕无忧了，放松了网络安全的警惕性。

4.3　网络资源访问控制的机制与评价

用户对网络资源的访问控制属于高层访问控制，是通过对用户口令及其权限与被访问的资源属性进行对比来实现的。它起源于 20 世纪 70 年代，当时是为了满足管理大型主机系统上共享数据授权访问的需要。但随着计算机技术和应用的发展，特别是网络应用的发展，这一技术的思想和方法迅速应用于信息系统的各个领域。在 30 多年的发展过程中，先后出现了多种重要的访问控制技术，如自主访问控制（Discretionary Access Control，DAC），强制访问控制（Mandatory Access Control，MAC）和基于角色的访问控制 （Role-Based Access Control, RBAC），它们的基本目标都是防止非法用户进入系统和合法用户对系统资源的非法使用。用户对网络资源的访问控制技术是系统安全的一个解决方案，是保证信息机密性、完整性和可用性的关键技术，对访问控制的研究已成为计算机科学的研究热点之一。

4.3.1　用户对资源的访问控制概述

用户对资源的访问控制技术是国际标准化组织 ISO 在网络安全体系的设计标准（ISO 7498-2）中定义的五大安全服务功能之一。它是对用户访问网络资源进行的控制过程，只有被授予一定权限的用户，才有资格去访问有关的资源。通过访问控制，隔离了用户对资源的直接访问，任何对资源的访问都必须通过访问控制系统进行仲裁。这使得用户对资源的任何操作都处在系统的监视和控制之下，从而保证资源的合法使用。

访问控制的一般模型如图 4-11 所示。其中用虚线框起来的部分就是访问控制部分。由图 4-11 可以看出，用户必须通过访问控制系统，最后才能真正访问到资源。访问控制由一个仲裁者和一套安全（控制）策略组成。任何访问控制模型都会用到用户、主体、客体、控制策略和权限等概念。下面对这几个概念进行简单的介绍。

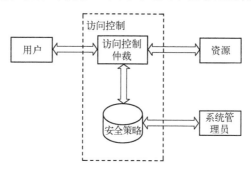

图 4-11　访问控制的一般模型图

用户（user）：一个被授权使用计算机的人员。

主体（Subject）：主体是指发出访问操作、存取请求的主动方，主体的含义是广泛的，可以是用户、用户所在的组、主机、手持终端、代表用户的应用服务程序或进程等，一个用户可以有多个主体。

客体（Object）：客体是需要保护的资源，一般指被调用的程序或要存取的数据等。客体的含义也是广泛的，凡是可以被操作的信息、资源、对象都可以认为是客体，具体可以是文件、程序、内存、目录、队列、进程间报文、I/O 设备和物理介质等。一个客体可以包含另一个客体。一个实体可以在某一时刻是主体，而在另一时刻是客体，这取决于某一实体的功能是动作的执行者还是被执行者。

控制策略（Control policy）：是关于在保证系统安全及文件所有者权益前提下，如何在系统中存取文件或访问信息的描述，它由一整套严密的规则所组成。规则中规定（又称授权 Authorization）主体可对客体执行哪些操作，如读、写、执行、发起连接或拒绝访问等。

权限（Permission）：在受系统保护的客体上执行某一操作的许可。权限是客体和操作的联合，两个不同客体上的相同操作代表着两个不同的权限，单个客体上的两个不同操作也代表两个不同的权限。

在这些概念中，主体、客体和控制策略是访问控制的最基本的三个要素。

访问控制主要包括以下三个过程。

鉴别（Authentication）过程：在访问控制中必须先确认访问者是合法的主体，而不是假冒的欺骗者。主体 S 提出一系列正常的访问请求，通过信息系统的入口到达控制访问的监控器，由监控器判断是否允许或拒绝这次请求，即对用户进入系统进行控制，最简单、最常用的方法是利用用户账户和口令进行控制，还有其他前面讲述过的身份鉴别措施。

授权（Authorization）过程：用来限制用户对资源的访问级别，主体通过验证，才能访问客体，但并不保证其有权限可以对客体进行任何操作，客体对主体的具体约束由访问控制表来控制实现，它是由用户的访问权限和资源属性共同控制的。

审计（Audit）过程：用来记录主体访问客体的过程，监控访问控制的实现效果。审计在访问控制中具有重要意义，比如客体的管理者有操作赋予权，他有可能滥用这一权利，这是无法在策略中加以约束的，只有对这些行为进行记录，才能达到威慑作用，以保证访问控制正常实现的目的。

4.3.2　系统资源访问控制的分类

1. 按访问控制的方式分

按访问控制的方式可分为自主访问控制和强制访问控制。

自主访问控制，又称任意访问控制，它允许用户可以自主地在系统中规定谁可以存取它拥有的资源实体。所谓自主，是指用户有权对自身所创建的访问对象（文件、数据表等）进行访问，并可将对这些对象的访问权授予其他用户和从授予权限的用户收回其访问权限。

强制访问控制指用户的权限和文件（客体）的安全属性都是固定的，由系统决定一个用户对某个客体能否实行访问。所谓"强制"，是指由系统（通过专门设置的系统安全员）对用户所创建的对象进行统一的强制性控制，按照规定的规则决定哪些用户可以对哪些对象进行什么样操作。即使是创建者用户，在创建一个对象后，也可能无权访问该对象。

2. 按访问控制的主体分

按访问控制的主体可分为基于用户的访问控制和基于角色的访问控制。

基于用户的访问控制是指每个用户都分配其权限，缺点是用户太多，可扩展性差。基于角色的访问控制是在用户和访问许可权之间引入角色的概念，用户与特定的一个或多个角色相联系，角色再与一个或多个访问许可权相联系，从而实现对用户的访问控制。角色可以根据实际的工作需要生成或取消。

4.3.3　自主访问控制

1. 自主访问控制概述

自主访问控制的基本思想是系统中的主体（用户或用户进程）可以自主地将其拥有的对客体的访问权限全部或部分地授予其他主体，或者将权限从其他用户那里收回。访问权限主要有：读、写、执行、发起连接或拒绝访问等，如此将可以非常灵活地对策略进行调整。由于其易用性与可扩展性，自主访问控制机制经常被用于商业系统。

在商业环境中，大多数系统基于自主访问控制机制来实现访问控制，如主流操作系统的 Windows 系统、UNIX 系统和防火墙的访问控制列表等。自主访问控制的优点是灵活度高、粒度小，但是，访问权限的随意转移很容易产生安全漏洞。另外，由于资源不是受系统管理员统一管理，系统管理员很难确定一个用户在系统中对各个资源的访问权限，很难实现统一的安全策略。

2. 自主访问控制的实施

在自主访问控制中，用户可以针对被保护对象制定自己的保护策略。每个主体拥有一个用户名并属于一个组或具有一个角色。自主访问控制的实施有三种：①目录表（Directory List），②访问控制表（Access Control List），③访问控制矩阵（Access Control Matrix）。

（1）目录表

每个主体都附加一个该主体可访问的客体的表称为目录表，图 4-12 说明主体 Subj1 对不同客体的不同访问权限。

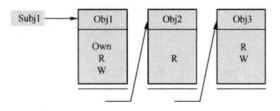

图 4-12　目录表示例

（2）访问控制表

每个客体附加一个可以访问它的表称为访问控制表，图 4-13 说明该客体 Obj1 可以被哪些主体访问，访问的权限是什么。

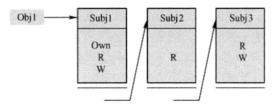

图 4-13　访问控制表示例

（3）访问控制矩阵

任何访问控制策略最终均可被模型化为访问控制矩阵形式：行对应主体，列对应客体，每个矩阵元素规定了相应的主体对相应的客体被准予的访问权限和实施的操作。

客体 主体	Obj1	Obj2	Obj3
Subj1	R、W、Own		R、W、Own
Subj2		R、W、Own	
Subj3	R	R、W	
Subj4	R	R、W	

图 4-14　访问控制矩阵示例

4.3.4　强制访问控制

1. 强制访问控制概述

强制访问控制指用户的权限和文件（客体）的安全属性都是固定的，由系统决定一个主体对某个客体能否实行访问。强制指的是用户和资源的安全等级是由系统规定的，用户不能改变自己和资源的安全等级，也不能将自己的访问权限转让给其他用户。由于在强制访问控制中，用户不能改变资源的安全级别，限制了用户对资源的不合理使用，提高了系统的安全性，但是，强制访问控制模型限制太多，使用不灵活。强制访问控制主要用在军事部门等具有严格安全等级的系统中。

2．强制访问控制的实施

在强制访问控制系统中，所有主体（用户，进程）和客体（文件，数据）都被分配了安全标签，安全标签标识一个安全级别，实体的安全级别可以分为：绝密、机密、秘密、内部和公开等。强制访问控制的实施是在访问发生前，系统通过比较主体和客体的安全级别来决定主体能否以它所希望的模式访问一个客体。例如，假如攻击者在目标系统中以"秘密"的安全级别进行操作，他将不能访问系统中安全级为"机密"及更高密级的数据。

从强制访问控制的实施过程可以看到，访问控制的实质是将主体和客体的安全等级分级，然后根据主体和客体的安全级别标记来决定访问模式。访问的准则是：只有当主体的安全级别高于或等于客体的安全级别时，访问才是允许的，否则将拒绝访问。

强制访问控制基于两种规则来保障数据的机密性和完整性。

① 无上读，主体不可读安全级别高于它的数据，这个规则容易理解。

② 无下写，主体不可写安全级别低于它的数据，这个规则可能不太好理解，通过例子可以看到这个规则的合理性。例如，安全级别高的系教务人员不能写安全级别低的某任课老师的学生成绩，否则会造成数据的混乱和不一致性，但系教务人员可以读不止某一个老师的学生成绩。

4.3.5　基于角色的访问控制

1．基于角色的访问控制概述

基于角色的访问控制的基本思想是通过将权限授予角色而不是直接授予主体，主体通过角色分派来得到客体操作权限从而实现授权。角色是指根据用户的职权和责任来设定他们的角色，用户可以在角色间进行转换。系统可以添加或删除角色，还可以对角色的权限进行添加或删除。由于角色在系统中具有相对于主体的稳定性，并具有更为直观的理解，所以大大减少系统安全管理员的工作复杂性和工作量。在基于角色的访问控制中包括以下一些前面没有的概念。

角色（Role）：对应于组织中某一特定的职能岗位，代表特定的任务范畴。

许可（Permission）：表示对系统中的客体进行特定模式访问的操作许可。例如，对数据库系统中文档进行的选择、插入和删除等。

用户分配、许可分配：用户与角色、角色与许可之间的关系都是多对多的关系。

↳ 用户分配指根据用户在组织中的职责和能力将其对应到各个角色成员。

↳ 许可分配指角色按其职责范围与一组操作许可相关联。

↳ 用户通过被指派到角色来间接获得访问资源的权限。

会话（Session）：会话代表用户与系统进行的交互。用户是一个静态的概念，会话则是一个动态的概念。用户与会话是一对多关系，即一个用户可同时打开多个会话。

约束（Constraints）：约束是在整个模型上的一系列约束条件，用来控制指派操作，避免操作发生冲突等，基于角色的访问控制的典型模型如图 4-15 所示。

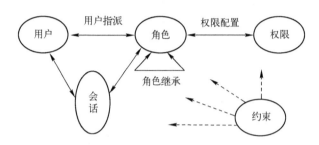

图 4-15　基于角色的访问控制典型模型

2. 基于角色的访问控制实施

图 4-16 说明了基于角色的访问控制的整体流程：用户属于某个角色，角色拥有某些权限，权限允许执行相关操作，该操作最终作用于某个对象（客体）。

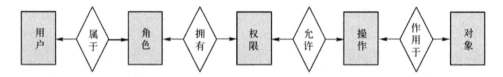

图 4-16　基于角色的访问控制流程

3. 基于角色的访问控制中的原则

基于角色的访问控制一般包括四个原则，分别为角色继承原则、最小权限原则、职责分离原则和角色容量原则。

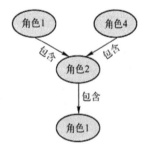

图 4-17　角色继承关系图

（1）角色继承原则

为了提高效率，避免相同权限的重复设置，基于角色的访问控制采用了"角色继承"的概念。有的角色虽然有自己的权限，但它还可继承其他角色的权限。如果角色 1 包含角色 2，则角色 1 可以继承角色 2 的权限。继承关系如图 4-17 所示，图中位于上层的角色可以继承下层角色的权限。

（2）最小权限原则

所谓最小权限原则是指用户所拥有的权力不能超过他执行工作时所需的权限，即每个主体（用户和进程）在完成某种操作时所赋予网络中必不可少的特权。只给予主体"必不可少"的特权，一方面保证所有的主体都能在所赋予的特权之下完成所需要完成的任务和操作；另一方面，限制每个主体所能进行的操作，杜绝可能的操作漏洞。最小特权原则在保持完整性方面起着重要的作用，实现最小权限原则，需分清用户的工作内容，确定执行该项工作的最小权限集，然后将用户限制在这些权限范围之内。基于角色的访问控制中，只有角色需要执行的操作才授权给角色。当一个主体要访问某个资源时，如果该操作不在主体当前活跃角色的授权操作之内，则该访问将被拒绝。坚持最小特权原则要求用户在不同的时间拥有不同的权限级别，这依赖于所执行的任务或功能。过多的权限有可能会泄露信息，因此为了保证系统的机密性和完整性，必须避免赋予多余的权限。

（3）职责分离原则

对于某些特定的操作集，某一个角色或用户不可能同时独立地完成所有这些操作，这时需要遵守"职责分离"原则，它可以有静态和动态两种实现方式。静态职责分离是指只有当一个角色与用户的其他角色彼此不互斥时，这个角色才能授权给该用户。动态职责分离是指只有当一个角色与一个主体的任何一个当前活跃角色都不互斥时，该角色才能成为该用户的另一个活跃角色。

（4）角色容量原则

角色容量原则是指在创建新的角色时，要指定角色的容量，在一个特定的时间段内，有一些角色只能由一定人数的用户占用。

4.3.6　基于操作系统的访问控制

每个主机都安装了操作系统，主机中的一些资源访问控制功能可由操作系统完成。目前常见的网络操作系统有：Windows 系列，UNIX，Linux，IBM 的 AIX，SUN 的 Solaris 等。现在应用服务器上运行的操作系统主要有运行于精简指令系统（RISC）体系机构服务器上的 Unix 操作系统，如 IBM RS6000 上的 AIX 操作系统，SUN Solaris 和运行在基于 Intel 平台上的 PC 服务器的 Windows NT 和 Linux 等。这些主流的操作系统均提供不同级别的访问控制功能。

操作系统通常首先根据用户的口令和密码来控制用户是否可以使用主机或设备，其次使用用户访问权限控制用户能访问系统的哪些资源（如，目录和文件等），以及对这些资源能做哪些操作（如，读、写、建立、修改、删除、文件浏览、访问控制和管理等）。例如，Windows 操作系统应用访问控制列表来对本地文件进行保护，访问控制列表指定某个用户可以读、写或执行某个文件，文件的所有者可以改变该文件访问控制列表的属性。

4.3.6.1　用户登录的访问控制

1.　基于指纹的用户登录

目前有些计算机系统提供基于指纹的用户登录，指纹识别器提供了用户身份识别的安全性和简单易用性，减少了用户记住多个密码的烦恼。基于指纹的用户登录主要包括下列步骤。

① 注册：基于指纹的用户登录的第一步是注册。在信息技术中，生物匹配的目的是验证，因此必须首先定义用户 ID，然后注册与该用户 ID 相关的指纹。当注册指纹时，必须重复将一个手指呈现给传感器，直至注册软件已从该手指上捕获了在未来进行指纹验证时足以能够识别指纹的信息。通常，三次测量足以实现这一目的。

② 验证：用户登录时，将手指放置在传感器上，连接在指纹识别器上的软件匹配器便对所放置的手指图像进行分析，并将其与该指纹识别器所具有的已注册指纹进行比较。如果匹配，便通过了验证。如果不匹配，便通不过验证。

2. Windows 系统登录的访问控制

Windows 系统首先对用户登录进行访问控制，它包括以下几方面。

① 每个合法用户都有一个用户名和一个口令，在系统建立用户时就将其存入系统的相应数据库中。

② 口令的保护：管理员可以设置要求用户定期更换口令。

③ 系统设定用户尝试登录的最大次数，在到达该数值后，系统将自动锁定，不允许用户再登录。

④ 强制登录：只有同时按下 Ctrl+Alt+Del 键弹出相应窗口，才能输入用户名和口令，没有其他机制能关闭 Ctrl+Alt+Del 键，这样可以防止木马攻击。

⑤ 时间、地址和工作站的登录控制，系统可设定用户登录的时间和地点范围，以及指定用户只能在哪些地址登录计算机系统。

3. 登录口令的安全保存

系统不能直接存放用户的明文口令，如果攻击者成功访问数据库，则可以得到整个用户名和口令表。通常要先对明文口令加密或者变换形式之后保存，如保存用户的口令摘要。如果攻击者窃取了用户的口令摘要，攻击者不能推算出口令，这是因为摘要具有"由摘要不能看到原消息的任何信息"的性质所决定的。

针对用户容易使用简单口令的缺点，系统可采用在本地计算机上给口令加盐来提高口令的安全性。加盐是计算机系统在加密之前与口令结合在一起的一个随机字符串。由于该字符串在每一次口令创建时都随机生成，因此，即使两个用户的口令相同，由于加盐值不同，得到的口令摘要也不同。

比如，在 Linux 系统中，/etc/shadow 文件中包含的两行数据：

    zhang:qdUYgW6vvNB.U
    wang: zs9RZQrI/0aH2

这里账户 zhang 和 wang 使用了相同口令，但在口令文件中保存的密文口令却完全不同，原因在于加密口令时使用了加盐。这样当口令破解者破解了一个口令之后，他没有办法寻找具有相同摘要的其他口令，取而代之的是他必须一个个地破解每一个口令。更长的破解口令时间会阻止某些恶意攻击者，也有可能让安全专家有时间来检测到进行口令破解攻击的人。

4.3.6.2　用户存取的访问控制

1. Windows 操作系统的存取控制

Windows 的存取控制提供了一个用户或一组用户在对象的访问或审计许可权方面的信息。Windows 安全模式的一个最初目标，就是定义一系列标准的安全信息，并把它应用于所有对象的实例，这些安全信息，包括下列元素。

① 所有者：确定拥有这个对象的用户。

② 组：确定这个对象与哪个组联系。

③ 自由 ACL：表示对象拥有者标明谁可以或者不可以存取该对象。

④ 系统 ACL：安全管理者用来控制审计消息的产生。

⑤ 存取令牌：是使用资源的身份证，包括用户 ID，组 ID 及其特权。

利用文件和目录属性限制用户的访问，属性规定文件和目录被访问的特性，网络系统可通过设置文件和目录属性控制用户对资源的访问。属性是系统直接赋予文件和目录等资源的，它对所有用户都具有约束权。一旦目录、文件具有了某些属性，用户（包括系统管理员）都不能超越这些属性规定的访问权，即不论用户的访问权限如何，只能按照资源的属性实施访问控制。当主体的权限跟客体的属性冲突时，以属性为主。

对网络服务器安全控制，网络服务器上的软件只能从系统目录上装载，而只有网络管理员才具有访问系统目录的权限。系统可授权控制台操作员具有操作服务器的权利，控制台操作员可通过控制台装载和卸载功能模块、安装和删除软件。管理人员可以锁定服务器控制台键盘，禁止非控制台操作员操作服务器。对网络进行监控和锁定控制，网络管理员通过监控和锁定等手段进行安全控制，包括：

① 网络管理员对网络实施监控；

② 服务器记录用户对网络资源的访问；

③ 服务器以图形或文字或声音等形式报警，以引起网络管理员的注意；

④ 如果非法用户试图进入网络，网络服务器应能自动记录其企图尝试进入网络的次数，如果非法访问的次数达到设定数值，那么该账户将被自动锁定。

2. UNIX 操作系统的存取控制

UNIX 系统的资源访问控制是基于文件的，为了维护系统的安全性，系统中每一个文件都具有一定的访问权限，只有具有这种访问权限的用户才能访问该文件，否则系统将给出 Permission Denied 的错误信息。在 UNIX 系统中有一个名为 root 的用户，这个用户在系统上拥有最大的权限，即不需要授权就可以对其他用户的文件、目录及系统文件进行任意操作（可见危险性也很大）。UNIX 系统中的用户、权限和标识如下。

三类用户：用户本人、用户所在组的用户和其他用户。

三类允许权限：R 表示读、W 表示写和 X 表示执行。

允许权的标识：A 表示管理员（拥有所有权利）、V 表示属主、G 表示组，--表示其他人。

【例 4-3】 说明下面标识的各项访问控制的意义。

-rw-r--r-- l root wheel 545 Apr 4 12:19 file1

各项分别表示：第 1 位是目录/文件（d/-），第 2，3，4 三个位表示拥有者具有读和写的权限（rw-），在这三位中，个位为空（-），十位和百位不空（rw），因此这三位可以表示为二进制 110，即 6；接着三位表示组有读的权限（r--），也可以表示为 4；再接着 3 位表示其他人有读的权限（r--），也可以表示为 4；接下来是连接（1），它表示有几个目录包含该文件或目录；其他的分别包括拥有者（root），组名（wheel），文件大小（545），访问日期（Apr 4 12:19）和文件名（file1）。注意：权限也可写为 644。

3. 存取控制的原则

存取控制按照下面原则进行。

① 许可权可以累计，例如用户将组里的权限和用户自己的权限进行累计。

② 拒绝的优先级永远高于授予的优先级，例如，组出现拒绝，用户出现授予，则最终的权限是拒绝。

③ 如果没有明确授予就是拒绝。

4.3.7 基于数据库管理系统的访问控制

访问控制往往嵌入应用程序（或中间件）中以提供更细粒度的数据访问控制。当访问控制需要基于数据记录或更小的数据单元实现时，应用程序将提供其内置的访问控制模型。大多数数据库（如 Oracle）都提供独立于操作系统的访问控制机制，Oracle 使用其内部用户数据库，且数据库中的每个表都有自己的访问控制策略来支配对其记录的访问。

1. 数据库的存取控制

数据库存取控制的常用方法包括用户鉴别和存取控制。用户鉴别可以用前面讲过的用户鉴别的方法进行鉴别。鉴别合法后系统接着为用户分配权限。否则，系统拒绝用户进入数据库系统。

2. 存取控制机制的组成

存取控制由定义存取权限和检查存取权限组成，它们一起组成了数据库管理系统（DBMS）的安全子系统。

① 定义存取权限：为了保证用户只能访问他有权存取的数据，在数据库系统中，必须预先对每个用户定义存取权限。

② 检查存取权限：对于通过鉴定获得访问权的用户（即合法用户），系统根据他

的存取权限定义对他的各种操作请求进行控制，确保他只执行合法操作。

存取权限由两个要素组成：数据对象和操作类型。每当用户发出数据库的操作请求后，DBMS 查找数据权限库，根据用户权限进行合法权检查。若用户的操作请求超出了定义的权限，系统就拒绝此操作。对数据库的操作权限一般包括查询权、记录的修改权、索引的建立权和数据库的创建权等，如表 4-3 所示。

表 4-3　授权示例表

用　户　名	数据对象名	允许的操作类型
王　平	关系 Student	SELECT
张明霞	关系 Student	UPDATE
张明霞	关系 Course	ALL
张明霞	SC.Grade	UPDATE
张明霞	SC.Sno	SELECT
张明霞	SC.Cno	SELECT

4.3.8　用户对资源的访问控制机制的评价

一般来说，对整个应用系统的访问，宏观上通常是采用身份鉴别的方法进行控制，而微观控制通常是指在操作系统、数据库管理系统中所提供的用户对文件或数据库表、记录/字段的访问所进行的控制。访问控制是确保主体对客体的访问只能是授权的，未经授权的访问是不允许的，而且其操作是无效的。访问控制机制决定用户及代表一定用户利益的程序能做什么，以及做到什么程度。

访问控制策略最常用的是自主访问控制、强制访问控制和基于角色的访问控制。自主访问控制根据主体的身份和授权来决定访问模式，灵活性好，但信息在移动过程中主体可能会将访问权限传递给其他人，使访问权限关系发生改变；强制访问控制根据主体和客体的安全级别标记来决定访问模式，实现信息的单向流动，安全性好，但它过于强调保密性，对系统的授权管理不便，不够灵活。在实际应用中，强制访问控制和自主访问控制有时会结合使用。例如，系统首先执行强制访问控制来检查用户是否有权限访问一个文件组（这种保护是强制的，也就是说，这些策略不能被用户更改），然后再针对该组中的各个文件制定相关的访问控制列表（自主访问控制策略）。可以看到，自主访问控制限制太弱，强制访问控制限制太强，且二者的工作量较大，不便管理。则可以折中以上问题，角色控制相对独立，根据具体的系统需求可以使某些角色接近自主访问控制，某些角色接近强制访问控制。

基于角色的访问控制最突出的优点就在于系统管理员能够按照部门、企业的安全政策划分不同的角色，执行特定的任务。一个基于角色的访问控制系统建立起来后主要的管理工作即为授权或取消用户的角色。用户的职责变化时只需要改变角色即可改变其权限；当组织的功能变化或演进时，则只需删除角色的旧功能，增加新功能，或定义新角色，而不必更新每一个用户的权限设置。这极大地简化了授权管理，使得信息资源的访问控制能更好地适应特定单位的安全策略。基于角色的访问控制已被广泛地应用在数据库系统和分布式资源互访中。

4.4　基于入侵检测技术的网络访问控制机制与评价

4.4.1　入侵检测概述

传统的信息安全方法采用严格的访问控制和数据加密策略来防护，但在复杂系统中，这些策略是不充分的，它们是系统安全不可缺的部分，但又不能完全保证系统的安全。随着日益增长的网络安全的攻击与威胁，单纯的防火墙无法防范复杂多变的攻击。防火墙自身也可能被攻破，而且不是所有的威胁都来自防火墙外部。目前入侵网络系统相对容易，因为到处可以看到入侵教程，随处可以获得各种入侵工具。同时网络攻击变得越来越复杂而且自动化程度越来越高，这样入侵检测技术就相应产生。

入侵检测（Intrusion Detection）是对入侵行为的发觉。它通过从计算机网络或计算机系统的关键点收集信息并进行分析，从中发现网络或系统中是否有违反安全策略的行为和被攻击的迹象。入侵检测技术是主动保护自己免受攻击的一种网络安全技术。

定义 4.2　入侵检测　入侵检测是指对系统的运行状态进行监视，发现各种攻击企图、攻击行为或者攻击结果，以保证系统资源的机密性、完整性和可用性。进行入侵检测的软件与硬件的组合便是入侵检测系统（Intrusion Detection System，IDS）。

入侵要利用漏洞。漏洞是指系统硬件、操作系统、软件、网络协议等在设计上、实现上出现的可以被攻击者利用的错误、缺陷和疏漏。漏洞与后门不同，漏洞是难以预知的，后门则是人为故意设置的。后门是软/硬件制造者为了进行非授权访问而在程序中故意设置的万能访问口令，这些口令无论是被攻破，还是只掌握在制造者手中，都对使用者的系统安全构成严重的威胁。

目前主要的网络安全技术有 IDS、防火墙、扫描器、VPN 和防病毒技术。入侵检测与其他网络安全技术的比较见表 4-4。

表 4-4　入侵检测与其他网络安全技术的比较

网络安全技术	优　　点	局　限　性
防火墙	可简化网络管理，产品成熟	无法处理网络内部的攻击
IDS	实时监控网络安全状态	误报警，缓慢攻击，新的攻击模式
扫描器	简单可操作，帮助系统管理员和安全服务人员解决实际问题	并不能真正扫描漏洞
VPN	保护公网上的内部通信	可视为防火墙上的一个漏洞
防病毒	针对文件与邮件，产品成熟	功能单一

4.4.2　入侵检测技术

典型的入侵检测系统具备三个主要的功能部件：提供事件数据和网络状态的信息采集装置、发现入侵迹象的分析引擎和根据分析结果产生反应的响应部件，即信息收集，信息分析和结果处理。

1. 信息收集

入侵检测的第一步是信息收集，收集内容包括系统、网络、数据及用户活动的状态和行为。入侵检测很大程度上依赖于收集信息的可靠性和准确性，因此，要保证用来检测网络系统的软件的完整性，特别是入侵检测系统软件本身应具有相当强的坚固性，防止被篡改而收集到错误的信息。

入侵检测需要采集动态数据（网络数据包）和静态数据（日志文件等），也要观测网络的运行状态（流量、流向等）。信息采集可以在网络层对原始的 IP 包进行监测，这种方法被称为基于网络的 IDS 技术；也可以直接查看用户在主机上的行为和操作系统日志来获得数据，这种方法被称为基于主机的 IDS 技术。目前有把这两种技术结合起来，在信息采集上进行协同，充分利用各层次的数据提高入侵检测能力的趋势。

在收集信息时应注意：应在计算机网络系统中的若干不同关键点（不同网段和不同主机）收集信息，尽可能扩大检测范围，因为仅从一个信息点收集来的信息有可能看不出疑点。

信息收集的来源主要有以下几种。

① **系统或网络的日志文件**。黑客经常在系统日志文件中留下他们的踪迹，因此，充分利用系统和网络日志文件信息是检测入侵的必要条件。日志文件中记录了各种行为类型，每种类型又包含不同的信息，例如，记录"用户活动"类型的日志，就包含登录、用户 ID 改变、用户对文件的访问、授权和认证信息等内容。显然，对用户活动来讲，不正常的或不期望的行为就是重复登录失败、登录到不期望的位置以及非授权的企图访问重要文件，等等。

② **网络流量**。网络流量的急剧增加等非正常变化也是判断入侵检测的依据。

③ **系统目录和文件的异常变化**。网络环境中的文件系统包含很多软件和数据文件，包含重要信息的文件和私有数据文件经常是黑客修改或破坏的目标。目录和文件中的不期望的改变（包括修改、创建和删除），特别是那些正常情况下限制访问的，很可能就是一种入侵产生的指示和信号。入侵者经常替换、修改和破坏他们获得访问权的系统上的文件，同时，为了隐藏系统中他们的表现及活动痕迹，都会尽力去替换系统程序或修改系统日志文件。

④ **程序执行中的异常行为**。程序执行中的异常行为也是判断入侵检测的依据，如无缘无故的写磁盘，要求输入密码等。

2. 信息分析

对采集到的信息，入侵检测技术需要利用模式匹配和异常检测技术进行分析，以发现一些简单的入侵行为，还需要在此基础上利用数据挖掘技术，分析审计数据以发现更为复杂的入侵行为。实现模式匹配和异常检测的检测引擎首先需要确定检测策略，明确哪些攻击行为属于异常检测的范畴，哪些攻击行为属于模式匹配的范畴。往往管理控制平台中心执行更高级的、复杂的入侵检测，它面对的是来自多个检测引擎的审计数据，可以对各个区域内的网络活动情况进行"相关性"分析，其结果为下一时间段内检测引擎的检测活动提供支持。例如黑客在正式攻击网络之前，往往利用各种探测器分析网络中最脆弱的主机及主机上最容易被攻击的漏洞，在正式攻击时，因为黑客的"攻击准备"活动记录早已被系统记录，所以 IDS 就能及时地对此攻击活动做出判断。目前，在这一层面上讨论比较多的方法是数据挖掘技术，它通过审计数据的相关性发现入侵，能够检测到新的进攻方法。

传统数据挖掘技术的检测模型是离线产生的，就像完整性检测技术一样，这是因为传统数据挖掘技术的学习算法必须要处理大量的审计数据，十分耗时。但是，有效的 IDS 必须是实时的。而且，基于数据挖掘的 IDS 仅仅在检测率方面高于传统方法的检测率还不够，只有误报率也在一个可接受的范围内时，才是可用的。对信息分析，主要有下列三种分析策略。

① **模式匹配**。模式匹配就是将收集到的信息与已知的网络入侵和系统误用模式数据库进行比较，从而发现违背安全策略的行为。一般来讲，一种进攻模式可以用一个过程（如执行一条指令）或一个输出（如获得权限）来表示。该过程可以很简单（如通过字符串匹配以寻找一个简单的条目或指令），也可以很复杂（如利用正规的数学表达式来表示安全状态的变化）。

② **统计分析**。统计分析方法首先给系统对象（如用户、文件、目录和设备等）创建一个统计描述，统计正常使用时的一些测量属性（如访问次数、操作失败次数和延时等）。测量属性的平均值将被用来与网络、系统的行为进行比较，任何观察值在正常值范围之外时，就认为有入侵发生。

③ **完整性分析**。完整性分析主要关注某个文件或对象是否被更改，这经常包括文件和目录的内容及属性，它在发现被更改的、被安装木马的应用程序方面特别有效。

3. 入侵响应

IDS 常见的响应策略有：弹出窗口报警、E-mail 通知、切断 TCP 连接、执行自定义程序、与其他安全产品交互，如防火墙和 SNMP Trap 等。

IDS 的处理策略有：限制访问权限，隔离入侵者，断开连接等。IDS 在网络中的位置决定了其本身的响应能力相当有限，因此需要把 IDS 与有充分响应能力的网络设备或网络安全设备集成在一起，协同工作，构成响应和预警互补的综合安全系统。

4.4.3　入侵检测的分类

1. 按照检测分析方法

（1）异常检测技术（Anomaly Detection）

首先总结正常操作应该具有的特征，当用户活动与正常行为有重大偏离时即被认为是入侵。异常检测也称为基于行为的检测，它根据使用者的行为或资源使用状况的正常程度来判断是否发生入侵，而不依赖于具体行为是否出现作为判断条件。

这种方法先建立被检测系统正常行为的参考库，并通过与当前行为进行比较来寻找偏离参考库的异常行为。例如，一般在白天使用计算机的用户，如果突然在午夜注册登录，则被认为是异常行为，这时有可能是某入侵者在使用。

如果系统错误地将异常活动定义为入侵，称为误报（False Positive）；如果系统未能检测出真正的入侵行为则称为漏报（False Negative）。

（2）误用检测技术（Misuse Detection）

收集非正常操作的行为特征，建立相关的特征库，当监测的用户或系统行为与库中的记录相匹配时，系统就认为这种行为是入侵行为。

误用检测也称为基于知识的检测，它收集已知攻击方法，定义入侵模式，通过判断这些入侵模式是否出现来判断入侵是否发生。定义入侵模式是一项复杂的工作，需要了解系统的脆弱点，分析入侵过程的特征、条件、排列及事件间的关系，然后具体描述入侵行为的迹象。这些迹象不仅对分析已经发生的入侵行为有帮助，而且对即将发生的入侵也有警戒作用，因为只要部分满足这些入侵迹象就意味着可能有入侵行为发生。

如果入侵特征与正常的用户行为匹配，则系统会发生误报；如果没有特征能与某种新的攻击行为匹配，则系统会发生漏报。

2. 按照原始数据的来源

（1）基于主机的入侵检测系统

系统获取数据的依据是系统运行所在的主机，保护的目标也是系统运行所在的主机。主机 IDS 具有更强的功能而且可以提供更详尽的信息，信息来源主要来源于操作系统的日志文件，它包含了详细的用户信息和系统调用数据，从中可分析系统是否被侵入，以及侵入者留下的痕迹等审计信息。以系统日志为对象的检测技术依赖于日志的准确性和完整性，以及安全事件的定义。若入侵者设法逃避审计或者是协同入侵，则这种入侵检测技术就会暴露出其弱点。

（2）基于网络的入侵检测系统

系统获取的数据是网络传输的数据包，保护的是网络的运行。入侵检测的早期研究集中在日志文件分析上，因为对象局限于本地用户。随着分布式大型网络的推广，用户可随机地从不同客户机上登录，主机间也经常需要交换信息。尤其是 Internet 广泛应用后，入侵行为大多数发生在网络上，这样就使入侵检测的对象范围也扩大至整个网络。

（3）混合型入侵检测系统

是前面二者的结合。

3. 按系统各模块的运行方式

（1）集中式入侵检测系统

系统的各个模块包括数据的收集分析集中在一台主机上运行。

（2）分布式入侵检测系统

系统的各个模块分布在不同的计算机和设备上。

4. 根据时效性

（1）脱机分析

入侵行为发生后，对产生的数据进行分析。

（2）联机分析

在数据产生的同时或者发生改变时进行实时分析。

4.4.4 基于入侵检测技术的访问控制机制评价

防火墙与 IDS 可以很好地互补，这种互补体现在静态和动态两个方面。静态方面在于 IDS 可以通过了解防火墙的策略，对网络上的安全事件进行更有效的分析，从而实现准确的报警，减少误报；动态方面在于当 IDS 发现攻击行为时，可以通知防火墙对已经建立的连接进行有效的阻断，同时通知防火墙修改策略，防止潜在的进一步攻击的可能性。由于交换机和路由器与防火墙一样是串接在网络上的，同时都有预定的策略，可以决定网络上的数据流，所以交换机、路由器也可以和防火墙一样与 IDS 协同工作，对入侵做出响应。入侵检测除了对所辖网络的入侵进行检测外，还可以同时对主机进行入侵检测。

入侵检测系统（IDS）的目的是检测出系统中的入侵行为以及未被授权许可的行为。目前，入侵检测系统和防火墙相结合形成的入侵防御系统（IPS），可以大大地扩展防御纵深，更好地保障网络的安全。但 IDS 面临的最大的问题是其误报率不能满足实际应用的要求。

如何减少入侵检测系统的漏报和误报，提高其安全性和准确度是入侵检测系统的关键问题。

第二部分

数据的安全特性、机制与评价

- 数据保密性实现机制与评价
- 数据完整性实现机制与评价

第 **5** 章

数据保密性实现机制与评价

5.1 网络安全中的数据保密性概述

数据保密性是网络安全的一个重要内容，数据加密机制就是确保数据保密性的机制，它是数据保密性、完整性、可鉴别性和不可抵赖性的基础，具有其他网络安全技术不可替代的重要作用，例如防火墙、访问控制和防恶意程序破坏技术等。数据加密主要应用于 Internet 上的数据传输，防止数据被非法截获泄密；软件加密对保护软件的安全和非法拷贝具有重要作用；基于加密的身份可鉴别（认证）技术和不可抵赖性使 Internet 上的电子商务成为可能。

定义 5.1 **数据保密性** 在网络安全中，数据的保密性是指为了防止网络中各个系统之间交换的数据被未授权的实体截获或被非法存取造成泄密而提供的加密保护。截获是对数据的保密性的一种攻击，属于被动攻击，不容易被发现，因此需要对数据进行加密保护。

数据加密起源于公元前 2000 年。埃及人是最先使用特别的象形文字作为信息编码的人。随着时间推移，巴比伦和希腊都开始使用一些方法来保护他们的书面信息。密码学的发展分为两个阶段，第一个阶段是计算机出现之前的四千年，这是传统密码学阶段，基本上靠人工对消息加密、传输和防破译；第二个阶段是计算机密码学阶段。它又包括以下两个阶段：

① 传统方法的计算机密码学阶段。在这个阶段，解密是加密的简单逆过程，两者所用的密钥是可以简单地互相推导的，因此无论加密密钥还是解密密钥都必须严格保密。这种方案用于集中式系统是行之有效的。

② 现代方法的计算机密码学阶段。这个阶段包括两个方向：一个方向是不断完善传统加密方法的计算机密码体制——数据加密标准（Data Encryption Standard，DES），另一个方向是代表新的加密体制的公钥密钥加密算法 RSA。

在数据的保密特性中，保密通信系统是一个理解数据保密的重要模型，保密通信系统是一个六元组（$M, C, K_1, K_2, E_{k1}, D_{k2}$），其中包括明文消息空间 M，密文消息空间 C，加密密钥空间 K_1，解密密钥空间 K_2，加密变换 E_{k1} 和解密变换 D_{k2}，如图 5-1 所示。

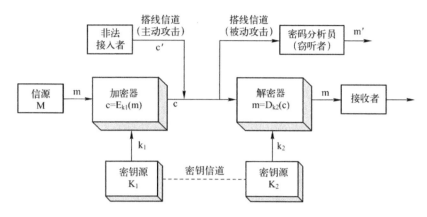

图 5-1　保密通信系统模型

在单钥体制下 $K_1=K_2=K$，此时密钥 K 需经安全的密钥信道由发送方传给接收方。加密形式化过程是：$M \rightarrow C$，$c=f(m,k_1)=E_{k1}(m)$，$m \in M$，$k_1 \in K_1$，它由加密器完成。解密形式化过程是：$C \rightarrow M$，$m=f(c,k_2)=D_{k2}(c)$，$c \in C$，$k_2 \in K_2$，它由解密器实现。密码分析者用其选定的变换函数 h 对截获的密文 c 进行变换，得到的明文是明文空间中的某个元素，即 $m'=h(c)$，一般 $m' \neq m$，如果 $m'=m$，则密码分析成功。加密体制的基本思路是：发送方对原明文信息进行某种变换，使得变换后的信息易于被合法的接收者利用双方约定的密钥恢复，但对于非法的攻击者则难以恢复。

5.2　数据保密性机制的评价标准

5.2.1　加密算法的安全（保密）强度

数据保密性机制的最主要评价标准之一就是加密算法的安全性。假设一个攻击者没有密钥，攻击者选取了两个长度相同的明文送给加密算法，加密算法随机地选取其中之一加密，然后将密文返给攻击者，如果攻击者很难辨别哪个明文被加密了，则认为这个加密算法是安全的。安全（保密）性是数据保密性的最高准则，再好的加密算法，如其安全（保密）性不足，则一文不值，因此算法要有能抵抗现有攻击的能力，例如，防频率统计攻击、蛮力攻击等。

加密算法的安全性分为理论上的安全和计算上的安全。

（1）理论上的安全

一个加密算法是理论安全的，是指无论敌手截获多少密文 C、花费多少时间，并对之加以分析，其结果与直接猜明文 M 是一样的。

下面是一个理论安全的实例：加密函数是简单的异或门（Exclusive OR），密文

C=M⊕K。若密文 M 和密钥 K 均为 n 位且相互独立。当收到密文 C（例如 1011）并加以分析时，发现所有 16 种可能的明文均可能经由加密密钥 K 加密成此密文。因此破译者截获 C，对其用无限制的时间与计算能力加以分析时，对明文的了解与直接猜的是一样的。符合这一要求的安全就称为理论安全。Shannon 用理论证明，仅当密钥至少和明文一样长时，才能达到无条件安全。

（2）计算上的安全

在现实世界中，加密算法的安全（保密）性是相对的不是绝对的，原则上所有现代密码系统都是可破解的，问题取决于需要花费的代价。在实际数据加密应用中，加密算法只要满足以下两条准则之一就称为计算上的安全：

① 破译密文的代价超过被加密信息的价值。

② 破译密文所花的时间超过信息的有用期。

5.2.2　加密密钥的安全（保密）强度

密钥的保密性包括：

① 密钥管理的保密性，包括密钥的产生、分配、存储、销毁等，它是影响系统安全的关键因素，即使密码算法再好，若密钥管理问题处理不好，就很难保证系统的安全保密。例如，在数据加密过程中是否需要密钥的分发，如果需要，密钥分发的策略的保密性如何。由此也看到，安全管理有时比安全技术更重要；

② 密钥空间的大小，主要看它是否足够大以致能够抵抗密钥的蛮力攻击。

5.2.3　加密算法的性能

加密算法的性能包括加解密计算的时间需求、空间需求、可并行性和预处理能力等。数据加密本质上是一种数据变换，这种变换是需要时间的，因此在提高数据加密安全强度的同时，如何提高加密数据的速度也是评价数据保密性的一个标准。

目前对称加密系统的算法实现的速度达到了每秒数兆或数十兆比特。但非对称加密算法的运行速度比对称加密算法的速度慢很多，因此当需要加密大量的数据时，建议采用对称加密算法，以便提高加解密速度。

5.2.4　加密的工作模式

分组密码是最基本的密码技术之一，其每次处理消息的长度是固定的，如 DES 为64 比特、AES 为 128 比特，但是在实际中需要处理的消息通常是任意长的，且要求密文尽量不确定，而分组密码自身不能做到，因此，引出了如何利用分组密码处理任意长度消息的问题。解决这个问题的技术就是分组密码工作（算法）模式，所谓工作模式就是在分组加密法中一系列基本算法步骤的组合。不同的工作模式的选择，其安全性、性能、执行特点都不同。理论安全性是目前对设计工作模式最基本的要求，它保证在工作模式这一层没有安全隐患，没有降低分组密码的安全性，保证明文重复的块不会在密文中也重复，从而增加密码分析者破解密文的难度。

5.2.5　加密算法的可扩展性

这个评价指标是指当多实体间相互通信时，随着实体数量的增多，密钥的个数是否具有可扩展性。如果密钥的个数不具有可扩展性，就很难将其大规模应用到实际加密应用中。

5.2.6　加密的信息有效率

加密的信息有效率是指密文长度与原明文长度之比，这个结果小于等于 1 是我们所希望的效果，因为这样保证信息加密不会额外增加要传递信息的数量，不会给网络带来额外的性能负担。

5.3　基本加密技术与评价

将明文消息转换成密文主要的目的是让非法截获信息的人读不懂所截获的内容，但同时要让合法的接收者能容易地还原为明文，因此，加密时要让原明文尽量"乱"，但"乱"中必须有规律，这样才能让合法的接收者能还原为明文。目前加密的基本方法主要两种，即替换技术和置换技术。

5.3.1　替换加密技术与评价

使用替换加密技术时，明文消息的字符换成另一个字符、数字或符号，注意：不一定替换成原字符集，同时也可以一对多的替换。但一对多替换可能造成密文还原明文的困难，需要想办法解决，例如，明文 A 对应密文 C 和 H，这样解密就无法进行，后面讲述的维吉耐尔加密法很好地解决了这个问题。

　　1. 经典替换法 —— 凯撒加密法及其改进

最早最经典的替换法是凯撒加密法，消息中每个字母换成在它后面三个字母的字母，并进行循环替换，即，最后的三个字母反过来用最前面的字母替换，基本替换对照表如表 5-1 所示。例如，明文 ATTACK AT FIVE 变成了密文 DWWDFNDWILYH。

表 5-1　凯撒加密法对照表

A	B	C	D	E	F	G	H	I	J	K	L	M	N	O	P	Q	R	S	T	U	V	W	X	Y	Z
D	E	F	G	H	I	J	K	L	M	N	O	P	Q	R	S	T	U	V	W	X	Y	Z	A	B	C

算法评价：这个机制很容易破解，数字 3 就是密钥。

改进算法 1：在凯撒加密法中，密文字母与明文字母不一定相隔三个字母，而是可以相隔任意多个字母，这样会更复杂一些，也就更难破译。英语有 26 个字母，字母 A 可以换成字母表中任何其他字母（B～Z），换成本身是没意义的（A 换成 A 等于没换）。因此替换相隔在 1～25 之间，共有 25 种替换可能性。密钥是 1～25 中其中的一个数字。

改进算法 1 的评价：该算法的密钥虽然不是固定的数字 3，而是 1～25 之间的变化数字，但这种变化是非常有限的，一种针对有限可能性加密的攻击方法称为蛮力攻击法（Brute-force Attack），它实际上是采用穷举法，即通过所有置换与组合攻击密文消息。用蛮力攻击法可以破解上述改进的凯撒加密法，密码分析者只要知道下面三点就可以用蛮力攻击法破解改进的凯撒加密法：

① 密文是用替换技术从明文得到的；

② 只有 25 种可能性；

③ 明文的语言是英语。

改进算法 2：在凯撒加密法中，假设某个明文消息的所有字母不是采用相同间隔的替换模式，而是使用随机替换，则在某个明文消息中，每个 A 可以换成 B～Z 的任意字母，B 也可以换成 A 或 C～Z 的任意字母，等等，注意不要重复替换，例如 A 既对应 C 又对应 H，因为这样解密无法进行。

改进算法 2 的评价：数学上，现在可以使用 26 个字母的任何置换与组合，从而得到 $25×24×23×\cdots×2＝25!$ 种可能的替换方法，这么多的组合即使利用最先进的计算机也需要许多年才能破解开，这样就解决了蛮力攻击的问题。但这种一对一的替换方式有一个很大的弊端，从前面的把明文 ATTACK AT FIVE 加密成密文 DWWDFNDWILYH 例子可以看出，明文中的字母频率统计规律与密文中的统计规律完全一样，例如在明文中 A 和 T 各出现了 3 次，在明文中对应的 D 和 W 也各出现 3 次，这种规律给密码分析者破解密文带来可乘之机，这种攻击方法称为字母频率统计法。密码分析者可以根据以往文章中字词出现的频率来进行解密，因此这种改进的加密法可以用英文字母的频率统计来破解，此方法对拥有大量密文更有效，因为这样统计的数据更容易得出真实结果，事先大量统计的规律可以事先完成，目前对于英文文章字母频率出现的规律如图 5-2 所示，可见字母 E 出现几率最大，其次是 T、R 等，J、K 等出现的几率最小。

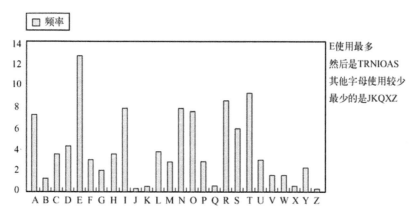

图 5-2　英文词出现的频率统计

除了单字母的频率统计外，密码分析员还寻找多字母 th, to, the 等常见的重复模式进行破译。例如，密码分析员可以在密文中寻找三字母出现最多的模式，试着将其换成 the。

【例 5-1】　利用频率统计法破解下列密文：

UZQSOVUOHXMOPVGPOZPEVSGZWSZOPFPESXUDBMETSXAIZVUEPHZH
MDZSHZOWSFPAPPDTSVPQUZWYMXUZUHSXEPYEPOPDZSZUFPOMBZWPFUP
ZHMDJUDTMOHMQ

破解过程：

① 统计字母的相对频率：单字母 P，E 最多，双字母最多的是 ZW。

② 根据统计结果，密文统计频率最高的单个字母，其对应的就应该是明文统计频率最高的字母，从而猜测到 P，　Z 可能是 e 和 t；

③ 统计双字母的相对频率，猜测 ZW 可能是 th，因此 ZWP 可能是 the；

④ 经过反复猜测、分析和处理，最终得到明文：

it was disclosed yesterday that several informal but direct contacts have been made with political representatives of the viet cong in Moscow.

2. 多码替换——维吉耐尔（Vigenere）加密法

多码加密法中的每个明文字母可以用密文中的多种字母来替代，而每个密文字母也可以表示多种明文字母。这种加密法使用多个单码密钥，每个密钥加密一个明文字符。第一个密钥加密第一个明文字符，第二个密钥加密第二个明文字符，等等。用完所有密钥后，再循环使用。这样，如果有 30 个单码密钥，则明文中的每隔 30 个字母换成相同密钥，这个数字（30）称为密文周期。

维吉耐尔（Vigenere）加密法是一种多码替换加密法，维吉耐尔密码就是把 26 个字母循环移位，排列在一起，形成 26×26 的方阵表，如图 5-3 所示。

	A	B	C	D	E	F	G	H	I	J	K	L	M	N	O	P	Q	R	S	T	U	V	W	X	Y	Z
A	A	B	C	D	E	F	G	H	I	J	K	L	M	N	O	P	Q	R	S	T	U	V	W	X	Y	Z
B	B	C	D	E	F	G	H	I	J	K	L	M	N	O	P	Q	R	S	T	U	V	W	X	Y	Z	A
C	C	D	E	F	G	H	I	J	K	L	M	N	O	P	Q	R	S	T	U	V	W	X	Y	Z	A	B
D	D	E	F	G	H	I	J	K	L	M	N	O	P	Q	R	S	T	U	V	W	X	Y	Z	A	B	C
E	E	F	G	H	I	J	K	L	M	N	O	P	Q	R	S	T	U	V	W	X	Y	Z	A	B	C	D
F	F	G	H	I	J	K	L	M	N	O	P	Q	R	S	T	U	V	W	X	Y	Z	A	B	C	D	E
G	G	H	I	J	K	L	M	N	O	P	Q	R	S	T	U	V	W	X	Y	Z	A	B	C	D	E	F
H	H	I	J	K	L	M	N	O	P	Q	R	S	T	U	V	W	X	Y	Z	A	B	C	D	E	F	G
I	I	J	K	L	M	N	O	P	Q	R	S	T	U	V	W	X	Y	Z	A	B	C	D	E	F	G	H
J	J	K	L	M	N	O	P	Q	R	S	T	U	V	W	X	Y	Z	A	B	C	D	E	F	G	H	I
K	K	L	M	N	O	P	Q	R	S	T	U	V	W	X	Y	Z	A	B	C	D	E	F	G	H	I	J
L	L	M	N	O	P	Q	R	S	T	U	V	W	X	Y	Z	A	B	C	D	E	F	G	H	I	J	K
M	M	N	O	P	Q	R	S	T	U	V	W	X	Y	Z	A	B	C	D	E	F	G	H	I	J	K	L
N	N	O	P	Q	R	S	T	U	V	W	X	Y	Z	A	B	C	D	E	F	G	H	I	J	K	L	M
O	O	P	Q	R	S	T	U	V	W	X	Y	Z	A	B	C	D	E	F	G	H	I	J	K	L	M	N
P	P	Q	R	S	T	U	V	W	X	Y	Z	A	B	C	D	E	F	G	H	I	J	K	L	M	N	O
Q	Q	R	S	T	U	V	W	X	Y	Z	A	B	C	D	E	F	G	H	I	J	K	L	M	N	O	P
R	R	S	T	U	V	W	X	Y	Z	A	B	C	D	E	F	G	H	I	J	K	L	M	N	O	P	Q
S	S	T	U	V	W	X	Y	Z	A	B	C	D	E	F	G	H	I	J	K	L	M	N	O	P	Q	R
T	T	U	V	W	X	Y	Z	A	B	C	D	E	F	G	H	I	J	K	L	M	N	O	P	Q	R	S
U	U	V	W	X	Y	Z	A	B	C	D	E	F	G	H	I	J	K	L	M	N	O	P	Q	R	S	T
V	V	W	X	Y	Z	A	B	C	D	E	F	G	H	I	J	K	L	M	N	O	P	Q	R	S	T	U
W	W	X	Y	Z	A	B	C	D	E	F	G	H	I	J	K	L	M	N	O	P	Q	R	S	T	U	V
X	X	Y	Z	A	B	C	D	E	F	G	H	I	J	K	L	M	N	O	P	Q	R	S	T	U	V	W
Y	Y	Z	A	B	C	D	E	F	G	H	I	J	K	L	M	N	O	P	Q	R	S	T	U	V	W	X
Z	Z	A	B	C	D	E	F	G	H	I	J	K	L	M	N	O	P	Q	R	S	T	U	V	W	X	Y

图 5-3 维吉耐尔表

下面以维吉耐尔密码加密法为例说明多码替换加密法。

【例 5-2】 以 YOUR 为密钥，用维吉耐尔密码加密法加密明文 HOWAREYOU。

解：密钥由四个字母组成密钥，故密文周期为 4，要加密明码文为：HOWAREYOU，则整个加密过程为：

① 密钥重复进行组合，直到跟明文长度（个数）相同，每个密钥字符将加密一个明文字符，即对应如下：

P=HOWAREYOU　　（明文）

K=YOURYOURY　　　（密钥的重复组合）

② 加密，在维吉耐尔表中，以明文字母选择行，以密钥字母选择列，两者的交点就是加密生成的密码文字母，最终加密的结果为：

$$E_k(P)=FCQRPSSFS$$

③ 解密：在维吉耐尔表中，以密钥字母选择列，从中找到密文字母，密文字母所在行的行名即为明文字母。

算法评价：这种加密法因为其明文与密文的对应关系可以改变，使得频率分析工具无法很好地发挥作用，以此来解决频率分析破解密码问题。在上例中，明文字母 O 对应了不同的密文字母 C 和 F，这样就解决频率分析问题，加密的应用范围和安全强度增大了。

3. Vernam 加密法

弗纳姆（Vernam）加密法是用随机的非重复字符集合作为密钥，因此也称为一次性板（One-Time Pad）。这里最重要的是：一旦密钥使用过就不再在任何其他消息中再使用这个密钥，因此是一次性的，同时要求密钥的长度等于原消息明文的长度。

① 按递增顺序把每个明文字母数字化，例如 A=1，B=2，…，Z=26，如表 5-2 所示。

表 5-2　字母数字化对照表

字　　母	A	B	C	D	E	F	G	H	I	J	K	L	M
对应的数字	1	2	3	4	5	6	7	8	9	10	11	12	13
字　　母	N	O	P	Q	R	S	T	U	V	W	X	Y	Z
对应的数字	14	15	16	17	18	19	20	21	22	23	24	25	26

② 对密钥中每个字母进行相同处理。

③ 将明文中的每个字母与密钥中的相应字母相加，设和为 s。

④ 如果 s>26，执行赋值语句：s=s mod 26。

⑤ 将 s 变成相应的字母，从而得到密文。

【例 5-3】 用弗纳姆加密算法加密明文 "ATTACK AT FIVE"，假设一次性板为 KSHUBGWMLVZX。

解：加密过程如表 5-3 所示，第一行是明文，第二行是明文的数字化形式，第四行是密钥的数字化形式，第五行是密钥，第三行是第二行和第四行的和，第六行是对 26 求余，第七行是密文。每步的操作解释见第一列的括弧内的序号对应的弗纳姆加密法。最终所得密文为：LMBVERXGREVC。

表 5-3　对明文消息 ATTACK AT FIVE 采用弗纳姆加密过程

（1）明文		A	T	T	A	C	K	A	T	F	I	V	E
		1	20	20	1	3	11	1	20	6	9	22	5
（3）s	+	12	39	28	22	5	18	24	33	18	31	48	29
（2）密钥		11	19	8	21	2	7	23	13	12	22	26	24
		K	S	H	U	B	G	W	M	L	V	Z	X
（4）s mod 26		12	13	2	22	5	18	24	7	18	5	22	3
（5）密文		L	M	B	V	E	R	X	G	R	E	V	C

算法评价：这种算法采用了随机的非重复字符集合作为一次性板，由于一次性板用完就要放弃，因此这个技术相当安全，它对于蛮力攻击和频率统计攻击具有很强的防范能力。但弗纳姆加密算法的前提要求很高，在实际应用中不容易实现，适合少量消息加密，对大量消息是不适合，因为要求明文和密钥的长度一样长。可以对它进行改进，在安全性和可行性之间进行折中，改进的方法是用一本书的内容作为密钥，因此也称为书加密法，缺点是密钥可能有一定量的重复。

4. 位加密的技术 —— 异或加密

位加密技术是一种流加密技术，每次加密一个位，采用异或运算进行加密，异或运算符"∧"的作用是判断两个相应位的值是否"相异"（不同），若为异，则结果为 1，否则为 0。或者用数学运算符 $\oplus$ 表示，它有四种运算：

$$0 \oplus 0=0 \qquad 0 \oplus 1=1 \qquad 1 \oplus 0=1 \qquad 1 \oplus 1=0$$

设 a，b 是任何一位的二进制数，可以得出下列性质：

↘ $a \oplus a=0$ 或者 $b \oplus b=0$；

↘ $a \oplus b=1$；

↘ 0 异或任何数得任何数；

↘ 1 异或任何数得任何数的补。

根据上述性质，再加上运算符 $\oplus$ 符合结合律，可以得下列等式：

$$a=a \oplus (b \oplus b)= \underline{(a \oplus b) \oplus b=a}$$

加解密过程只看下划线部分，这里把 a 看成是明文，b 看成密钥，$(a \oplus b)$ 是加密操作，$(a \oplus b) \oplus b=a$ 是解密操作，对称的有如下公式：

$$b=b \oplus (a \oplus a)= \underline{(a \oplus b) \oplus a=b}$$

加解密过程只看下划线部分，这里把 b 看成是明文，a 看成密钥，$(a \oplus b)$ 是加密操作，$(a \oplus b) \oplus a=b$ 是解密操作。

异或逻辑的一个有趣性质是：两个数异或的结果，再异或其中的一个，结果得另一个。

例如，二进制值 A=101，B=110，A 和 B 进行异或操作得到 C：

```
C=A  XOR  B
```

```
C=101 XOR 110 =011
```

如果 C 与 A 进行异或操作，则得到 B，即：

```
B=011 XOR 101 =110
```

同样，如果 C 与 B 进行异或操作，则得到 A，即：

```
A=011 XOR 110 =101
```

算法评价：该算法是按位进行加密的基础，在一般情况下，用来加密的密钥中位零不能太多，因为 0 不会改变原来的内容，一个数异或全零是没有实用意义的。对于含有中英文信息的文件，如果每个字符对应一个字节，理论上讲，这种密钥的可能性最多只有 256 种，很容易用蛮力攻击法破解，因此密钥的位数越长越好，目前认为当密钥的长度是 128 位，并且密钥的每一位是随机选取的，则加密是安全的。

5.3.2　置换加密技术与评价

置换加密技术与替换加密技术不同，不是简单地把一个字母换成另一字母，而是对明文字母重新进行排列，字母本身不变，但它的位置变了。

1. 栅栏置换加密技术

栅栏（Rail Fence）加密过程是：把要被加密的消息按照锯齿状一上一下的写法写出来。因为加密过程的几何形状类似于栅栏的上半部分，因此称为栅栏加密，如图 5-4 所示。

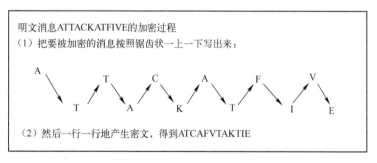

图 5-4　栅栏加密过程

解密过程是：先写第一行，再写第二行（每行字母个数是按照下面的原则进行的：字母总数是偶数时第一行和第二行各一半，奇数时第一行多一个），然后按加密对角线序列读出。

算法评价：算法的优点是算法简单，性能好；缺点是很容易破解，只要知道是用栅栏置换加密技术加密的密文，就很容易分析出明文。因此一般很少单独使用，而是配合其他方法进行加密。另外，改进加密安全强度的方法是将栅栏置换加密技术多用几轮就可以将容易破解的密文转换为较难破译的密文，通过下面加密原理类似的加密技术（多轮分栏式置换加密技术）可以看出这个道理。

2. 单轮及多轮分栏式置换加密技术

（1）单轮分栏式置换加密技术。

① 单轮分栏式置换加密过程。将明文消息一行一行地写入预定长度的矩形中（需要事先确定列数）。然后一列一列读消息，但不一定按 1、2、3 列的自然顺序读，也可以按随机顺序读，得到的消息就是密文消息。

例如，明文为"began to attack at two"，共 6 列，加密时按 6，5，4，3，2，1 列读出，得密文为"tconawattgtteaabok"，如表 5-4 所示。

表 5-4　单轮分栏式置换加密

第 1 列	第 2 列	第 3 列	第 4 列	第 5 列	第 6 列
b	e	g	a	n	t
o	a	t	t	a	c
k	a	t	t	w	o

② 单轮分栏式置换解密过程。根据密文字母的总个数（被除数）和列数（除数）确定行数（商）和最后一行非空白单元的个数（余数），例如，设总字母个数为 16，共 6 列，则整行数为 $\lfloor 16/6 \rfloor = 2$，第三行非空白单元为 16 mod 6=4，按读列的顺序写入矩形中，然后一行一行地读出，就得到明文。

（2）多轮分栏式置换加密技术

为了使密码分析员更难破译，可以将单轮分栏式变换加密技术中的变换进行多次而增加复杂性。即将第一轮的密文当作明文再用分栏式置换加密法进行加密，这个过程可以进行多次。

算法评价：该算法的优点是简单，性能好，使用多轮技术将单轮分栏式变换加密技术中的变换进行多次而增加复杂性，提高了破译密文的难度。缺点是随机读顺序不容易记住，可以用一个单词来记住读的顺序。例如，一共五列的矩形表，可用单词的每个字母在字母表中的顺序（ASCII 的大小）来记住读的顺序。例如用单词 china，按递增的字母顺序是 achin，读列是先读第 5 列（a），再读第 1 列（c），再读第 2 列（h），再读第 3 列（i），再读第 4 列（n）。这里单词 china 就是密钥。

下面以矩阵作为分栏来举例。矩阵加密法是把明文字母按行顺序排列成矩阵形式，用另一种顺序选择相应的列输出得到密文。如用"china"为密钥，对"this is a bookmark"排列成矩阵如下（按行写入进行加密）：

$$\begin{bmatrix} t & h & i & s & i \\ s & a & b & o & o \\ k & m & a & r & k \end{bmatrix}$$

按"china"各字母升序（字母的顺序是"51234"）输出得到密文 ioktskhamibasor。这种置换技术没有密钥，秘密就是置换的规律。传统简单的置换技术经不起已知明文攻击，因为如果攻击者知道一部分明文，又知道对应的密文，就可以推断出来置换的规律。

5.4　加密算法的分类与评价

5.4.1　按密码体制分类与评价

加密技术按密码体制分为对称密钥体制（也称私钥算法）和非对称密钥体制（也称公钥算法）两种。

1. 对称密钥体制

对称密钥体制使用同一个密钥加密和解密数据，即 K1=K2。用户使用这个密钥加密数据，数据通过互联网传输之后，接收数据的用户使用同样的密钥解密数据，加密算法通常是公开的，目前典型的对称密钥系统有数据加密标准（Data Encryption Standard，DES）等。

2. 非对称密钥体制

非对称密钥体制采用两个不同的密钥，即 K1 ≠ K2。这种数学算法的惊人之处就是：一个用户能够使用一个密钥加密数据，而另一个用户能够使用不同密钥将加密后的数据解密。非对称密钥体制加解密时使用的关键信息是由一个公钥和一个与公钥不同的私钥组成的密钥对。用公钥加密的结果只能用私钥才能解密，而用私钥加密的结果也只能用公钥解密。但用公钥不能推导出来私钥，不像对称密钥体制，两个密钥是相互可以推导得到的（通常是相等的）。

3. 按密码体制分类的评价

对称密钥体制的优点是加密速度快；缺点是用户必须让接收人知道自己所使用的密钥，这个密钥需要双方共同保密，任何一方的失误都会导致机密的泄露。在告诉接收方密钥过程中（这个过程被称为密钥发布）还需要防止任何攻击者发现或窃听密钥。在有多个通信方时会造成密钥量的急剧增加，设由 n 方参加且两两安全地相互保密通信，则所需要的密钥总数为：

$$C_n^2 = A_n^2/2! = n*(n-1)/2$$

对称密钥体制主要用来加密大量信息，目前典型的对称密钥加密算法有数据加密标准（DES）和高级加密标准（Advanced Encryption Standard，AES）。

非对称密钥体制的优点是将加密和解密能力分开，因而可以实现多个用户加密的消息只能由一个用户解读，或由一个用户加密的消息可由多个用户解读。前者可用于在公共网络中实现保密通信，后者可用于实现对用户的鉴别（认证）；非对称密钥体制可扩展性强，设 n 方参加且两两安全地相互保密通信，则所需要的密钥数为 $2n$。缺点是加密的速度比较慢，加密的密文比明文长，主要应用在关键信息的加密、数据的完整性验证和用户的抗抵赖性验证中。目前应用最多的公开密钥系统有 RSA，它是由 Rivest、Shamir 和 Adleman 于 1978 年在麻省理工学院研制出来的。

5.4.2　按加密方式分类

加密技术按加密方式分为：流（序列）加密法（Stream Ciphers）与分组（块）加密法（Block Ciphers）。

1．序列（流）加密法

序列密码是一次只对明文中的单个位进行（有时对字节）运算的算法。加密时，将一段类似于噪声的伪随机序列（密钥）与明文进行异或操作后作为密文序列，这样即使对于一段全"0"或全"1"的明文序列，经过序列密码加密后也会变成类似于随机噪声的混乱序列。在接收端，用相同的随机序列与密文序列进行异或操作便可恢复明文序列。

2．分组加密/块加密法

分组加密法不是一次加密明文中一个位，而是一次加密明文中一个块，分组密码是将明文按一定的位长分组，这个固定长度被叫做块大小，明文组和密钥经过加密运算得到密文组，解密时密文组和密钥经过运算还原成明文组。

3．按加密方式分类的评价

序列加密产生流密钥序列简单、加密与解密过程均不需复杂的算法，运算速度快。缺点是由明文、密文和密钥流中的任意两者可以很容易求得第三者，而且很难得到完全随机的密钥流，这一特点给密码分析者带来极大方便，对安全性构成威胁。密钥变换过于频繁，密钥分配较难也是序列密码的缺点。应用最广泛的序列密码为 RC4。

分组密码的主要特点是把明文序列按一定长度截断后进行分组加密，分组密码算法具有较强的抗攻击能力，目前得到了广泛应用。分组加密中块越大保密性能越好，但加解密的算法和设备就越复杂，块的大小一般为 64 或 128 字节，典型的分组密码标准有 DES、IDEA、AES 和 TEA 等。

5.5　数据加密标准（DES）与评价

数据加密标准（DES）是美国国家标准局研究除国防部以外的其他部门的计算机系统的数据加密标准。DES 是一个分组加密算法，它以 64 位为分组对数据加密。DES 是一个对称算法：即加密和解密用的是同一密钥。

DES 实际使用 56 位密钥。实际上，最初的密钥为 64 位，但在 DES 过程开始之前放弃密钥的每个字节的第八位，从而得到 56 位密钥，即放弃第 8、16、24、32、40、48、56 和 64 位，用这些位进行奇偶校验，保证密钥中不包含任何错误。

DES 利用两个基本加密技术：替换（也称为混淆）与置换（也称为扩散）。DES 共 16 步，每一步称为一轮（Round），每一轮都进行替换与置换操作。DES 基本加密过程如图 5-5 所示，其中 PT 代表明文，CT 代表密文，K 是加密密钥。

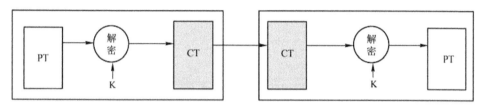

图 5-5　DES 基本加密过程

5.5.1　DES 主要步骤

DES 以 64 位为分组对数据加密，主要步骤有 6 步，如图 5-6 所示。第 1 步，输入 64 位明文；第 2 步，将 64 位明文块送入初始置换函数进行初始置换；第 3 步，将初始置换后的内容分为两块，分别称为左明文（L_0）和右明文（R_0），各 32 位；第 4 步，每个左明文与右明文经过 16 轮加密过程；第 5 步，将左明文与右明文重接起来，对组成的块进行最终置换；第 6 步，输出 64 位密文。

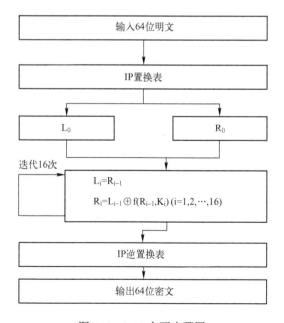

图 5-6　DES 主要步骤图

5.5.2　DES 详细步骤

1. 64 位明文的初始置换

初始置换只发生一次，是在第一轮之前进行的，初始置换中的变换如表 5-5 所示。

表 5-5　64 位明文的初始置换表

第一个 16 位置换表	原信息位置	1	2	3	4	5	6	7	8	9	10	11	12	13	14	15	16
	置换后位置	58	50	42	34	26	18	10	2	60	52	44	36	28	20	12	4
第二个 16 位置换表	原信息位置	17	18	19	20	21	22	23	24	25	26	27	28	29	30	31	32
	置换后位置	62	54	46	38	30	22	14	6	64	56	48	40	32	24	16	8
第三个 16 位置换表	原信息位置	33	34	35	36	37	38	39	40	41	42	43	44	45	46	47	48
	置换后位置	57	49	41	33	25	17	9	1	59	51	43	35	27	19	11	3
第四个 16 位置换表	原信息位置	49	50	51	52	53	54	55	56	57	58	59	60	61	62	63	64
	置换后位置	61	53	45	37	29	21	13	5	63	55	47	39	31	23	15	7

为了表述方便，在表格中，按从左到右、从上到下的顺序在单元格内写上置换后的位置，简化后的表示结果如表 5-6 所示，这样，表格中的数字是指数据所在的位置而不是数据本身。例如，将输入的 64 位明文的第 58 位换到第 1 位，第 50 位换到第 2 位，以此类推，最后一位是原来的第 7 位，结果还是 64 位。

表 5-6　64 位明文的初始置换简化表

58	50	42	34	26	18	10	2	60	52	44	36	28	20	12	4
62	54	46	38	30	22	14	6	64	56	48	40	32	24	16	8
57	49	41	33	25	17	9	1	59	51	43	35	27	19	11	3
61	53	45	37	29	21	13	5	63	55	47	39	31	23	15	7

2. 密钥的压缩变换

密钥的压缩变换首先将 56 位密钥被分成两部分，每部分 28 位，前 28 位为 C_0，后 28 位为 D_0，然后，根据轮数 i，C_0 和 D_0 分别根据表 5-7 给出每轮移动的位数，循环左移 1 位或 2 位得 C_i 和 D_i，循环左移后再合并在一起仍然是 56 位，如图 5-7 所示，其中 LS_i 是指第 i 轮的循环左移。

表 5-7　每轮循环左移的位数

轮　　数	1	2	3	4	5	6	7	8	9	10	11	12	13	14	15	16
LS_i 位数	1	1	2	2	2	2	2	2	1	2	2	2	2	2	2	1

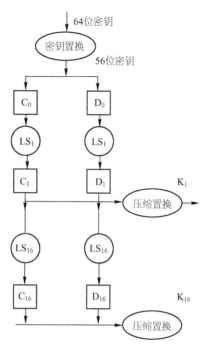

图 5-7　密钥的压缩变换

每一轮从合并后的 56 位密钥产生不同的 48 位子密钥，称为密钥压缩变换，因为不仅有变换，而且从 56 位密钥压缩到了 48 位，如表 5-8 所示。

表 5-8　从 56 位密钥压缩到 48 位

14	17	11	24	1	5	3	28	15	6	21	10
23	19	12	4	26	8	16	7	27	20	13	2
41	52	31	37	47	55	30	40	51	45	33	48
44	49	39	56	34	53	46	42	50	36	29	32

表 5-8 移位之后，第 14 位移到第 1 位，第 17 位移到第 2 位，等等。表 5-8 是 4×12 的表格，即原来的 56 位经过压缩后剩下 48 位了，其中 8 位被压缩了，可以发现位号 9 在表中没有出现。

3. 右明文的扩展置换

经过初始置换后，得到两个 32 位明文，分别称为左明文与右明文。扩展置换将右明文从 32 位扩展到 48 位。除了从 32 位扩展到 48 位之外，同时也对这些位也进行置换，因此称为扩展置换。具体步骤为：首先将 32 位右明文分成 8 块，每块 4 位；然后将每个 4 位块扩展为 6 位块，即每个 4 位块增加 2 位；重复 4 位块的第一位和第四位，第二位和第三位原样写出。操作是块间交叉进行的，即第一块和最后一块循环交叉，如图 5-8 所示。

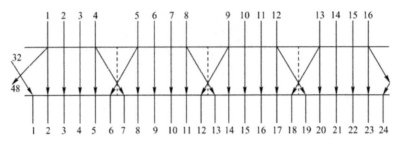

图 5-8　右明文的扩展置换

表 5-9 给出了哪一输出位对应于哪一输入位。例如，表中处于输入分组中第 3 位的位置的位移到了输出分组中第 4 位的位置，而输入分组中第 12 位的位置的位移到了输出分组中第 17 和第 19 位的位置。

表 5-9　输出位与输入位的对应

32	1	2	3	4	5	4	5	6	7	8	9
8	9	10	11	12	13	12	13	14	15	16	17
16	17	18	19	20	21	20	21	22	23	24	25
24	25	26	27	28	29	28	29	30	31	32	1

密钥的压缩变换将 56 位密钥压缩成 48 位，而右明文的扩展置换将 32 位右明文扩展为 48 位。现在，48 位密钥与 48 位右明文进行异或运算，将结果传递到下一步，即 S 盒替换。

4. S 盒替换

DES 使用 8 个替换盒（也称 S 盒），其中 S 是单词 Substitution（替换）的第一个字母，每个 S 盒本质上是一个 4×16 的表格，根据表格进行替换。48 位输入块分成 8 个子块（每块有 6 位），每个子块指定一个 S 盒，子块与 S 盒分别对应，因此共 8 个 S 盒。

S 盒的作用：每个 S 盒有 6 位输入和 4 位输出（压缩替换），如图 5-9 所示。

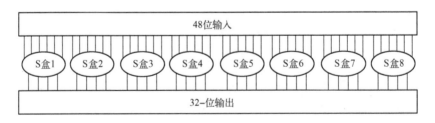

图 5-9　S 盒替换输入与输出对应图

（1）八个 S 盒

S 盒 1 如表 5-10 所示。

表 5-10　S 盒 1

14	4	13	1	2	15	11	8	3	10	6	12	5	9	0	7
0	15	7	4	14	2	13	1	10	6	12	11	9	5	3	8
4	1	14	8	13	6	2	11	15	12	9	7	13	10	5	0
15	12	8	2	4	9	1	7	5	11	3	14	10	0	6	13

S 盒 2 如表 5-11 所示。

表 5-11　S 盒 2

15	1	8	14	6	11	3	4	9	7	2	13	12	0	5	10
3	13	4	7	15	2	8	14	12	0	1	10	6	9	11	5
0	14	7	11	10	4	13	1	5	8	12	6	9	3	2	15
13	8	10	1	3	15	4	2	11	6	7	12	0	5	14	9

S 盒 3 如表 5-12 所示。

表 5-12　S 盒 3

10	0	9	14	6	3	15	5	1	13	12	7	11	4	2	8
13	7	0	9	3	4	6	10	2	8	5	14	12	11	5	1
13	6	4	9	8	15	3	0	11	1	2	12	5	10	14	7
1	10	13	0	6	9	8	7	4	15	14	3	11	5	2	12

S 盒 4 如表 5-13 所示。

表 5-13　S 盒 4

7	13	14	3	0	6	9	10	1	2	8	5	11	12	4	15
13	8	11	5	6	5	0	3	4	7	2	12	1	10	14	9
10	6	9	0	12	11	7	13	15	1	3	14	5	2	8	4
3	15	0	6	10	1	13	8	9	4	5	11	12	7	2	14

S 盒 5 如表 5-14 所示。

表 5-14　S 盒 5

2	12	4	1	7	10	11	6	8	5	3	15	13	0	14	9
14	11	2	12	4	7	13	1	5	0	15	10	3	9	8	6
4	2	1	11	10	13	7	8	15	9	12	5	6	3	0	14
1	8	12	7	1	14	2	13	6	15	0	9	10	4	5	3

S 盒 6 如表 5-15 所示。

表 5-15　S 盒 6

12	1	10	15	9	2	6	8	0	13	3	4	14	7	5	11
10	15	4	2	7	12	9	5	6	1	13	14	0	11	3	8
9	14	15	5	2	8	12	3	7	0	4	10	1	13	11	6
4	3	2	12	9	5	15	10	11	14	1	7	6	0	8	13

S 盒 7 如表 5-16 所示。

表 5-16　S 盒 7

4	11	2	14	15	0	8	13	3	12	9	7	5	10	6	1
13	0	11	7	4	9	1	10	14	3	5	12	2	15	8	6
1	4	11	13	12	3	7	14	10	15	6	8	0	5	9	2
6	11	13	8	1	4	10	7	9	5	0	15	14	2	3	12

S 盒 8 如表 5-17 所示。

表 5-17　S 盒 8

13	2	8	4	6	15	11	1	10	9	3	14	5	0	12	7
1	15	13	8	10	3	7	4	12	5	6	11	0	14	9	2
7	11	4	1	9	12	14	2	0	6	10	13	15	3	5	8
2	1	14	7	4	10	8	13	15	12	9	0	3	5	6	11

（2）S 盒替换的规则

先确定查哪个 S 盒表格，待替换的 6 位数属于第几块（第几个 6 位），就查第几个 S 盒。然后确定 S 盒单元位置并输出值，输入的第一和最后一个比特位决定行，中间四比特位决定列，被选中单元的数字（十进制）转换成 4（二进制）比特位输出。

假设 S 盒的 6 位表示为 b1、b2、b3、b4、b5 与 b6。现在，b1 和 b6 位组合，形成一个两位数。两位可以存储 0（二进制 00）到 3（二进制 11）的任何值，它指定行号。其余四位 b2、b3、b4、b5 构成一个四位数，指定 0（二进制 0000）到 15（二进制 1111）的列号。 这个 6 位输入自动选择行号与列号，可以确定输出。

示例 1：假设 48 位输入的第 7～12 位包含 6 位二进制值 101101，如何转换为 4 位二进制值。

① 确定查哪个 S 盒表格：因为第 7～12 位是第二个块，因此查第二个 S 盒。

② 确定单元位置并输出值。

```
（b1,b6）：11（二进制，相当于十进制值 3）
（b2,b3,b4,b5）：0110（二进制，相当于十进制值 6）
```

选择 S 盒 2 的第 3 行第 6 列相交处（最后一行的第 7 列）的值输出，即 4，相当于二进制值 0100，即将 6 位的 101101 替换为 0100，可见这里是替换而不是置换，如果是置换，结果不可能出现 3 个 0，注意：行号与列号从 0 算起，而不是从 1 算起。

5. 不扩展和压缩的 P 盒置换

所有 S 盒的输出组成 32 位块，对该 32 位要进行 P 盒置换（Permutation）。P 盒置换机制只是进行简单置换，即按表 5-18 所示，把某一位换成另一位，而不进行扩展或压缩。

表 5-18　32 位 P 盒置换

16	7	20	21	29	12	28	17	1	15	23	26	5	18	31	10
2	8	24	14	32	27	3	9	19	13	30	6	22	11	4	25

根据表 5-18，第一单元格的 16 表示原输入的第 16 位移到输出的第 1 位，第 16 单元格的 10 表示原输入的第 10 位移到输出的第 16 位。

6. 与明文的左半部分异或与交换

上述所有操作只是处理了 64 位明文的右边 32 位（即右明文），还没有处理左边部分（左明文）。在执行下一轮之前还要进行异或与交换操作。新一轮的右明文是将最初的 64 位明文的左半部分与置换后的结果进行异或运算得到的。新一轮的左明文是通过交换旧的右明文得到的。整个操作过程的数学表达为：

$$L_i = R_{i-1}$$
$$R_i = L_{i-1} \oplus f(R_{i-1}, K_i) \qquad (i=1,2,3,\cdots,16)$$

其中 L_i 表示第 i 轮的前 32 位，R_i 表示第 i 轮的后 32 位。符号 $\oplus$ 表示数学运算"异或"，f 表示一种变换，f 包括前面讲述的扩展变换、S 替换和 P 置换等。左、右明文迭代操作过程如图 5-10 所示。

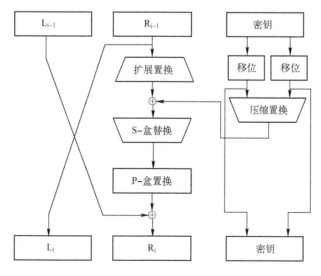

图 5-10　DES 操作过程

7. 末置换

16 轮结束后，进行最终置换，即按表 5-19 进行变换。根据表 5-19，第 40 位输入代替第 1 位输出，等等。末置换的输出就是 64 位加密块。

注意：末置换正好是初始置换的逆运算，例如，在初置换表 5-6 中，第 1 位处于第 40 位；第 2 位处于第 8 位，即 1=>40，2=>8，现在在表 5-19 中返回到原来的位置了，即 40=>1，8=>2。

表 5-19　末置换表

40	8	48	16	56	24	64	32	39	7	47	15	55	23	63	31
38	6	46	14	54	22	62	30	37	5	45	13	53	21	61	29
36	4	44	12	52	20	60	28	35	3	43	11	51	19	59	27
34	2	42	10	50	18	58	26	33	1	41	9	49	17	57	25

8. DES 解密

DES 加密机制相当复杂，因此按常理，解密的算法应该完全不同，但 DES 加密算法也适用于解密。各个表的值和操作及其顺序是经过精心选择的，使这个算法可逆。加密与解密过程的唯一差别是密钥部分倒过来。如果各轮的加密密钥分别是 K1，K2，K3，…，K16 那么解密密钥就是 K16，K15，K14，…，K1。

5.5.3　数据加密标准（DES）的分析与评价

1. DES 算法的安全强度分析与评价

DES 算法具有极高的安全性，到目前为止，除了用穷举搜索法对 DES 算法进行攻击外，还没有发现更有效的办法。DES 算法的安全性是通过利用多种加密思想来实现的，主要包括：

① 替换机制，在算法中是 S 盒；
② 置换机制，在算法中是 P 盒；
③ 进行多轮反复加密，在算法中一共 16 轮；
④ 在替换和置换中同时揉进了压缩与扩展操作；
⑤ 使用了异或的加密操作；
⑥ 算法不公开 S 盒的设计准则；
⑦ 算法具有雪崩效应，雪崩效应是指明文的一点点变动就会引起密文发生大的变化。

2. DES 密钥的安全分析与评价

多数加密算法的设计现状是：提出一种加密算法后，基于某种假想给出其安全性论断，如果该算法在很长时间，如 10 年，仍不能被破译，大家就广泛接受其安全性论断；使用一段时间后可能发现某些安全漏洞，于是针对具体的攻击方式再进行改进，这样就进入了无休止的攻击改进循环。DES 加密算法的发展也不例外。DES 算法最初假定 56 位密钥是安全的，因为可以有 2^{56} 个密钥（大约为 7.2×10^{16}），用蛮力攻击 DES 很难成功。如果每秒能检测一百万个密钥，需要 2000 年才能完成检测。可见，这是很难实现的。但是，随着科学技术的发展，当出现超高速计算机后，56 位的 DES 密钥长度可能就不安全了，同时 DES 的 56 位密钥面临的另一个严峻而现实的问题是：Internet 形成的分布式超级计算能力的攻击。1997 年 1 月 28 日，美国的 RSA 数据安全公司在互联网上开展了一项名为"密钥挑战"的竞赛，悬赏一万美元，破解一段用 56 位密钥加密的 DES 密文。计划公布后引起了网络用户的强烈响应。一位名叫 Rocke Verser 的程序员设计了一个可以通过互联网分段运行的密钥穷举搜索程序，组织实施了一个称为 DESHALL 的搜索行动，成千上万的志愿者加入到计划中，在计划实施的第 96 天，即挑战赛计划公布的第 140 天，1997 年 6 月 17 日晚上 10 点 39 分，美国盐湖城 Inetz 公司的职员 Michael Sanders 成功地找到了密钥，在计算机上显示了明文："The unknown message is: Strong cryptography makes the world a safer place"。

目前认为 128 位密钥是相当安全的，现在的计算机还无法破解。随着计算能力改进，这些数字会不断改变，也许若干年后 128 位密钥也会被破解，这时就要使用 256 位或 512 位密钥了。在计算机高速发展的今天，DES 密钥长度较短被认为是 DES 仅有的最严重的缺点，为了提高 DES 的安全性，对 DES 进行了改进，增加密钥空间，改进主要在三个方面进行：

（1）双重 DES

双重 DES（Double DES）很容易理解。实际上，它就是把 DES 通常要做的工作多做一遍。双重 DES 使用两个密钥 K1 和 K2。首先对原明文用 K1 进行 DES，得到加密文本，然后对加密文本用另一密钥 K2 再次进行 DES，加密这个加密文本，双重 DES 有效密钥就是 2×56=112 位，密钥空间是 2 的 112 次方。

增加密钥空间，还可以用三重 DES，三重 DES 就是执行三次 DES，分为两大类：一种用三个密钥，另外一种用两个密钥。

（2）三个密钥的三重 DES

三个密钥的三重 DES 是首先用密钥 K1 加密明文块 P，然后用密钥 K2 加密，最后用密钥 K3 加密，其中 K1、K2、K3 各不相同，如图 5-11 所示。

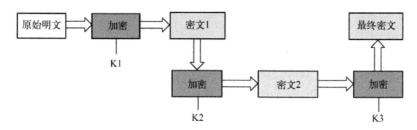

图 5-11　三个密钥的三重 DES

（3）两个密钥的三重 DES

三重 DES 方法需要执行 3 次常规的 DES 加密步骤，但最常用的三重 DES 算法中仅仅用两个 56 位 DES 密钥。两个密钥的三重 DES 首先用 K1 加密，其次用 K2 解密，最后用 K1 加密，如图 5-12 所示。这个三重 DES 可使加密密钥长度扩展到 112 位。三重 DES 的 112 位密钥长度在可以预见的将来可认为是合适的、安全的，但是三重 DES 的时间是 DES 算法的 3 倍，时间开销较大。

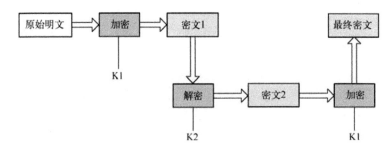

图 5-12　两个密钥的三重 DES

3. DES 密钥的安全发布分析与评价

DES 密钥发布问题也是决定 DES 安全程度的重要问题之一，基本解决方法有两个：一个是根据 Diffie-Hellman 密钥交换协议/算法来实现密钥的发布问题，它是 Whitefield Diffie 与 Martin Hellman 在 1976 年提出的密钥交换协议，这个机制的好处在于需要安全通信的双方可以用这个方法确定对称密钥，然后可以用这个密钥进行加密和解密；另一个是结合非对称密钥，先利用接收方的公钥对 DES 使用的密钥进行加密，然后再利用 DES 进行加密。下面先讲述第一种策略，第二种策略将在后面的非对称加密算法中讲述。

（1）Diffie-Hellman 密钥交换算法描述

首先，Alice 与 Bob 确定两个大素数 n 和 g，这两个整数不必保密，Alice 与 Bob 可以用不安全信道确定这两个数。

Alice 选择另一个大随机数 x，并计算 A，$A=g^x \bmod n$。

Alice 将 A 发给 Bob。

Bob 选择另一个大随机数 y，并计算 B，$B=g^y \bmod n$。

Bob 将 B 发给 Alice。

计算秘密密钥 K1，$K1=B^x \bmod n$。

计算秘密密钥 K2，$K2=A^y \bmod n$。

（2）Diffie-Hellman 密钥交换实例

首先，Alice 与 Bob 确定两个大素数 n 和 g，这两个整数不必保密，Alice 与 Bob 可以用不安全信道确定这两个数。设 n=11，g=7。

Alice 选择另一个大随机数 x，并计算 A，$A=g^x \bmod n$。设 x=3，则 $A=7^3 \bmod 11=343$

mod 11=2。

Alice 将 A 发给 Bob。Alice 将 2 发给 Bob。

Bob 选择另一个大随机数 y，并计算 B，B=g^y mod n。设 y=6，则 B=7^6 mod 11=117649 mod 11=4。

Bob 将 B 发给 Alice。Bob 将 4 发给 Alice。

计算秘密密钥 K1，K1=B^x mod n。有 K1=4^3 mod 11=64 mod 11=9。

计算秘密密钥 K2，K2=A^y mod n。有 K2=2^6 mod 11=64 mod 11=9。

我们能证明 K1=K2，则说明它是对称密钥体制，证明如下。

首先看 Alice 在第 6 步的工作，Alice 计算：

$$K1=B^x \text{ mod } n$$

其中 B 是在第 4 步中计算得到的，即 B=g^y mod n。

把 B 代入第 6 步，得到下列方程：

$$K1=(g^y)^x \text{ mod } n=g^{yx} \text{ mod } n$$

再看 Bob 在第 7 步的工作，Bob 计算：

$$K2=A^y \text{ mod } n$$

其中 A 是在第 2 步中计算得到的，即 A=g^x mod n。

把 A 代入第 7 步，则得到下列方程：

$$K2=(g^x)^y \text{ mod } n=g^{xy} \text{ mod } n$$

因此，K1=K2=K。

既然 Alice 与 Bob 能够独立求出 K，攻击者是否也能够求出 K？事实上，Alice 与 Bob 交换 n、g、A、B。根据这些值，并不容易求出 x（只有 Alice 知道）和 y（只有 Bob 知道）。数学上，对于足够大的数，求 x 与 y 是相当复杂的，因此，攻击者无法求出 x 与 y，因此无法求出 K。

（3）Diffie-Hellman 密钥交换的关键

Diffie-Hellman 密钥交换的关键是：已知 n，g，A 和 B 很难推导出 K1 和 K2，这是一个数学难题，它有效地防止了截获信息的人破解密钥。

4. DES 加密的可扩展性和有效率

n 方利用 DES 加密要安全地两两相互保密通信时，所要的密钥数为：从 n 个取两个的组合数，即 $C_n^2 = A_n^2 / 2 = n \times (n-1) / 2$，可见 DES 算法的可扩展度是 $O(n^2)$，随着 n 的增大，密钥个数也增加很快，因此 DES 可扩展性不是很好。用 DES 得到的密文长度等于明文长度，因此 DES 加密的信息有效率较高。

5. DES 工作模式的选取分析

DES 属于分组/块加密，这种加密的一个明显问题是重复文本。对重复文本模式，生成的密文是相同的，据此，密码分析员可以猜出原文的模式。密码分析员可以检查重复字符串，试图破译。如果破译成功，则可能破译明文中更大部分，从而更容易破译全部消息。为防止明文被破译引入加密算法的工作模式，它通过链接模式使前面的密文块与当前密文块混合，从而掩护密文，避免重复明文块出现重复密文块的模式。下面具体讲述。

工作算法模式有 4 种：电子编码簿（Electronic Code Book，ECB）、加密块链接（Cipher Block Chaining，CBC）、加密反馈（Cipher Feed-back，CFB）和输出反馈（Output Feed Back，OFB）。

（1）电子编码簿模式（ECB）

电子编码簿模式是最简单的操作模式，将输入明文消息分成 64 位块，然后单独加密每个块。消息中的所有块用相同密钥加密。电子编码簿模式的解密过程是接收方将收到的数据分成 64 位块，利用与加密时相同的密钥解密每个块，得到相应的明文块。

电子编码簿模式的缺点是：用一个密钥加密消息的所有块，如果原消息中有重复的明文块，则加密消息中的相应密文块也会重复。这种模式只适合加密少量消息，因为它重复明文块的可能性很小。

（2）加密块链接模式（CBC）

加密块链接模式保证即使输入中的明文块重复，这些明文块也会在输出中得到不同的密文块。为此，要使用一个反馈机制。在加密块链接模式中，前面块的加密结果反馈到当前块的加密中。每块密文不仅与相应的当前输入明文块相关，而且与前面的所有明文块相关。具体加密步骤如下，流程图如图 5-13 所示。

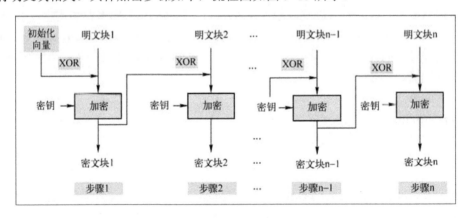

图 5-13　加密块链接（CBC）示意图

第 1 步：第一个明文块和初始化向量（Initialization Vector，IV）用异或运算符进行运算，然后用共享密钥加密，产生第一个密文块。这里有两个加密操作：第一个是异或，第二个是加密。初始化向量使每个消息唯一，因为初始化向量值是随机生成的，所以两个不同消息中重复初始化向量的可能性很小。

第 2 步：将第二个明文块与上一步的输出（第一个密文块）用异或操作，结果用相同密钥加密，产生第二个密文块。

第 3 步：将第三个明文块与上一步的输出（第二个密文块）用异或操作，然后用相同密钥加密，产生第三个密文块。

第 4 步：这个过程一直重复，直到对原消息的所有明文块全部操作完为止。

加密块链接模式（CBC）解密具体步骤如下。

第 1 步：使用明文块加密的对称密钥，用加密的同一算法对密文块 1 解密。解密的结果与初始化向量进行异或运算，得到第一个明文块。这里有两个操作：第一个是解密，第二个是异或。

第 2 步：使用明文块加密的对称密钥，用加密的同一算法对密文块 2 解密。解密的结果与第一个密文块进行异或运算，得到第二个明文块。

第 3 步：对余下的所有密文块重复执行第 2 步操作，直至结束。

（3）加密反馈模式（CFB）

假设一次处理 8 位，8 是加密块的大小，具体加密步骤如下，流程图如图 5-14 所示。

第 1 步：放在移位寄存器中的 64 位初始化向量用共享密钥加密，产生相应的 64 位初始化向量密文。

第 2 步：加密初始化向量最左边的 8 位与明文前 8 位进行异或运算，产生密文第一部分（假设为 C），然后将 C 传输到接收方。

第 3 步：将移位寄存器中的初始化向量左移 8 位，然后在移位寄存器最右边的 8 位填入 C 的内容，如图 5-14 所示。

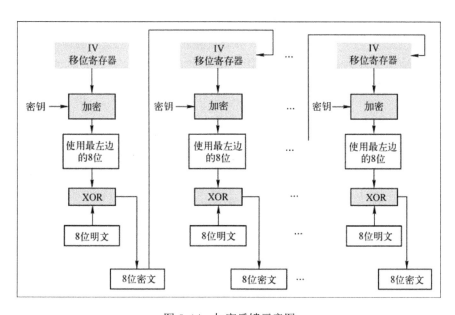

图 5-14　加密反馈示意图

第 4 步：重复第 1～3 步，直到加密完所有明文单元。即重复下列步骤：①加密 IV；②加密得到的 IV 的左边 8 位与明文的下面 8 位进行异或运算；③得到的密文部分发给接收方；④将 IV 的移位寄存器左移 8 位；⑤在 IV 的移位寄存器右边插入这 8 位密文。

解密步骤如下。

第 1 步：与加密的第一步相同，即，初始化向量放在移位寄存器中，在第 1 步加密，产生相应的 64 位初始化向量密文。

第 2 步：加密初始化向量最左边的 8 位与密文前 8 位进行异或运算，产生第一部分明文。

第 3 步：初始化向量的位（即初始化向量所在的移位寄存器内容）左移 8 位，移位寄存器最右边的 8 位填入密文 C 的内容。

第 4 步：重复第 1～3 步，直到解密所有密文单元，即重复下列步骤：①加密 IV；②加密得到的 IV 的左边 8 位与接下来的 8 位密文进行异或运算；③得到 8 位明文；④将 IV 的移位寄存器左移 8 位；⑤在 IV 的移位寄存器右边插入这 8 位密文。

（4）输出反馈模式（OFB）

输出反馈模式与 CFB 很相似，唯一的差别是 CFB 中密文填入加密过程下一阶段，而在 OFB 中，IV 加密过程的输出填入加密过程下一阶段。

6. DES 的性能分析

目前已经有许多关于 DES 的软硬件产品和以 DES 为基础的各种密码系统。其中 DEC 公司（Digital Proposed Corporation）开发的 DES 芯片是速度最快的，其加解密速度可达 1 Gbps 以上。在软件实现方面，采用 80486，CPU 66 Hz，每秒加密 43 000 个 DES 分组加密速度可达 336 KBps。采用 HP 9000/887，CPU 125 Hz，每秒加密 196 000 个分组，加密速度可达 1.53 MBps。

5.6 RSA 加密机制与评价

RSA 是在 1977 年由美国麻省理工学院的三位年轻数学家 Ron Rivest、Adi Shamirh 和 Len Adleman 发明的基于数论中的大数不可分解原理的非对称钥密码体制，即使今天，RSA 算法也是最广泛接受的公钥方案，算法的三个字母分别取自于这三个人的名字。

5.6.1 RSA 加解密过程

假设 A 是发送方，B 是接收方，RSA 加解密过程是：A 用 B 的公钥加密要发送的明文消息 PT，并将加密的结果 CT 通过网络发送给 B，B 用自己的私钥解密得明文

PT，如图 5-15 所示。

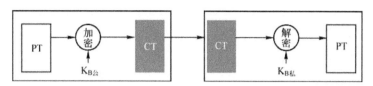

图 5-15　RSA 加解密过程

5.6.2　RSA 密钥的计算

1. 算法中的变量介绍

在算法中设 D 为解密密钥，E 为加密密钥，PT（Plain Text）为明文，CT（Cipher Text）为密文。

2. 计算两个大素数的乘积

① 选择两个大素数 P 和 Q，这两个数自己保密。
② 计算 N=P×Q。

3. 选择公钥（即加密密钥）E

使 E 不是(P-1)与(Q-1)的因子，即，E 不是(P-1) ×(Q-1)的因子，方法是先求因子，再选择非因子的数，选取的结果可能不唯一。

4. 选择私钥（即解密密钥）D

使 D 满足条件：(D×E)mod(P-1) ×(Q-1)=1 。
选取的结果也不唯一，为了加快计算 D 的速度，可选取较小的。

5.6.3　RSA 的加密与解密

1. 加密

假设 A 是发送方，B 是接收方，上面计算的 D，E 和 N 是接收方 B 进行的，因为 A 要给 B 发送消息只涉及 B 的公钥和私钥。A 加密时，输入量包括 B 发送来的 E、N 和自己要发送的明文 PT，加密的公式是：

$$CT=PT^E \bmod N$$

2. 解密

B 解密时，输入 D、N 和从 A 收到密文 CT，B 解密的公式是：

$$PT=CT^D \bmod N$$

该算法是纯粹的数字运算，实际加密的密文可能是非数字的，那么如何利用 RSA

呢？下面举例说明。

【例 5-4】　下面是一个 RSA 加密实例

① 取 P=7，Q=17。

② 计算 N=P×Q=7×17=119。

③ 选取公钥，因为(P−1)×(Q−1)=6×16=96，96 的因子为 2、2、2、2、2 和 3，因此公钥 E 不能有 2 和 3 的因子，选择公钥值 5。

④ 选择私钥，使(D×E)mod(P−1)×(Q−1)=1。选择 D 为 77，因为(5×77)mod 96=385 mod 96=1，能满足条件。

根据这些值，考虑加密与解密过程，设 A 是发送方，B 是接收方。可以用编码机制编码字母：A=1，B=2，…，Z=26。假设用这个机制编码字母，那么其工作如下，假设发送方 A 要向接收方 B 发送一个字母 F。利用 RSA 算法，字母 F 编码如下。

用字母编码机制（如 A=1，B=2，…，Z=26），这里 F 为 6，因此首先将 F 编码为 6。发送方用下列方法加密 6，得到 41：

① 求这个数与指数为 E 的幂，即 6^5。

② 计算 6^5 mod 119，得到 41，这是要在网络上发送的加密信息。

接收方用下列方法解密 41，得到 F：

① 求这个数与指数为 D 的幂，即 41^{77}。

② 计算 41^{77} mod 119，得到 6。

③ 按字母编号机制将 6 译码为 F，这就是原先的明文。

5.6.4　RSA 加密机制的分析与评价

1．RSA 算法与密钥安全强度分析与评价

RSA 算法本身很简单，关键是选择正确的密钥。设 A 是发送方，B 接收方，则 B 要生成私钥 D 和公钥 E，然后将公钥和数字 N 发给 A。A 用 E 和 N 加密消息，然后将加密的消息发给 B，B 用私钥 D 和 N 解密消息。

既然 B 能计算求出 D，别人是否也能计算求出 D？实际上，这并不容易，这就是 RSA 的关键所在。从计算私钥的公式(D×E)mod(P−1)×(Q−1)=1 知，攻击者只要知道公钥 E、P 和 Q，就可以计算出私钥 D。

攻击者要怎么做？首先要用 N 求出 P 和 Q（因为 N=P×Q）。在实际中，P 和 Q 选择很大的数，因此要从 N 求出 P 和 Q 并不容易，是相当复杂和费时的。RSA 算法的安全性基于这样的数学事实：两个大素数很容易相乘，而对得到的积求因子则很难，大整数分解是一个著名的数学难题。RSA 中的私钥和公钥基于大素数（100 位以上）。数学分析表明，N 为 100 位数时，要 70 多年才能求出 P 和 Q。由于攻击者无法求出 P 和 Q，也就无法求出 D，因为 D 取决于 P、Q 和 E，即使攻击者知道 N 和 E，也无法求出 D，因此无法将密文解密。

RSA 不存在密钥的发布问题，RSA 加解密时使用的关键信息是由一个公钥和一个与公钥不同的私钥组成的密钥对。用公钥加密的结果只能用私钥才能解密，而用私钥加密的结果也只能用公钥解密，而且用公钥不能推导出私钥。私钥自己保密，公钥可以公开。

2. RSA 加密的可扩展性和信息有效率

n 方利用 RSA 加密要安全地两两相互保密通信时，所要的密钥数为 $2n$，例如，如果 1000 个人要安全地相互通信，只要有 1000 个公钥和 1000 个私钥。而 DES 方法则需要 $1000 \times (999)/2 = 499\ 500$ 个密钥。可见 RSA 算法的可扩展度是 $O(n)$，可见随着 n 的增大，密钥个数相对于 DES 来说增加不是很快，因此算法的可扩展性较好。利用 RSA 得到的密文长度大于明文长度，而利用 DES 得到的密文长度等于明文长度，所以 RSA 加密的信息有效率没有 DES 的高。

3. 性能评价

RSA 加密算法比 DES 加密算法速度慢许多。如果用硬件实现 DES 之类对称算法和 RSA 之类非对称算法，则 DES 比 RSA 快大约 1000 倍。如果用软件实现这些算法，则 DES 比 RSA 快大约 100 倍。

5.7 RSA 与 DES 结合加密机制与评价

非对称密钥加密虽然解决了密钥协定与密钥交换问题，但并没有解决实际安全结构中的所有问题。对称与非对称密钥加密各有所长，在实际保密性的保障机制中是将二者结合起来实现高效的保密方案。

5.7.1 RSA 与 DES 结合加密机制

假设 A 是发送方，B 是接收方，加密过程如下。

第 1 步：A 的计算机利用 DES 对称密钥加密算法加密明文消息（PT$_A$），产生密文消息（CT$_A$）。这个操作使用的密钥（K1）称为一次性对称密钥，用完即放弃，防止重放攻击。

第 2 步：A 取第 1 步的一次性对称密钥（K1），用 B 的公钥（K2）加密 K1。这个过程称为对称密钥的密钥包装。

第 3 步：A 把密文 CT$_A$ 和加密的对称密钥一起通过网络发送给 B。

第 4 步：B 用 A 所用的非对称密钥算法和自己的私钥（K3）解密用 B 的公钥包装的对称密钥，这个过程的输出是对称密钥 K1。

第 5 步：B 用 A 所用的对称密钥算法和对称密钥 K1 解密密文（CT$_A$），这个过程得到明文 PT$_A$。

第 6 步：B 用 A 所用的对称密钥算法和对称密钥 K1 加密自己反馈给 A 的明文（CT_B），并通过网络发送给 A。

第 7 步：A 用对称密钥 K1 解密密文（CT_B），这个过程得到明文 PT_B。

5.7.2 RSA 与 DES 相结合的加密机制的分析与评价

1. 性能与信息有效率得到改善

RSA 与 DES 相结合的加密机制用对称密钥加密算法和一次性会话密钥（K1）加密明文（PT）。我们知道，对称密钥加密算法速度快，得到的密文（CT）通常比原先的明文（PT）小。如果这时使用非对称密钥加密算法，则速度很慢，对大块明文更是如此。另外，输出密文（CT）也会比原先的明文（PT）大。

2. 解决了密钥的分发问题

相结合的加密机制用 B 的公钥包装对称密钥（K1），解决了密钥的分发问题。由于 K1 长度小（通常是 56 或 64 位），因此这个非对称密钥加密过程不会用太长的时间。

这个机制完成了 A 和 B 的一个交互过程，就保密性而言，以后双方可以继续用对称密钥 K1 进行加解密发送消息了，不需要每次再对对称密钥进行封装。但如果为了防止重放攻击，可以每次对话都使用不同的随机对称密钥加密发送的信息，当攻击者进行重放攻击时，B 解密的最新密钥已经不同于重放的旧密钥了，因此不能正确解密。当然重放攻击还可以结合序列号、时间戳等来解决，B 对同一编号的消息不接收第二次就可以了。

3. RSA 的中间人的攻击

中间人攻击是指中间人不需要知道发送方和接收方的私钥就可以非法查看双方的信息内容，中间人攻击的主要漏洞是公钥被非法替换和调包，对于中间人的攻击主要解决公钥的真实性，在后面的公钥基础设施（PKI）中将来解决这个问题。

5.8 数据保密性的应用实例与作用辨析

5.8.1 数据保密性的应用实例

【例 5-5】 用户用口令安全调用 Web 服务。

现有提供 Web 服务的服务提供者甲向用户乙提供服务，乙在调用甲的时候需要提供用户名、口令及相关参数，其传送过程如下。

用户乙随机产生一个加密密钥（DES 密钥），用此密钥对自己的口令和需提供的其他参数进行加密，然后用服务提供者甲的公钥对 DES 密钥进行加密，最后将用户名，加密后的口令和参数及加密后的 DES 密钥提交给甲。

服务提供者甲首先用自己的私钥对收到的 DES 密钥进行解密,再用解密后的 DES 密钥对乙的加密后的口令和参数进行解密得到乙的口令和相关参数,然后到数据库中察看用户名及口令是否匹配来确定乙是否有权调用本 Web 服务。

通过身份验证后甲根据提交来的其他参数,经过自身处理得到需要返回的结果,使用刚才得到的 DES 密钥对结果进行加密,最后将该密文传送给乙。

用户乙用第一步生成的 DES 密钥对收到的密文进行解密,从而完成了一次 Web 服务的调用。

5.8.2　加密技术在网络安全中的作用辨析

加密技术在网络安全中具有重要作用,可以防止信息的截获和窃听等,它在网络的保密性、完整性和数字签名中都具有重要作用。但加密并不是网络安全的全部,它对防病毒,黑客的入侵等都没有多大的作用。加密增加了网络安全的负担,会影响到网络的性能,需要在加密和性能上进行折中,需要分清实际应用的主要矛盾和次要矛盾,可采用公私钥结合的加密方法来提高网络的性能。

在众多的加密技术中,有的加密技术安全程度高,但不好用,有的加密技术安全程度不高,但比较好用,在安全性和实用性上进行折中。加密技术在网络安全中有比较成熟的技术和理论,但加密技术仍然要不断发展和创新,因为原有的加密算法可能会被破解。

第**6**章

数据完整性实现机制与评价

6.1 网络安全中数据完整性概述

防止计算机网络中传输的数据被非法实体修改、插入、替换和删除是网络安全的一个重要安全特性。用户保证不了在网络传输的数据不受到上述攻击，但接收方要能够验证接收的数据是否被修改、插入、替换和删除，我们把这种验证收到的数据是否与原来数据之间保持完全一致的证明手段称为数据的完整性验证。数据保密是抗击被动攻击的截获，而数据的完整性验证则是用于抗击主动攻击的篡改等行为。在实际系统中，常常见到完整性威胁，例如，黑客可能将原来合法通信者要传的信息"命令你部坚守待援"篡改成"命令你部立即撤离阵地"，显然，如果黑客的这种攻击行为得逞，将会给战争带来严重的影响。为了防止这一类主动攻击，通信系统就要设置完整性验证机制的安全措施，使黑客对信息哪怕是丝毫的修改，接收方也能判断出来，从而拒绝接收。

定义 6.1 数据完整性 数据完整性是防止非法实体对交换数据的修改、插入、替换和删除，或者如果被修改、插入、替换和删除时可以被检测出来。数据完整性在常规的网络安全中，可以通过消息认证模式来保证，基本思路是通过增加额外的信息验证码来对数据完整性进行验证：

① 发送方根据要发送的原信息 M0，利用验证码函数产生与 M0 密切相关的信息验证码 C0；

② 发送方把原始信息 M0 和信息验证码 C0 合在一起，并通过网络发送给接收方；

③ 接收方对所收到的原信息和验证码进行分离，假设分别为 M1 和 C1，因为这两个信息可能已被篡改；

④ 接收方使用与原始信息相同的信息验证码函数（双方事先约定好的）对收到的信息部分 M1 独立计算其自己的信息验证码 C2；

⑤ 接收方将自己计算的信息验证码 C2 同分离出来的信息验证码 C1 进行对比，如果相等，接收方断定收到的信息 M1 与用户发送的信息 M0 是相同的；如果不相等，则接收方断定原始信息已经被篡改过，放弃接收，其模型如图 6-1 所示。

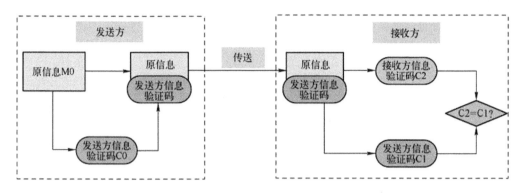

图 6-1　数据完整特性的验证模型

6.2　数据完整性机制的评价标准

6.2.1　完整性验证的安全（准确）性

消息完整性安全要求对发送的数据的任何改动都能被发现，而验证码的一个主要功能就是实现数据完整性的验证安全达到防伪造，防篡改目的。碰撞性是指对于两个不同的消息 m1 和 m2 ，如果它们的验证码值相同，则发生了碰撞。通常情况下，验证码相对于消息来说是很短的，即可能的消息是无限的，但可能的验证码值却是有限的，因此，不同的消息可能会产生同一验证码，即碰撞是可能存在的。但是，验证码函数要求用户不能按既定需要找到一个碰撞，意外的碰撞更是不太可能，验证码函数要求满足下列条件：

① 对于给定的消息 m1 和其验证码 H(m1)，找到满足 m2≠m1，且 H(m2)=H(m1) 的 m2 在计算上不可行，即抗弱碰撞性。这个性质保证很难找到一个替代消息，使它的验证码与给定消息产生的验证码相同，它能防止信息被篡改。

② 找到任何满足 H(m1)=H(m2)且 m1≠m2 的消息对(m1，m2)在计算上是不可行的，即抗强碰撞性。这个性质比第一个性质安全性要求更高，它提供对已知的生日攻击方法的防御能力。

在数据完整性的验证中可能受到的其他攻击还有：①对截获的部分消息进行了增删改；②攻击者不能分离信息和验证码，直接用自己的信息整体替换所有的发送信息；③攻击者可以分离信息和验证码，用自己的信息只替换信息部分，但无法替换验证码；④攻击者不仅用自己的信息替换信息部分，同时重新计算验证码并替换之。对于上述完整性攻击，完整性验证机制都应该能阻止或者检测出来。

6.2.2　完整性验证中加密的安全

由于数据完整性验证的一些机制需要对其中的内容进行加密，如对验证码的加密等，因此密钥的分发、密钥空间的大小、加密算法的选取都直接影响完整性验证的性能和安全性。

6.2.3　完整性验证算法的性能

数据完整性验证包括发送方计算验证码、加密、接收方重新计算验证码、解密、验证码比较等。影响性能的主要因素是计算验证码和加解密，因此在选择计算验证码和加解密机制的时候，要根据实际情况对完整性验证的安全性和性能进行折中考虑。

6.2.4　数据完整性验证的信息有效率

数据完整性验证的有效率是指原信息长度与合并后总信息（包括原消息和验证码）的长度之比。比较的结果越大，信息的有效率越大，有效率越大越能保证完整性验证机制不会额外增加太多的网络信息量，因此验证码不能过长。但过短又会影响完整性验证的准确率和安全性，需要找出较好的折中方案。

6.3　网络安全中数据完整性验证机制与评价

完整性验证机制的核心就是保证接收到的消息与原消息一致，其基本思路就是双方找到一个参照对象，接收者接收到消息后与这个参照对象进行对比，然后判断原消息是否被增、删、改。不同的参照对象和加密方法的组合产生多种验证方法，它们在安全性、性能和应用方面都有不同，下面分别进行讲述。

6.3.1　基于数据校验的完整性验证机制与评价

在计算机网络原理中，广泛使用了循环冗余检验（Cyclic Redundancy Check，CRC）的检错技术，其目的就是防止计算机网络中传输的数据帧出现错误，导致发送的数据帧与接收的数据帧不一致。当发现错误时，接收方可以简单丢弃错误的帧，发送方在发送消息超过一定的时间间隔后，如果还没有收到接收方的确认就再重新发送数据帧。计算机网络安全中的数据完整性验证与计算机网络原理中的检错技术非常类似。这种思想可以作为最简单的数据完整性验证机制，在这种机制中，参照对象就是 CRC 的冗余码。

1．实现机制

假设 A 是发送方，B 是接收方，A 要发送的信息是 M0，基于数据校验的完整性验证步骤如下所示，整体模型如图 6-2 所示。

第 1 步：A 利用计算冗余码函数 F 计算要发送的信息 M0 的冗余码 N0。

第 2 步：A 将 M0 和 N0 合在一起，通过网络发送给 B。

第 3 步：B 收到合并的信息后，将二者分开，分别设为 M1 和 N1，因为这两个信息可能已被篡改。

第 4 步：B 用与原始信息相同的循环冗余方法重新计算信息 M1 的冗余码 N2。

第 5 步：B 将计算的冗余码 N2 同分离的冗余码 N1 进行对比，如果相等，B 断定信息是完整的，如果不相等，则 B 断定信息是不完整的。

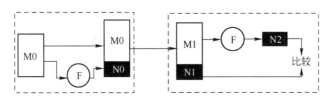

图 6-2　基于数据校验思想的数据完整性验证机制

2. 机制评价

优点：该机制可以对网络系统造成的数据不一致进行验证，特别在实现对数据链路层每个帧的数据差错检验中取得了很好的效果，在计算机网络的传输中广泛使用。

缺点与改进：数据校验和完整性验证有很大区别，数据校验是为了检查出因为网络自身的原因导致的数据不一致，是由网络系统随机产生的，而网络的数据完整性验证是为了检查出可能的恶意主动攻击者造成的数据不一致，后者会处心积虑地去避开完整性验证的检验。

目前广泛使用的 CRC 多项式为 CRC-16 和 CRC-32，即冗余码是 16 位或者 32 位，它可以实现对数据链路层每个帧的数据进行差错检验，这些帧的长度较短（例如，以太网帧的数据长度范围是 46~1500 字节），但网络上传输的信息是任意长的，因此就可能造成多个不同的信息对应同一个冗余码，这将导致信息被篡改了，但接收方比较的冗余码是相等的，从而未能被检测出来。因此需要增加冗余码的长度，同时要改进计算冗余码的方法，使信息的每一位都与冗余码密切相关，目前常见的新的计算"冗余码"的方法是 MD5，SHA-1，冗余码也更名为消息摘要。利用 MD5 计算出来的消息摘要的长度是 128 位，利用 SHA-1 计算出来的消息摘要的长度是 160 位。这种将冗余码改为消息摘要，验证函数改为 MD5 或 SHA-1 的新的差错验证机制是数据完整性验证的常用机制之一，即基于消息摘要的完整性验证机制。

6.3.2　基于消息摘要的完整性验证与评价

基于消息摘要的完整性验证是最常用的消息完整性验证方法，消息摘要也称消息的指纹，消息摘要一般通过摘要函数 H 生成，摘要函数是单向函数，不是一种加密，使用摘要函数从消息生成摘要很容易，但通过摘要来还原消息却很难。哈希函数是生成消息摘要常用的算法。目前广泛使用的产生消息摘要的算法有 MD4，MD5，SHA-1 等。消息摘要是用哈希函数把一段任意长的消息 M（Message）映射到一个短的固定长的数据 MD（Message Digest），虽然消息摘要是消息的浓缩，但要使消息摘要的每一位与原消息的每一位都有关联，这种现象称为雪崩效应，这样只要原消息有稍微的改变，消息摘要将发生巨大的改变，从而保证数据完整性验证的有效性。

1. 实现机制

假设 A 是发送方，B 是接收方，要发送的消息为 M0，产生摘要的函数为 H，基于消息摘要的完整性验证机制如下所示，体整体模型如图 6-3 所示。

第 1 步：A 根据要发送的消息 M0，利用 MD5、SHA-1 等哈希函数 H（双方事先商定好的）产生消息摘要 MD0。

第 2 步：A 通过网络将 M0 和 MD0 一起发送到 B。

第 3 步：B 收到的信息部分设为 M1，摘要部分设为 MD1，B 重新用 A 使用的函数 H 计算消息 M1 摘要，设为 MD2。

第 4 步：B 比较 MD2 和 MD1 是否相同，如果相等，B 断定数据是完整的，如果不相等，则 B 断定数据被篡改。

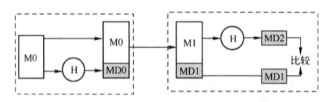

图 6-3　基于消息摘要的完整性验证机制

2. 机制评价

优点：该机制是实际完整性验证的常用机制之一，它的优点是双方不需要共享密钥；消息摘要与信息密切关联，如果按该机制验证成功，接收者能够确信信息未被篡改过；由于增加的额外信息是固定的短的消息摘要，因此信息的有效率较高。

缺点：如果攻击者修改网络传输的信息部分（注意：网络传输的信息包括信息部分和消息摘要部分）的同时也根据哈希函数 H 重新计算消息摘要，并且替换原来的消息摘要，这时候虽然发送的数据和接收的数据已经不一致了（完全被替换了），但由于原消息和消息摘要是匹配的，这样用基于消息摘要的完整性验证机制就检测不出来，即这种机制只能检验消息是否是完整的，不能检验消息是否是伪造的。

讨论与改进：由于原消息 M0 通常要比消息摘要大得多，理论上存在多个信息对应一个摘要的可能性，攻击者可能伪造另外一个原消息 M1，使它的消息摘要同 M0 的消息摘要是相同的，这样攻击者篡改了消息部分但接收者却没有发现。例如，MD5 算法输出的哈希函数值总数为 2^{128}，SHA-1 算法输出的 Hash 函数值总数为 2^{160}，这说明可能的哈希函数值是有限的，而输入的消息是无限的，函数的碰撞性是可能存在的，如果两个消息得到相同的消息摘要，则称为冲突。消息摘要算法通常产生长度为 128 位或 160 位的消息摘要，即任何两个消息摘要相同的概率分别为 2^{128} 或 2^{160} 分之一，显然，这在实际中冲突的可能性极小。

在实际的数据完整性检测中还需要对该机制进行改进，增加新的鉴别因素来防止信息的伪造，例如对要发送的消息摘要进行加密，防止信息和消息摘要同时被篡改。这就产生了第三种数据完整性验证机制：基于消息摘要与对称密钥加密的完整性验证机制。

6.3.3　基于消息摘要与对称密钥加密的完整性验证机制与评价

1. 实现机制

假设 A 是发送方，B 是接收方，A 要发送的消息是 M0，A 与 B 共享密钥 K，产生摘要的函数为 H，基于消息摘要与对称密钥加密的数据完整性验证机制如下所示，该机制的整体模型如图 6-4 所示，图中 E 表示加密，D 表示解密。

第 1 步：A 用消息摘要算法 H 计算信息 M0 的消息摘要 MD0。

第 2 步：A 将 M0 和 MD0 合在一起，并使用 K 加密合并的信息，并通过网络发送给 B。

第 3 步：B 收到加密的信息后，用同一密钥 K 把密文解密，并将二者分开，分别设为 M1 和 MD1。

第 4 步：B 用与原始信息相同的消息摘要计算方法 H 重新计算信息 M1 的消息摘要 MD2。

第 5 步：B 将计算的消息摘要 MD2 同分离出来的消息摘要 MD1 进行对比，如果相等，B 断定信息是完整的，如果不相等，则 B 断定信息遭到篡改。

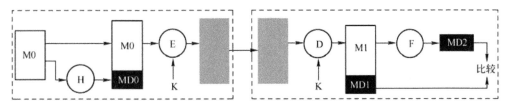

图 6-4　基于消息摘要与对称密钥加密的数据完整性验证机制

2. 机制评价

优点：该机制首先防止了攻击者篡改信息的攻击，如果攻击者篡改了消息，则 B 自己计算的消息摘要 MD2 同分离出来的消息摘要 MD1 就不相等了。这个机制也防止了攻击者同时把信息部分和消息摘要部分替换并且保持它们之间的正确匹配关系的攻击，因为密钥 K 只有双方知道，攻击者同时替换后没办法再用双方的密钥 K 重新加密。在这种机制中，参照对象是消息摘要。

缺点与改进：这种机制的前提是需要双方共享对称密钥 K，存在密钥的发布问题。因此可以考虑用非对称密钥加密体制加密信息，但对合并后的信息全部用非对称密钥加密体制加密将导致加密的速度过慢，实用性较差，所以采用对称密钥体制和非对称密钥结合的方法解决密钥的发布问题，就产生基于非对称密钥和对称密钥结合的完整性验证机制。

6.3.4 基于非对称密钥和对称密钥结合的完整性验证机制与评价

1. 实现机制

假设 A 是发送方，B 是接收方，A 要发送的消息是 M0，基于非对称密钥和对称密钥结合的数据完整性验证机制如下所示。

第 1 步：A 计算信息 M0 的消息摘要 MD0。

第 2 步：A 选定一次性对称密钥 K1，用完即放弃，防止重放攻击。

第 3 步：A 取一次性对称密钥 K1，用 B 的公钥 K2 加密 K1，结果设为 $B_{k2}(K1)$。

第 4 步：A 将 M0 和 MD0 合在一起，并使用对称密钥 K1 进行加密，结果设为：$A_{k1}(M0+MD0)$，并通过网络将 $B_{k2}(K1)$ 和 $A_{k1}(M0+MD0)$ 发送给 B。

第 5 步：B 用 A 所用的非对称密钥算法和自己的私钥 K3 解密 $B_{k2}(K1)$，这个过程的输出是对称密钥 K1。

第 6 步：B 用 A 所用的对称密钥算法和对称密钥 K1 解密 $A_{k1}(M0+MD0)$，并将二者分开，设为 M1 和 MD1。

第 7 步：B 用与原始信息相同的消息摘要计算方法重新计算信息 M1 的消息摘要 MD2。

第 8 步：B 将计算的消息摘要 MD2 同分离的消息摘要 MD1 进行对比，如果相等，B 断定信息是完整的，如果不相等，则 B 断定信息遭到篡改。

2. 机制评价

优点：该机制除防止了攻击者替换和篡改信息的攻击外，还解决了密钥的发布问题，A 随机选定一次性对称密钥 K1，用完即放弃，防止了重放攻击。

缺点与改进：这个算法需要 PKI 等相关环境来保证公钥的真实可信性。如果已有其他途径解决了对称密钥的发布问题，可以简化验证的步骤，不用计算消息摘要，一个最直接的方法是直接用加密方法实现数据完整性验证，即基于对称密钥直接加密原消息的完整性验证机制。

6.3.5 基于对称密钥直接加密原消息的完整性验证机制与评价

加密本身提供一种消息完整性验证方法，假设 A、B 双方共享密钥 K，并且发送的是有意义的消息，则直接加密原信息也可以起到完整性验证的作用。由于攻击者不知道密钥 K，攻击者也就不知道如何改变密文中的信息位才能在明文中产生预期的（有意义的明文）改变。接收方可以根据解密后的明文是否有意义来进行消息完整性验证。

1. 实现机制

假设 A 是发送方，B 是接收方，A 要发送的消息是 M0，A 与 B 共享密钥 K，基于对称密钥直接加密原消息的完整性验证机制如下所示，整体模型如图 6-5 所示。

第 1 步：A 使用对称密钥加密机制加密 M0，并通过网络发送给 B。

第 2 步：B 收到加密的信息后，用同一密钥解密。

第 3 步：B 根据解密后的明文是否有意义来判断消息是否完整，如果有意义，B 认为数据是完整的，如果是无意义的乱码，则 B 认为数据遭到篡改。

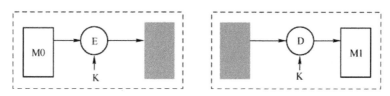

图 6-5　基于对称密钥直接加密原消息的完整性验证机制

2. 机制评价

优点：在本机制中，通过使用对称密钥加密机制加密要发送的信息来验证数据的完整性，参照物就是解密后的信息是否有意义。在这种机制中参照对象就是原消息，不增加额外的验证码，数据完整性的信息有效率最高；该机制同时具有保密性和完整性验证的双重功能。即使攻击者 C 在中途截获了加密消息，并篡改消息，也没法达到任何目的，因为 C 没有双方的共享密钥 K，篡改后无法再次用 K 加密改变后的消息。因此，即使 C 把改变的消息转发给 B，B 也能够发现信息不完整，因为 C 没有用共享密钥加密，B 不能正确解密。

缺点：这个机制存在密钥的分发问题，改进的方法是与非对称密钥加密体制结合来解决密钥的发布问题。

6.3.6　基于 RSA 数字签名的完整性验证机制与评价

1. 实现机制

假设 A 是发送方，B 是接收方，A 向 B 发送消息 M，则基于 RSA 数字签名的完整性验证机制如下所示。

第 1 步：A 用自己的私钥加密消息 M，用 $E_{A私}(M)$ 表示。

第 2 步：把加密的消息发送给 B。

第 3 步：B 接收到加密的消息后用 A 的公钥解密，用公式 $D_{A公}(E_{A私}(M))$ 表示。

第 4 步：B 根据解密后的明文是否有意义来进行消息完整性验证，如果有意义，B 认为数据是完整的，如果是无意义的乱码，则 B 认为数据遭到篡改。

2. 机制评价

优点：在本机制中，参照物的依据就是解密后的信息是否有意义。这个机制使用非对称密钥加密机制加密要发送的信息来验证数据的完整性，解决了密钥的分发问题。在这种机制中没有增加额外的验证码，但具有验证完整性的功能。在完整性验证方面，即使攻击者 C 在中途截获了加密消息，能够用 A 的公钥解密消息，然后篡改消息，也没法达到任何目的，因为 C 没有 A 的私钥，无法再次用 A 的私钥加密改变后的消息，因此如果 B 不能用 A 的公钥正确解密，B 就可以断定接收的信息是不完整的。

缺点：该机制主要缺点有三个。第一是用非对称加密体制加密整个消息，加密的速度慢。第二是发送的明文必须是有意义的明文，在某些场合下，有意义的明文并不好判断，如二进制文件，因此很难确定解密后的消息就是明文本身，为此对于二进制等文件还是需要通过增加额外验证码来进行完整性判定。一个简单的增加验证码的方法是用对称加密体制直接加密原消息 M0 作为验证码，不需要额外的计算验证码函数计算验证码。第三是由于 A 的公钥是公开的，任何人都可以解密 A 加密的消息，因此该机制不具有保密作用。

6.3.7 加密原消息作为验证码的完整性验证机制与评价

1. 实现机制

假设 A 是发送方，B 是接收方，A 要发送的消息是 M0，A 与 B 共享密钥 K，加密原消息作为验证码的完整性验证机制如下所示，整体模型如图 6-6 所示。

第 1 步：A 使用对称密钥加密机制加密 M0，设为 $E_K(M0)$，它作为验证码。

第 2 步：A 将 M0 和 $E_K(M0)$ 合在一起，并通过网络发送给 B。

第 3 步：B 收到数据后，将二者分开，设原消息为 M1（可能已被篡改），用同一密钥 K 解密验证码，解密的结果设为 M2。

第 4 步：B 将 M2 同 M1 进行对比，如果相等，B 断定信息是完整的，如果不相等，则 B 断定信息遭到篡改。

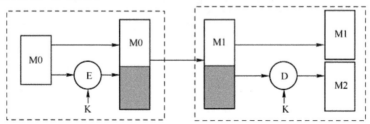

图 6-6 加密原消息作为验证码的完整性验证机制

2. 机制评价

优点：该机制不需要额外算法去产生验证码，只需把加密的原消息作为验证码，如果攻击者篡改了原消息 M0，接收者根据 M1 与 M2 不相等可以发现这种篡改；如果攻击者同时替换 M0 和 $E_K(M0)$，由于攻击者不知道密钥 K，无法再用密钥 K 重新加密 M0，最终也导致 M1 与 M2 不相等。

缺点：该机制验证码太大，验证的消息效率小于等于 50%，通常要求验证码要比原消息小得多，在实际应用的数据完整性验证机制中，总产生一个比原消息小得多的验证码，目前常用的验证码包括消息认证码（MAC）和用哈希函数计算的消息摘要。此外，这个机制没有保密作用，原消息 M0 没有被加密，攻击者截获后消息就泄漏了。

6.3.8　基于消息认证码（MAC）的数据完整性验证机制与评价

1. 实现机制

假设 A 是发送方，B 是接收方，要发送的消息为 M0，A 与 B 共享密钥 K，MAC 产生的函数设为 C，基于消息认证码（MAC）的数据完整性验证如下所示，整体模型如图 6-7 所示。

第 1 步：A 根据要发送的消息 M0，利用密钥 K 通过函数 C 产生 $MAC0=C_k(M0)$。

第 2 步：A 将 M0 和 MAC0 合在一起 ，并通过网络发送到 B。

第 3 步：B 收到信息后，并将二者分开，设为 M1 和 MAC1。

第 4 步：B 利用密钥 K 对收到的信息 M1 用与 A 相同的 MAC 产生函数 C 重新计算 M1 的验证码，设为 MAC2。

第 5 步：B 比较 MAC2 和 MAC1 是否相同，如果相等，B 断定数据是完整的，如果不相等，则 B 断定数据遭到篡改。

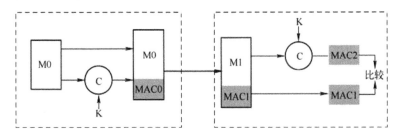

图 6-7　基于消息认证码（MAC）的数据完整性验证

2. 机制评价

优点：该机制是实际完整性验证的常用机制之一，它使接收者确信信息未被更改过，攻击者如果修改了消息 M0，而不修改 MAC，接收者重新计算得到的 MAC 与接收到的 MAC 不同。由于 MAC 的生成使用了双方共享密钥 K，攻击者不能更改 MAC

来匹配修改过的消息。这种机制可以防止消息被整体替换，因为攻击者替换了消息，同时计算自己的 MAC，由于不知道 K，无法再次生成正确的 MAC。这个机制使接收者可以确信消息来自所声称的发送者，具有身份鉴别的作用，其他人不能假冒，如果是假冒者发送的消息，接收方不能用共享密钥进行正确的解密。这个机制的关键是在生成消息认证码（MAC）时需要双方共享密钥 K，下面通过理解 MAC 的生成过程来说明这个机制信息有效率高的另一个优点。

消息认证码（MAC）也称密码校验和，是一个定长的 n 比特数据。它的产生方法为 MAC=C_K(M)，其中 C 是一个函数，它受通信双方共享的密钥 K 的控制，并以 A 欲发向 B 的消息 M（明文）作为参数。典型的鉴别码生成算法主要是基于 DES 的认证算法。该算法采用 CBC（Cipher Block Chining）模式，使 MAC 函数可以在较长的报文上操作，报文按 64 位分组，最后一组不足时补 0。CBC 模式的加密首先是将明文分成固定长度（64 位）的块（M_1，M_2，…，M_N），然后将前面块输出的密文与下一个要加密的明文块进行异或操作计算，将计算结果再用密钥进行加密得到密文。第一明文块加密的时候，因为前面没有加密的密文，所以需要一个初始化向量（IV）。这个算法是 N 轮迭代过程，N 为分组数。最后一轮迭代结束后，取最后一个密文块 N 的左边 n 位作为鉴别码。具体过程如图 6-8 所示。

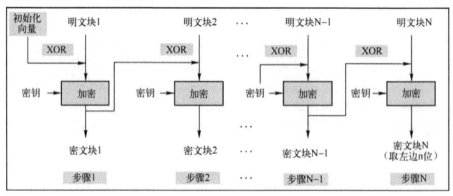

图 6-8 基于 CBC 模式的 MAC 计算过程

从 MAC 的生成可知，MAC 相对于原消息 M0 是很短的，因此验证的信息有效率很高，信息的有效率为 m/L，其中 m 为信息长度，n 为鉴别码长度，L=m+n。

缺点：这个机制只加密 MAC，不加密原消息，只能起到完整性验证的作用，没有保密作用。如果要具有保密作用就需要对原消息也进行加密，当然，这样会增加开销。另外，使用这种机制的前提是 A 和 B 共享密钥 K，在某些应用中这个条件是不容易做到的，因为它需要密钥的分发过程。

改进：对于密钥的发布问题，可以采用基于哈希函数的完整性验证机制来改进，哈希函数计算类似于 MAC 的短的信息，但它不需要双方共享密钥。哈希函数与 MAC 的区别在于：①MAC 在产生消息认证码（MAC）时需要对全部数据进行加密，速度慢；

②哈希函数是一种直接产生认证码的方法，不需要双方共享密钥；③哈希函数还可用于数字签名（这个性质在后面的不可抵赖性章节里将讲述到）。MAC 函数与加密函数的联系与区别在于：MAC 函数与加密函数类似，都需要明文、密钥和算法的参与，但 MAC 算法不要求可逆性，而加密算法必须是可逆的。

如果将生成 MAC 的算法改为计算消息摘要的算法 H，然后再对生成的信息摘要用共享密钥 K 进行加密形成 MAC，这种验证码称为基于哈希函数的消息鉴别码（Hash-based Message Authentication Code，HMAC），基于这种验证码形成新的一种消息完整性验证机制称为基于 HMAC 的消息完整性验证机制，具体验证过程请参照"基于消息摘要与对称密钥加密的完整性验证机制"，这里不再赘述。

6.4　MD5 消息摘要计算算法与评价

在数据完整性验证中，验证的机制并不复杂，能否成功完成完整性验证主要取决于根据信息计算消息摘要的方法，消息摘要要能够完成完整性验证必须满足下列要求。

（1）两个不同的原消息很难求出相同的摘要

对一个消息（M1）及其消息摘要（MD），不太可能找到另一个消息（M2），使其产生完全相同的消息摘要。消息摘要机制应最大程度地保证这个结果。即尽量不能出现多个原消息对应同一个摘要的映射情况，否则会出现用另一个假消息替换原消息，但摘要不变的情况。从而导致完整性验证错误。

（2）给定消息摘要，很难求出原先的消息

消息摘要不能反向求出（单向函数），否则就会出现通过摘要暴露原消息的情况。

如何设计具体的消息摘要计算方法才能满足消息摘要的要求，这是数据完整性验证的重要内容，下面讲述 MD5 的算法，详细了解 MD5 是如何通过原消息计算消息摘要，并且满足上述两个要求的。

6.4.1　MD5 概述

MD5 是计算机安全领域广泛使用的一种哈希函数，用以提供消息的完整性保护，它是 90 年代初由 Ron Rivest 开发的，作用是把一个任意长的信息变化产生一个 128 位的消息摘要。

MD5 算法除了要能够满足完成完整性验证必须的要求外，还要求效率要高，提高完整性验证的性能。MD5 将消息分成若干个 512 位分组（大块）来处理输入的信息，且每一分组又被划分为 16 个 32 位子分组（子块），经过了一系列的处理后，算法的输出由四个 32 位分组组成，将这四个 32 位分组连接后生成一个 128 位消息摘要。对于每个大块，信息从 512 为压缩为 128 位，位数是原来的 1/4。第一轮前初始化四个链接量 A，B，C，D，它们都是 32 位，这四个量是固定值，A=0x01234567，B=0x89abcdef，

C=0xfedcba98，D=0x76543210，四个组合在一起正好是 128 位。MD5 以 32 位运算为基础，加密有四轮，每一轮运算 16 次。

6.4.2 每轮的输入内容

1. 第一轮输入的内容

第一轮输入的内容如表 6-1 所示，具体内容如下。

表 6-1 第一轮输入的内容

运算次数 \ 输入量	a	b	c	d	M	S	t
1	a	b	c	d	M[1]	7	t[1]
2	d	a	b	c	M[2]	12	t[2]
3	c	d	a	b	M[3]	17	t[3]
4	b	c	d	a	M[4]	22	t[4]
5	a	b	c	d	M[5]	7	t[5]
6	d	a	b	c	M[6]	12	t[6]
7	c	d	a	b	M[7]	17	t[7]
8	b	c	d	a	M[8]	22	t[8]
9	a	b	c	d	M[9]	7	t[9]
10	d	a	b	c	M[10]	12	t[10]
11	c	d	a	b	M[11]	17	t[11]
12	b	c	d	a	M[12]	22	t[12]
13	a	b	c	d	M[13]	7	t[13]
14	d	a	b	c	M[14]	12	t[14]
15	c	d	a	b	M[15]	17	t[15]
16	b	c	d	a	M[16]	22	t[16]

变量 a，b，c，d 参加这一轮的 16 次的每一次运算，这四个变量的初值是由四个链接量 A、B、C、D 赋值得到，即 a=A，b=B，c=C，d=D，MD5 将 a、b、c、d 组合成 128 位寄存器（abcd），寄存器（abcd）在实际算法运算中保存中间结果和最终结果。

第一个大块（512 位）的所有 16 个子块（每块 32 位）参与运算，每次运算有一个子块参加，运算的顺序按子块序号的递增顺序参加：即每一轮一个大块（共 512 位）分成 16 个输入子块，表示为 M[i]，其中 i 为 1～16。16 个子块参加的运算顺序为 M[1]，M[2]，…，M[16]。

64 个常量数组元素的前 16 个（每个 32 位）元素参与运算，每次运算有一个数组元素参加，运算的顺序按元素下标的递增顺序参加：即总共 64 个元素，表示为 t[1]，t[2]，…，t[64]，第一轮用 64 个 t 值中的前 16 个，即，t[1]，t1[2]，…，t1[16]。

常量数组 t 的计算公式是：t[i]=int(2^{32}*abs(sin(i)))=int(4294967296*abs(sin(i)))为 32 位整型数。函数 sin(i)中 i 取弧度。其作用是随机化 32 位整型量，消除输入数据的规律性。

第一轮的每次运算结果循环左移 S 位，S 在不断变化，它们分别是 7，12，17，22 重复 4 次，一共 16 次。

每一次新的操作前 a、b、c、d 循环右移一位。

2．第二轮输入的内容

第二轮输入的内容如表 6-2 所示，具体内容如下。

表 6-2　第二轮输入的内容

输入量 运算次数	a	b	c	d	M	s	t
1	a	b	c	d	M[2]	5	t[17]
2	d	a	b	c	M[7]	9	t[18]
3	c	d	a	b	M[12]	14	t[19]
4	b	c	d	a	M[1]	20	t[20]
5	a	b	c	d	M[6]	5	t[21]
6	d	a	b	c	M[11]	9	t[22]
7	c	d	a	b	M[16]	14	t[23]
8	b	c	d	a	M[5]	20	t[24]
9	a	b	c	d	M[10]	5	t[25]
10	d	a	b	c	M[15]	9	t[26]
11	c	d	a	b	M[4]	14	t[27]
12	b	c	d	a	M[9]	20	t[28]
13	a	b	c	d	M[14]	5	t[29]
14	d	a	b	c	M[3]	9	t[30]
15	c	d	a	b	M[8]	14	t[31]
16	b	c	d	a	M[13]	20	t[32]

（1）变量 a，b，c，d 参加运算。

（2）第一个大块（512 位）的所有 16 个子块（每块 32 位）参与运算，每次运算有一个子块参加，运算的顺序按近似递增等差数列参加，公差为 5，即 16 个小块的下标是 2，7，12，1，6，11，16，5，10，15，4，9，14，3，8，13。

（3）64 个常量数组元素 t[i]的第二组 16 个元素（每个 32 位）参与运算，每次运算有一个元素参加：即 t[17]，t[18]，…，t[32]。

（4）第二轮的每次运算结果循环左移 S 位，S 在不断变化，它们分别是 5，9，14，20 重复 4 次，一共 16 次。

（5）每一次新的操作前 a、b、c、d 循环右移一位。

3. 第三轮输入的内容

第三轮输入的内容如表 6-3 所示，具体内容如下。

表 6-3　第三轮输入的内容

运算次数 / 输入量	a	b	c	d	M	s	t
1	a	b	c	d	M[6]	4	t[33]
2	d	a	b	c	M[9]	11	t[34]
3	c	d	a	b	M[12]	16	t[35]
4	b	c	d	a	M[15]	23	t[36]
5	a	b	c	d	M[2]	4	t[37]
6	d	a	b	c	M[5]	11	t[38]
7	c	d	a	b	M[8]	16	t[39]
8	b	c	d	a	M[11]	23	t[40]
9	a	b	c	d	M[14]	4	t[41]
10	d	a	b	c	M[1]	11	t[42]
11	c	d	a	b	M[4]	16	t[43]
12	b	c	d	a	M[7]	23	t[44]
13	a	b	c	d	M[10]	4	t[45]
14	d	a	b	c	M[13]	11	t[46]
15	c	d	a	b	M[16]	16	t[47]
16	b	c	d	a	M[3]	23	t[48]

（1）变量 a，b，c，d 参加运算。

（2）第一个大块（512 位）的所有 16 个子块（每块 32 位）参与运算，每次运算有一个子块参加，运算的顺序按近似递增等差数列参加，公差为 3，即 16 个小块的下标是 6，9，12，15，2，5，8，11，14，1，4，7，10，13，16，3。

（3）64 个常量数组元素 t[i]的第三组 16 个元素（每个 32 位）参与运算，每次运算有一个元素参加：即 t[33]，t[34]，…，t[48]。

（4）第三轮的每次运算结果循环左移 S 位，S 在不断变化，它们分别是 4，11，16，23，重复 4 次，一共 16 次。

（5）每一次新的操作前 a、b、c、d 循环右移一位。

4. 第四轮输入的内容

第四轮输入的内容如表 6-4 所示，具体内容如下。

（1）变量 a，b，c，d 参加运算。

（2）第一个大块（512 位）的所有 16 个子块（每块 32 位）参与运算，每次运算有一个子块参加，运算的顺序按近似递增等差数列参加，公差为 7，即 16 个子块的下标是 1，8，15，6，13，4，11，2，9，16，7，14，5，12，3，10。

（3）64 个常量数组元素 t[i]的第四组 16 个元素（每个 32 位）参与运算，每次运算有一个元素参加：t[49]，t1[50]，…，t1[64]。

（4）第四轮的每次运算结果循环左移 S 位，S 在不断变化，它们分别是 6，10，15，21，重复 4 次，一共 16 次。

（5）每一次新的操作前 a、b、c、d 循环右移一位。

表 6-4　第四轮输入的内容

输入量 运算次数	a	b	c	d	M	s	t
1	a	b	c	d	M[1]	6	t[49]
2	d	a	b	c	M[8]	10	t[50]
3	c	d	a	b	M[15]	15	t[51]
4	b	c	d	a	M[6]	21	t[52]
5	a	b	c	d	M[13]	6	t[53]
6	d	a	b	c	M[4]	10	t[54]
7	c	d	a	b	M[11]	15	t[55]
8	b	c	d	a	M[2]	21	t[56]
9	a	b	c	d	M[9]	6	t[57]
10	d	a	b	c	M[16]	10	t[58]
11	c	d	a	b	M[7]	15	t[59]
12	b	c	d	a	M[14]	21	t[60]
13	a	b	c	d	M[5]	6	t[61]
14	d	a	b	c	M[12]	10	t[62]
15	c	d	a	b	M[3]	15	t[63]
16	b	c	d	a	M[10]	21	t[64]

6.4.3　运算前的预处理

1. 将发送的信息分成 512 位的块

将发送的信息分成 512 位的块，如图 6-9 所示，注意最后一块不一定正好是 512 位。

2. 最后一块补位

MD5 将消息分成若干个 512 位分组（大块）来处理输入的信息，最后一块不一定正好是 512 位，因此 MD5 的第 1 步是在原消息中的最后一块补位，目的是使其长度等于 512 位，但需要留出 64 位，用来放原消息的长度。例如，如果原消息长度为 400 位，则要填充 48 位，使得最后一块消息（包括留出的 64 位）长度为 512 位，即 64+400+48=512。这样，填充后原消息总的长度可能为 448 位（比 512 少 64 位）、960 位（比 2×512 少 64 位）、1472 位（比 3×512 少 64 位），等等。

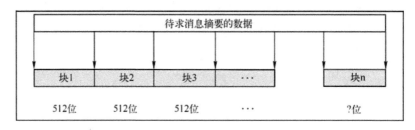

待求消息摘要的数据

| 块1 | 块2 | 块3 | ⋯ | 块n |

512位　　512位　　512位　　⋯　　?位

图 6-9　将发送的信息分成 512 位的块

补位方法是：第一个位补一个 1，其余位补 0 直至满足上述要求为止。注意填充总是增加，即使消息总长度已经是比 512 的倍数少 64 也要填充，因此，如果消息长度已经是 960 位，则仍要填充 512 位，使长度变成 1 472 位。

3．添加原数据长度

填充结束后，下一步要计算消息原长，并表示为 64 位值，添加到填充后的消息末尾。在这里要注意的是：① 计算消息长度时不包括填充位，例如，如果原消息为 400 位，则填充 48 位，使但长度为 400，而不是 448；② 如果消息长度范围超过 2^{64}（即 64 位无法表示，因为消息太长），则只用长度的低 64 位，即填充的长度 L= length mod 2^{64}，其中 length 表示原消息长度。通过上面的操作，这时消息总长度为 512 的倍数。

4．初始化链接变量

A，B，C，D 都是 32 位的链接变量（Chaining Variable），实际是常量，A=0x01234567，B=0x89abcdef，C=0xfedcba98，D=0x76543210。

6.4.4　MD5 的块处理

预处理之后，就开始实际计算。这个算法对消息中的每个 512 位大块计算四次，每次称为一轮，在每一轮中每个小块按不同顺序都参与运算，四轮的第 1 步进行不同 P 处理，其他步骤是相同的，不同 P 处理如表 6-5 所示。

表 6-5　四轮的第 1 步进行不同 Process P 处理

轮　　次	P 处理
1	(b AND c)OR (NOT b) AND (d))
2	(b AND d)OR (c AND (NOT d))
3	b XOR c XOR d
4	c XOR (b OR (NOT d))

每一轮的操作（也称压缩操作）步骤如图 6-10 所示，它包括以下内容。

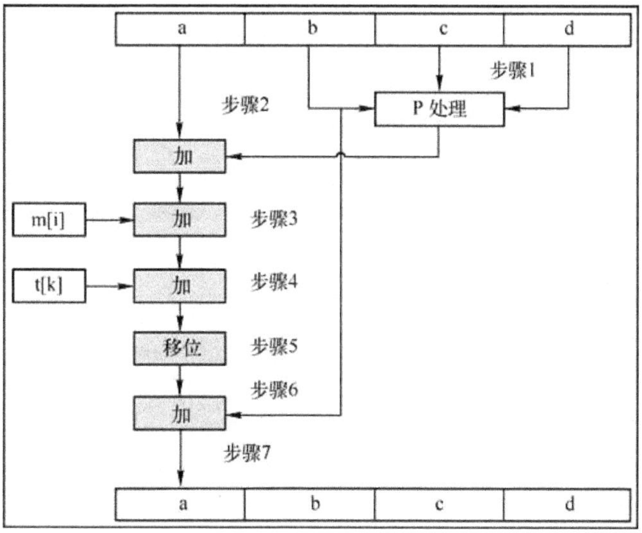

图 6-10　每次运算的步骤

第 1 步：P 处理首先处理 b、c、d，这个 P 处理在四轮中不同。

第 2 步：变量 a 加进 P 处理的输出。

第 3 步：消息子块 M[i]加进第 2 步输出。

第 4 步：常量 t[k]加进第 3 步输出。

第 5 步：第 4 步的输出（即寄存器 abcd 内容）循环左移 S 位。

第 6 步：变量 b 加进第 5 步输出。

第 7 步：第 6 步的输出赋值给变量 a。

最后的输出成为下一步的新 abcd。

整个操作的数学表达式为：

```
a=b+((a+ProcessP(b, c,d)+M[i]+T[k ]<<<s)
```

其中<<<s 是左循环移位，s 的值见前面的每一轮的输入内容。

6.4.5　MD5 算法的评价

1. MD5 达到了消息摘要的要求

该机制为了计算方便将要输入的信息分割成等长的 512 的块，每一块计算出自己的摘要，并将每块的摘要参与到下一块摘要的运算中，这种链接模式使得最后一块的摘要（也是整个信息的摘要）跟原信息的每一个块都关联，思路与加密块链接（CBC）思路类似，为了增加随机性和复杂性，增加常量数组元素 t[i]，移位 S，非线性运算 P，多轮运算，每轮参加运算的内容按变换的顺序参加等技巧。MD5 实现了下列要求。

① 在验证数据完整性方面是安全的：即找到两个具有相同摘要的消息在计算上是不可行的。

② 算法效率高：算法基于 32 位的简单操作，适于高速软件实现。

③ 算法简单：算法中没有大型数据结构和复杂的程序。

④ MD5 算法的核心处理是重复进行位逻辑运算，这使得最终输出的摘要中每一位与输入消息中所有位相关，达到很好的混淆效果，具有雪崩现象，这样即使是消息的很小改动都带来摘要的巨大变化。

2. MD5 的破解与分析

在 2004 年 8 月 17 日美国加州圣巴巴拉召开的国际密码学会议（Crypto'2004）上，来自中国山东大学的王小云教授做了破解 MD5 算法的报告。当她公布了她的研究结果之后，会场上响起激动的掌声，国内有些媒体甚至认为这一破解会导致数字签名安全大厦的轰然倒塌，这说明了 MD5 不像我们认为的那样安全。但 MD5 算法的破解对实际应用的冲击要远远小于它的理论意义，不会造成 PKI、数字签名安全体系的崩溃。

李丹等在"关于 MD5 算法破解对实际应用影响的讨论"中进行了分析：根据 MD5 破解算法，对一个信息 A 及其哈希值 H，我们有可能推出另一个信息 B，它的 MD5 哈希值也是 H。 现在的问题是，如果 A 是一个符合预先约定格式的、有一定语义的信息，那么演算出的信息 B 将不是一个符合约定格式、有语义的信息。比如说，A 是一个甚于 Word 文档的、有语义的电子合同，而 B 却不可能是一个刚好符合 Word 格式的文档，只能是一堆乱码，也就是说，B 不可能是一个有效的、有意义的并且符合伪造者期望的电子合同。 再比如说，A 是一个符合 X.509 格式的数字证书，那么我们推出的 B 不可能刚好也是一个符合 X.509 格式而且是伪造者希望的数字证书。另外，MD5 被破解了，我们现在还有 SHA-1 等其他哈希算法，以后还可以有新的、更安全的哈希算法。

3. MD5 的改进

为了减少 MD5 碰撞的可能性，美国国家标准与技术学会（NIST）和 NSA 开发了安全哈希算法（Secure Hash Algorithm，SHA），后改名为 SHA-1。SHA 的输入 M 是任意长度的消息，输出 D 是消息摘要，长度为 160 位，其工作原理与 MD5 很相似，二者的算法都简单，不需要大程序和复杂表格，适合软件实现。MD5 进行 64 次迭代，速度快，SHA-1 进行 80 次迭代，较 MD5 速度慢，寻找产生相同消息摘要的两个消息 MD5 所需的操作是 2^{64} 次，而 SHA-1 所需的操作是 2^{80} 次。

6.5   MD5 算法在数据安全方面的应用实例

【**例 6-1**】 重要文件或敏感信息文件在传输过程中，要保证文件是没有经过修改或篡改的，真正达到防止任何人篡改文件目的。

可以利用 MD5 算法解决数据完整性问题，文件发送者 X 通过 Web 系统传输文件 A 给文件接受者 Y，文件传输完成后在文件接受者 Y 处取名为文件 B，文件发送者 X 在传输文件 A 时，Web 系统通过 MD5 等函数计算出文件 A 的哈希值 MDA，文件接受者 Y 也在 Web 系统中通过 MD5 等函数计算出文件 B 的哈希值 MDB，如果 MDA 和 MDB 相等，说明文件数据是发送者 A 的原始文件，在传输过程中没有被篡改过。

【例 6-2】 服务器用户数据库中注册密码的有效保护。

用户在注册时所提交的信息（密码）是利用 MD5 算法加密之后再保存到数据库中。这样可以防止用户密码的泄露，因为没有直接保存原明文密码，既使是管理员也没有办法查看用户的密码，因为从消息摘要的性质可以知道，从消息摘要是看不出消息的任何信息的，这就有效地保护了系统中存放用户口令的数据库的安全。

第三部分

用户的安全特性、机制与评价

- 用户身份可鉴别性实现机制与评价
- 用户不可抵赖性实现机制与评价
- 用户行为可信性实现机制与评价

第 *7* 章

用户身份可鉴别性实现机制与评价

7.1 网络安全中用户身份可鉴别性概述

在计算机和互联网络世界里，用户身份可鉴别性是一个最基本的安全特性，也是整个信息安全的基础。如何确认用户（访问者）的真实身份，如何解决访问者的物理身份和数字身份的一致性问题是网络必须首先要解决的问题，因为只有知道对方是谁，数据的保密性、完整性和访问控制等才有意义。用户身份可鉴别性是保证用户的真实身份的网络安全机制，它的基础通常是被鉴别者与鉴别者共享同一个秘密，如口令等。用户身份可鉴别性也称身份认证（Authentication），是指用户在使用网络系统中的资源时对用户身份的确认。这一过程通过与用户的交互获得身份信息（诸如用户名/口令组合、生物特征等），然后提交给认证服务器，后者对身份信息与存储在数据库里的用户信息进行核对处理，根据处理结果确认用户身份是否正确。用户身份认证是计算机网络应用中需要解决的最重要的内容之一，特别是在云计算、电子商务、政府网络工程、军队等与安全有关的重大的网络应用中。

定义 7.1　用户身份可鉴别性　用户身份可鉴别性是指用户在使用网络资源时，通过对用户身份信息的交换对用户身份的真实性进行确认的过程。

在用户的身份可鉴别性过程中，涉及的对象包括①提供身份信息的被验证者，即用户（User），用户端通常需要有进行登录（login）的设备或系统；②检验身份信息正确性和合法性的一方，即认证服务器（Authentication Server），服务器上存放用户的鉴别方式及用户的鉴别信息；③提供仲裁和调解的可信第三方；④企图进行窃听和伪装身份的攻击者；⑤认证设备，它是用户用来产生或计算密码的软硬件设备。

身份鉴别的基本思路是：通过与用户的交互获得相关的身份信息，然后提交给认证服务器，后者将身份信息与存储在数据库里的身份信息进行核对处理，根据比较结果确认用户身份是否真实可信。注意：在身份鉴别中，要求用户身份标识（ID）必须唯一，否则就有可能在服务器的用户数据库里出现两个 ID 相同，甚至是 ID 和口令都相同的用户信息，导致用户身份鉴别的不确定性。

7.2 用户身份可鉴别性机制的评价标准

7.2.1 用户身份可鉴别机制的安全（真实）性

用户身份可鉴别性主要是通过用户与服务器之间相互交换信息进行鉴别的，因此用户身份可鉴别机制的安全（真实）性重点需要解决的问题是信息交换的机密性和时效性。机密性主要要防止身份鉴别信息的截获窃听，最大限度地防止私有信息的泄密，同时要防止身份鉴别信息被蛮力攻击、被篡改和被伪造等；时效性是指为了防止消息的重放攻击，防止过时消息的重放。能否正确无误地鉴别出对方的真实身份，主要要做到①验证者正确识别合法用户身份的概率极大；②攻击者伪装骗取验证者信任的成功率极小；③通过重放鉴别信息进行欺骗和伪装的成功率极小。在用户身份鉴别过程中，有三处容易出现鉴别漏洞：一是服务器方存放用户鉴别信息的用户数据库，如果被攻击者攻破，则用户的鉴别信息将被暴露；二是鉴别信息在网络中传输的安全，防止鉴别信息被截获或重放；三是用户自己对鉴别信息的妥善保管，防止鉴别信息被盗和丢失等。

7.2.2 用户身份鉴别因素的数量和种类

用户身份鉴别一般通过多个因素来共同鉴别用户身份的真伪，称为多因子鉴别（Multi-factor Authentication），最常见的是以下三因子：

① 用户所知道的东西（what you know），如口令、密码等；

② 用户所拥有的东西（what you have），如信用卡或 U 盾等；

③ 用户所具有的东西（who you are），如声音、指纹、视网膜、签字或笔迹等。

一般情况下，鉴别的因子越多，鉴别真伪的可靠性越大，当然也要考虑鉴别的方便性和性能等综合因素。

7.2.3 口令的管理

口令在用户身份鉴别中非常重要，如何管理好口令是用户身份鉴别的重要内容，它涉及口令交换信息的传输形式是明文还是密文，存储形式是原口令还是口令摘要。对简单用户口令的处理措施是直接处理还是加盐处理，初始口令如何设置，初始口令如何交付给用户，对口令遗忘的处理方式是重新申请新的口令还是通过相应的措施找回原口令。在用户使用的口令方便性方面，是要求用户记住口令还是利用设备自动产生口令等诸多问题。

7.2.4 用户身份可鉴别机制是否需要第三方参与

在身份鉴别机制中可以是不借助第三方的双方直接鉴别，例如简单口令鉴别，也可以是通过第三方参与的用户鉴别，如基于数字证书的鉴别。

7.2.5　是否具备双向身份鉴别功能

在用户身份的鉴别中，可以是单向身份鉴别也可以是双向身份鉴别，根据不同的实际应用确定。单向身份鉴别是指通信双方中只有一方向另一方进行身份鉴别，双向身份鉴别是指通信双方相互进行身份鉴别，在重要网络应用中通常需要双向身份鉴别。

7.3　用户的网络身份证——数字证书

7.3.1　数字证书概述

为了进行有效的身份鉴别，类似现实生活中的身份证，在网络中每个用户也发一个网络身份证，即数字证书。数字证书是网络通信中标志各方身份信息的一系列数据，因此可以用来对用户身份进行鉴别，它是由一个可信的权威机构发行，人们可以在网络应用中用它来识别对方的身份。数字证书是从公钥基础设施（PKI）中发展而来的。PKI 是网络安全不可缺少的技术和基础，它不仅从技术上解决网上身份认证、信息完整性和抗抵赖等安全问题，而且还涉及电子政务及国家信息化的整体发展战略等多层面问题。在讲述基于数字证书的用户鉴别机制之前，先介绍什么是数字证书，什么是PKI 以及它们在用户鉴别中的作用。

数字证书是一种计算机文件，文件的扩展名为.cer（其中.cer 是单词 certificate 的前三个字母）。数字证书证明证书中的用户与证书中的公钥关联的正确性，因此，数字证书至少要包含用户名和用户的公钥，并证明公钥是属于该用户的。数字证书要由信任实体签发，否则很难让人相信。通常颁发数字证书的证书机构是可信的第三方，包括一些著名组织，如邮局、财务机构、软件公司等。这样，证书机构有权向个人和组织签发数字证书，使其可以在关键网络应用程序中使用这些证书。

7.3.2　数字证书的内容

最简单的证书至少包括三项基本内容：公钥、用户名（也称主体名）和证书机构的数字签名。一般情况下证书中还包括序号（Serial Number）、起始日期（Valid from）、终止日期（Valid to）、签发者名（Issuer Name）等信息，证书的内容和格式遵循 X.509 国际标准，它于 1993 和 1995 年做了两次修订。这个标准的最新版本是 X.509V3。在数字证书中用户名被称为主题名，这是因为数字证书不仅可以发给个体用户，还可以发给组织，最后一个字段是证书机构的签名，如图 7-1 所示。

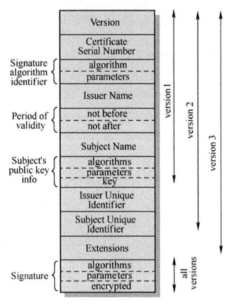

图 7-1 三种版本的数字证书结构比较

可以从浏览器查看数字证书的内容，直接打开数字证书文件是不可读的，但相应的程序是可以处理的。从浏览器的"工具"菜单中选择"Internet 选项"，然后选择"内容"标签，鼠标单击"证书"打开"证书"对话框，然后选择"受信任的根证书颁发机构"，列表中有相应的根证书，先单击"查看"，再单击"详细信息"就可以看到数字证书的内容，如图 7-2 所示，证书中指出了签名算法使用的是 SHA-1 和 RSA。

图 7-2 Internet 中的数字证书内容

7.3.3　生成数字证书的参与方

生成数字证书的参与方至少需要两方参与，即主体（最终用户）和签发者（证书机构 CA）。证书生成与管理还可能涉及第三方——注册机构。由于证书机构的任务很多，如签发新证书、维护旧证书、吊销因故无效的证书，等等，因此可以将一些任务转交给第三方注册机构（RA）。

1. 主体

主体是申请数字证书的人或者组织，主要任务是产生公/私钥密钥对、提出申请和提供与申请者相关的证明材料等。

2. 注册机构及作用

从最终用户角度看，证书机构与注册机构差别不大。注册机构是用户与证书机构之间的中间实体，帮助证书机构完成日常工作，注册机构通常提供下列服务：

① 接收与验证最终用户的注册信息；

② 为最终用户生成密钥；

③ 接收与授权证书吊销请求。

在证书机构与最终用户间加进注册机构的另一重要好处是：证书机构成为被隔离的实体，更不容易受到安全攻击。最终用户只能通过注册机构与证书机构通信，因此可以将注册机构与证书机构通信高度保护，使这部分连接很难攻击。但值得注意的是注册机构主要是为了帮助证书机构与最终用户间交互，注册机构不能签发数字证书，只能由证书机构签发。

3. 证书机构及作用

证书机构是公钥基础设施的核心机构，它的作用包括：

① 证书的数字签名与发放，用户相信证书的真假主要看是不是经过可信的 CA 签名，因此 CA 对证书的签名很重要。为了防止数字凭证的伪造，证书机构的公共密钥必须是可靠的，证书机构必须公布其公钥。

② 证书的管理工作，如跟踪证书状态，对因故无效的证书发出吊销通知等。

7.3.4　证书的生成

在证书生成前，实现要选定可信的第三方作为 CA，一般是机构总部设置自己的 CA 服务器，也可以是国家机构性质的 CA 提供者，同时 CA 的公钥必须是公开可靠的，就像我们知道号码百事通 114 一样。通常证书的生成分以下 5 个步骤完成。

1. 第 1 步：密钥生成

主体（用户/组织）要取得证书，可以使用两种方法生成密钥对。

主体可以用某个软件自己生成公钥/私钥对，这个软件通常是 Web 浏览器或 Web 服务器的一部分，也可以使用特殊软件程序。主体要使生成的私钥保密，然后把公钥和其他相关证明身份的信息发送给注册机构 RA。

注册机构也可以为主体（用户）生成密钥对，可能用户不知道生成密钥对的技术，或特定情况要求注册机构集中生成和发布所有密钥，便于执行安全策略和密钥管理。这个方法的主要缺点是注册机构知道用户的私钥，同时 RA 在给用户发送私钥时也可能中途暴露给别人。

2. 第 2 步：主体注册

在注册时用户提供相关的信息和证明材料。用户首先填数字证书申请表，如图 7-3 所示，其次提供证明材料，证明材料不一定是计算机数据，有时是纸质文档（如护照、营业执照、收入/税收报表复印件等）。注意，如果用户自己生成密钥对，用户不要把私钥发给注册机构，而要将其保密。

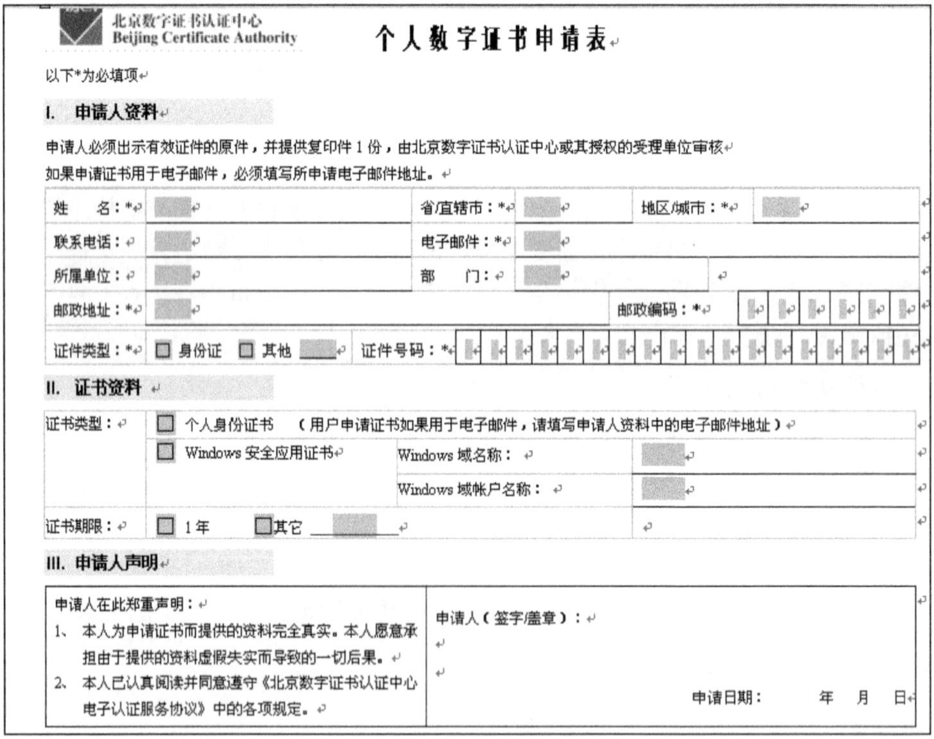
北京数字证书认证中心
Beijing Certificate Authority

个人数字证书申请表

以下*为必填项

I. 申请人资料

申请人必须出示有效证件的原件，并提供复印件 1 份，由北京数字证书认证中心或其授权的受理单位审核

如果申请证书用于电子邮件，必须填写所申请电子邮件地址。

姓 名：*		省/直辖市：*		地区/城市：*	
联系电话：		电子邮件：*			
所属单位：		部 门：			
邮政地址：*				邮政编码：*	
证件类型：*	□ 身份证 □ 其他 ____	证件号码：*			

II. 证书资料

证书类型：	□ 个人身份证书 （用户申请证书如果用于电子邮件，请填写申请人资料中的电子邮件地址）		
	□ Windows 安全应用证书	Windows 域名称：	
		Windows 域帐户名称：	
证书期限：	□ 1 年 □其它 ____		

III. 申请人声明

申请人在此郑重声明： 1、 本人为申请证书而提供的资料完全真实。本人愿意承担由于提供的资料虚假失实而导致的一切后果。 2、 本人已认真阅读并同意遵守《北京数字证书认证中心电子认证服务协议》中的各项规定。	申请人（签字/盖章）： 申请日期： 年 月 日

图 7-3 数字证书注册示例

3. 第 3 步：验证

验证是由 RA 完成的，它包括两个方面的内容：一个是要验证用户的身份和材料是否真实可靠，另一个是要验证用户自己持有的私钥跟向注册机构提供的公钥是否相对应。

首先，RA 要验证用户材料。如果用户是组织，则可能要检查营业记录、历史文件和信用证明。如果是个人用户，验证则相对简单，如验证身份证、电子邮件地址、电话号码、护照与驾照等。

其次，RA 要保证用户持有的证书申请中发送的公钥与用户自己的私钥相对应。这也非常重要，因为必须证明用户拥有与这个公钥对应的私钥，否则用私钥签名的消息用公钥解密不了。公钥与私钥匹配可以有两种方法进行验证。第一种方法是 RA 要求用户用私钥对注册的申请内容进行数字签名，如果 RA 能用这个用户的公钥验证签名，则可以相信这个用户拥有该私钥。第二种方法是 RA 对用户生成一个不能直接使用的哑证书，用这个用户的公钥加密，将其发给用户。用户只有解密这个加密证书才能取得明文证书。

4. 第 4 步：数字证书的生成

假设上述所有步骤成功，则 RA 把用户的所有细节传递给 CA。CA 进行必要的验证，并将这些信息转换成 X.509 标准格式。在证书生成过程中重要的一个环节是 CA 对数字证书的签名，我们之所以相信数字证书的内容是因为数字证书最后一个字段有 CA 的数字签名，即每个数字证书不仅包含用户信息（如主体名、公钥，等等），而且包含 CA 的数字签名。CA 签名的过程与基于摘要的数字签名一样，具体过程如下：

① CA 首先要对证书的所有字段计算消息摘要（使用 MD5 与 SHA-1 之类消息摘要算法）。

② CA 用自己的私钥加密消息摘要（使用 RSA 之类算法），构成 CA 的数字签名。

③ CA 将计算的数字签名作为数字证书的最后一个字段插入，相当于护照上的盖章、印章与签名。

5. 第 5 步：数字证书的分发

CA 将证书发给用户，并保留一份证书的记录。证书机构的证书记录放在证书目录（Certificate Directory）中，这是 CA 维护证书的中央存储地址。证书目录的内容与电话目录相似，帮助管理与发布证书。

由于数字证书具有自我保护能力，所以不需要通过具有安全性保护的系统和协议来分发。用户可以从目录服务或数字证书数据库下载数字证书，即用户可以通过目录检索来获得另一个用户的数字证书及其他的信息，如接收方的电子邮件地址等。

7.3.5　数字证书的作用

1. 防止中间人攻击

在中间人攻击中，攻击者 C 用自己的公钥替换别人的公钥达到偷看别人信息的目的，有了数字证书后，如果中间攻击人 C 将他人的数字证书的公钥改变为自己的公钥，也没法达到任何目的，因为 C 没有 CA 的私钥，无法再次用 CA 的私钥加密改变后的消息。因此，即使 C 把改变的数字证书转发给 B，B 也不会误以为来自 CA，因为它没有用 CA 的私钥签名。

2. 防止冒名 CA 发布数字证书

他人不可能假冒 CA 发布数字证书，假设有攻击者 C 假冒 CA 发布数字证书，由于 C 没有 CA 的私钥，不能用 CA 的私钥加密消息，接收方也就不能用 CA 的公钥正确解密。因此他人不能假冒 CA。

3. 防止 CA 的抵赖

之所以能够防止 CA 的抵赖，是因为数字证书是经过 CA 签名的，而数字签名是具有防抵赖性质的。

4. 确保数字证书中用户身份的真实性

确保数字证书中用户身份的真实性，是因为用户的身份是经过 RA 对用户的身份证等材料进行审查的。

5. 确保用数字证书的公钥加密的消息一定可以用该用户的私钥进行解密

确保用数字证书的公钥加密的消息一定可以用该用户的私钥进行解密，是因为 RA 对私钥/公钥对进行了匹配验证。

7.3.6 数字证书的信任

数字证书的一个极其重要的问题就是数字证书的信任。发送方在与接收方交换数据前先将自己的数字证书发给对方，说明自己的身份和公钥，然后进行数据通信，但用户如何相信数字证书内容的真实性呢？用户信任数字证书不是因为其中包含用户的某些信息（特别是公钥），数字证书不过是个计算机文件，可以用任何公钥生成数字证书文件。信任数字证书是因为证书机构对证书的内容进行了验证，并用自己的私钥签名这个数字证书，而用户是信任证书机构的。因此只要成功验证（用证书机构的公钥解密）证书机构的签名，则可以认为证书是有效的。数字证书验证的步骤如下。

第 1 步：用户将数字证书中除最后一个字段以外的所有字段传入消息摘要算法。这个算法与 CA 签名证书时使用的算法相同，CA 在证书中指定签名所用算法，使用户知道用哪个算法。

第 2 步：消息摘要算法计算数字证书中除最后一个字段以外的所有字段的消息摘要，假设这个消息摘要为 MD1。

第 3 步：用户从证书中取出 CA 的数字签名（是证书中最后一个字段）。

第 4 步：用户用 CA 的公钥解密签名，假设签名得到另一个消息摘要为 MD2。

第 5 步：用户比较求出的消息摘要（MD1）与用 CA 的公钥解密签名得到的消息摘要（MD2）。如果两者相符，即 MD1=MD2，则可以肯定数字证书是 CA 用其私钥签名的，否则用户不信任这个证书，将其拒绝。

7.3.7　证书吊销

如果信用卡丢失或被盗，用户通常会立即向银行报告，银行会吊销该信用卡。同样数字证书也需要吊销。

1. 数字证书的吊销

常见数字证书吊销的原因有：①数字证书持有者发现证书中指定的公钥对应的私钥被盗了；②CA 发现签发数字证书时出错；③证书持有者辞职了，而证书是在其在职期间签发的。

就像信用卡用户在证书丢失或被盗时要报告一样，证书持有者在要吊销证书时也要及时报告。无论怎样，CA 要先鉴别证书吊销请求的真伪，之后才能接受证书吊销请求，否则别人可以滥用证书吊销过程吊销属于别人的证书。在做出吊销数字证书的决定后，CA 必须通知可能的数字证书用户。通知数字证书撤销的一般方法，就是由 CA 定期地公布一份数字证书撤销表（Certificate Revocation List，CRL）。

2. 使用证书时要注意的问题

假设张三要用李四的证书与李四安全通信，使用李四的证书前，张三要注意下面两个问题：一是这个证书是否是李四的；二是这个证书是否有效，是否被吊销了。

我们知道，张三可以用数字证书的验证来回答第一个问题，假设张三知道这个证书是李四的，然后要回答第二个问题，即这个证书是否有效，是否已经吊销了，对于这个问题，张三要通过证书吊销协议查验，目前常见的证书吊销协议有：

① 证书撤销表（CRL）；

② 联机证书状态协议（Online Certificate Status Protocol，OCSP）。

③ 简单证书验证协议（Simple Certificate Validation Protocol，SCVP）。

注意：数字证书本身不能直接用来进行用户身份鉴别，必须结合用户持有的私钥进行身份鉴别，数字证书只是证明证书中的用户和公钥的关联是正确的不是伪造的，具体的基于数字证书的用户鉴别机制将在 7.4 节讲述。

7.4　网络安全中用户身份可鉴别性机制与评价

7.4.1　基于口令的用户身份鉴别机制与评价

口令是最常用的鉴别形式，也是简单有效的鉴别方法。在服务器端为每个用户设定一个唯一的用户名和一个初始口令，将这两项信息存放在用户数据库中，并将这两项信息通过安全途径发给用户，在最简单的基于口令的鉴别中，口令是以明文的形式存放在服务器中的。

1. 实现机制

假设 U 是用户，S 是服务器，基于口令的用户鉴别机制如下，整个过程的流程图如图 7-4 至图 7-7 所示。

第 1 步：S 的数据库明文存放用户 U 的用户名和口令。

第 2 步：U 在客户端输入自己的用户名和口令。

第 3 步：U 将自己的用户名和口令以明文形式通过网络传递到 S。

第 4 步：S 检查用户数据库确定这个用户名和口令组合是否存在，如果存在，S 向 U 返回鉴别成功信息，否则返回鉴别失败的信息。

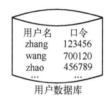

图 7-4　第 1 步：数据库明文存放 U 的用户名和口令　　图 7-5　第 2 步：U 输入用户名和口令

图 7-6　第 3 步：U 将用户名和口令以明文形式通过网络传递到 S

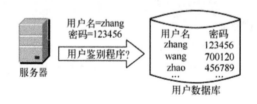

图 7-7　第 4 步：S 检查用户数据库确定这个用户名和口令组合是否存在

2. 算法评价

优点：这个机制的优点是简单易用，在安全性要求不高的情况下易于实现。

缺点与改进：该机制存在两大安全问题。第一，数据库存放的是明文口令，如果攻击者成功访问数据库，则可以得到整个用户名和口令表。改进的措施是不要以明文形式把口令存放在数据库中，而要先对明文口令加密或者变换形式。第二，口令以明文的形式传递给服务器，这就不能防止窃听，攻击者如果破解用户计算机与服务器之间的通信链路，则很容易取得明文口令。为此用户可以对传输的口令进行加密然后传输加密的口令，但这要求用户必须知道服务器加密口令的密钥，存在服务器进行密钥的分发问题。为了解决密钥的分发问题，可以不在用户计算机与服务器之间的通信链路传输原口令，而是传输经过变化了的信息，如传输消息摘要等，这种方法不需密钥加密。相对来说，第二个问题比第一个问题更为严重，因为一般情况下，服务器是高度保护的但网络传输的数据是暴露给任何人的。

这个机制的另外一个缺点是：口令是相对固定的，在实际应用中，身份鉴别的口令每次都可以是动态变化的，例如短信密码以短信形式发送随机的 6 位密码到客户的手机上。客户在登录或者交易认证时候输入此动态密码，防止了重放攻击，从而确保系统身份鉴别的安全性，这里主要利用客户拥有手机的前提。

7.4.2　基于口令摘要的用户身份鉴别机制与评价

1.　实现机制

假设 U 是用户，S 是服务器，基于口令摘要的用户鉴别机制如下，整个过程的流程图如图 7-8 至图 7-11 所示。

第 1 步：S 的数据库存放用户 U 的用户名和口令摘要。

第 2 步：U 在客户端输入自己的用户名和口令。

第 3 步：用户计算机计算口令的消息摘要。

第 4 步：U 将自己的用户名和口令摘要通过网络传递到 S。

第 5 步：S 检查用户数据库确定用户名和口令摘要组合是否存在，如果存在，S 向 U 返回鉴别成功信息，否则返回鉴别失败的信息。

图 7-8　第 1 步：数据库存放 U 的用户名和口令摘要　　　图 7-9　第 2 步：U 输入用户名和口令

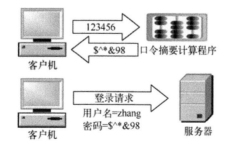

图 7-10　第 3 步与第 4 步：用户计算口令摘要，并将用户名和口令摘要传递到 S

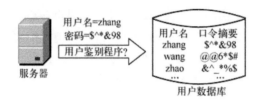

图 7-11 第 5 步：S 检查用户数据库确定用户名和口令摘要组合是否存在

2. 算法评价

优点：该机制解决了基于口令的用户鉴别机制的两大安全隐患，增加了计算摘要的步骤，在网络截获、服务器攻击和口令猜测方面都保证了用户鉴别的安全。具体分析如下。

① U 每次对自己的同一口令计算其摘要时，不能得出不相同的摘要，否则正确的身份会得到错误身份的鉴别结论，这是因为摘要具有"同一个消息不能得出不同的摘要"的性质所决定的。

② 即使攻击者截获或者窃听了 U 发给 S 的口令摘要，攻击者也不能推算出口令，这是因为摘要具有"由摘要不能看到原消息的任何信息"的性质所决定的。

③ 攻击者不可能提供错误口令而得到正确的口令摘要，否则攻击者就可以冒充正确的口令，这是因为摘要具有"不同的消息很难得出相同的摘要"的性质所决定的。

④ 攻击者如果成功访问到了服务器的用户口令数据库，由于口令数据库存放的是口令摘要而不是口令本身，根据"由摘要不能看到原消息的任何消息"的性质可知攻击者无法从口令摘要中获得口令的任何信息，因此保证了服务器方的口令安全。

缺点：该机制的最大缺点是无法阻止重放攻击，虽然它在网络截获、服务器攻击和口令猜测方面都保证了用户鉴别的安全，但攻击者根本不需要这样做，攻击者只要监听用户计算机与服务器之间涉及登录请求/响应的通信，并复制用户名和口令摘要，过一段时间在新的登录请求中将其提交到同一服务器。服务器不能鉴别出这个登录请求不是来自合法用户，而是来自攻击者，因此导致鉴别失败。改进的措施是防止重放攻击，增加随机性，使得每次登录都是一个随机的不一样的信息。

7.4.3 基于随机挑战的用户身份鉴别机制与评价

1. 实现机制

假设 U 是用户，S 是服务器，基于随机挑战的用户鉴别机制如下，整个过程的流程图如图 7-12 至图 7-20 所示。

第 1 步：S 的数据库存放用户 U 的用户名和口令摘要。

第 2 步：U 在客户端只输入自己的用户名，不输入口令。

第 3 步：U 将自己的用户名通过网络传递到 S。

第4步：S 检查用户名是否有效，如果无效，则向用户返回相应的错误消息，结束鉴别过程；如果用户名有效，则进入第5步。

第5步：服务器生成一个随机挑战（随机数），保留这个随机挑战并通过网络传递到 U。

第6步：U 输入自己的口令，用户本地计算机计算口令的消息摘要。

第7步：U 用计算出来的口令摘要加密从服务器收到的随机挑战，将加密结果发送给服务器。

第8步：S 通过用户数据库得到用户口令摘要，并用口令摘要加密服务器保留该用户的随机挑战。

第9步：S 比较第7步和第8步两个用口令摘要加密随机挑战的结果，如果相等，S 向 U 返回鉴别成功信息，否则返回鉴别失败的信息。

图 7-12　第1步：数据库存放 U 的用户名和口令摘要　　　图 7-13　第2步：U 只输入用户名

图 7-14　第3步：U 将用户名通过网络传递到 S

图 7-15　第4步：S 检查用户名是否有效

图 7-16　第5步：服务器生成一个随机挑战，并通过网络传递到 U

图 7-17　第 6 步：U 输入口令，用户本地计算机计算口令摘要

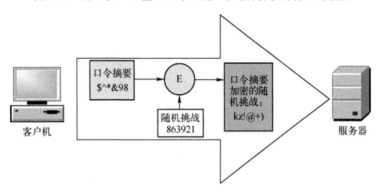

图 7-18　第 7 步：U 用口令摘要加密从服务器收到的随机挑战，并将加密结果发送给服务器

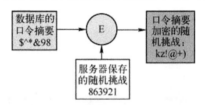

图 7-19　第 8 步：S 通过用户数据库得到用户口令摘要，并用它加密服务器保留的随机挑战

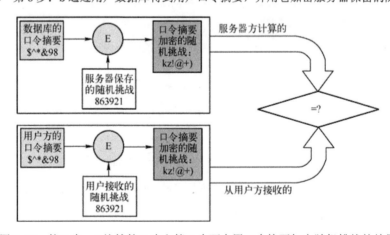

图 7-20　第 9 步：S 比较第 7 步和第 8 步两个用口令摘要加密随机挑战的结果

2. 机制评价

在算法中我们看到用户是用口令摘要加密随机挑战，为什么不直接用口令加密随机挑战呢？原因在于服务器方没有存放用户的口令，只存放用户的口令摘要，为此双

方都用口令摘要加密随机挑战，并进行比较验证。

优点：该机制解决了基于口令摘要的用户鉴别机制的重放攻击，增加了随机性，提高了用户鉴别的安全性。具体分析如下：

（1）用户数据库存储口令摘要，防止数据库攻击。用户数据库存储口令摘要而不是口令本身，因此防止数据库被攻击后获得每个用户的原口令。

（2）随机挑战，防止重放攻击。由于每次的随机挑战是不同的，因此，在网络上传输的用户口令摘要加密的随机挑战也不同，攻击者想用重放攻击很难取得成功。

（3）网络不传输口令和口令摘要，防止截获。由于口令和口令摘要都不在网络传输，窃听者只能获得口令摘要加密过的随机挑战和用户名，攻击者不能得到用户的口令摘要和口令。

在用户鉴别过程中，用户和服务器进行了两次验证，一次是用户名的验证，一次是用户用口令摘要加密从服务器收到的随机挑战的验证，这种多次鉴别的方式在现代网络安全中普遍应用。

缺点：这个机制比基于摘要的用户鉴别机制多了一次交互，同时需要客户本地计算机计算口令摘要，并用计算出来的口令摘要加密从服务器收到的随机挑战，存在密钥的分发问题，这两项计算对于普通用户来说都很不方便，一种改进的方法是下面将介绍的基于口令卡的用户鉴别机制。

另外，如果攻击者攻击服务器的用户数据库成功，则获得整个用户数据库，虽然不知道原口令，但攻击者如果再知道加密的密钥，就可以用获得的口令摘要加密服务器发来的随机挑战，完成用户的鉴别过程，导致鉴别失败，因此服务器可以进一步加密口令摘要，将加密的结果再存放在数据库中，保证数据库的安全。

3．口令安全管理分析

前面三种用户鉴别机制都是基于口令的，它是应用最为广泛的身份认证技术，特点是鉴别机制简单易用，不需要借助第三方公正。基于随机挑战的用户鉴别机制可以防止服务器方和网络传输过程中的攻击，同时可以防止重放攻击的威胁，但无论鉴别的机制多么完善，如果用户的口令丢失，用户鉴别就会发生错误，因此口令的保护是基于口令鉴别的重要内容之一。

对于口令的选择要遵循易记、难猜和抗分析的原则，在设计口令时注意以下问题：①不要使用用户名（账号）作为口令；②不要使用自己或者亲友的生日作为口令；③不要使用学号、身份证号、单位内的员工号码等作为口令；④不要使用常用的英文单词作为口令；⑤口令长度至少要有8位；⑥口令应混合大小写字母、数字，或者控制符等；⑦不要将口令写在计算机上或纸条上；⑧要养成定期更换口令的习惯。

口令丢失是用户常见的口令管理问题之一，目前有多种方式可以从服务器那里恢复和重新创建个新口令，其中用户输入正确的登记过的电子邮件后，服务器可以重新创建一个新口令并通过电子邮件发给用户，这种处理方式简单有效，在设计用户的鉴别过程中普遍使用，鉴别的前提是用户拥有的电子邮件是正确无误的。

7.4.4 基于口令卡的用户身份鉴别机制与评价

口令卡上以矩阵的形式印有若干字符串，不同的账号口令卡不同，用户在使用电子银行进行对外转账或缴费等支付交易时，电子银行系统会随机给出一组口令卡坐标，客户根据坐标从卡片中找到口令组合并输入电子银行系统，电子银行系统据此来对用户进行身份鉴别，图 7-21 显示了口令卡的内容。

图 7-21　口令卡的正反面内容

1.　实现机制

假设 U 是用户，S 是服务器，基于口令卡的用户鉴别机制如下。

第 1 步：S 的数据库存放用户 U 的用户名（账号）和口令卡内容（包括坐标及其对应的随机 3 位数字）。

第 2 步：U 在客户端只输入自己的用户名，不输入口令。

第 3 步：U 将自己的用户名通过网络传递到 S。

第 4 步：S 检查用户名是否有效，如果无效，则向用户返回相应的错误消息，结束鉴别过程；如果用户名有效，则进入第 5 步。

第 5 步：服务器生成两个随机坐标，保留这个随机挑战并通过网络传递到 U。

第 6 步：U 根据坐标利用口令卡查出对应的 6 位口令，并将查找的结果发送给服务器。

第 7 步：S 也根据保留的坐标去查找该账户的口令卡，找出对应的 6 位口令。

第 8 步：S 比较第 6 步和第 7 步两个结果，如果相等，S 向 U 返回鉴别成功信息，否则返回鉴别失败的信息。

2.　机制评价

优点： 该机制使用方便、灵活，对用户端要求较少，不要求用户端计算口令摘要和进行数据加密，不需要在计算机上安装任何软件，每张口令卡都不一样，并且每个口令卡在领用时会绑定用户的银行卡号，任何人不能使用他人的口令卡。

　　每次用户输入不同动态口令，防止了重放攻击，当口令卡划完之后需要重新换卡。使用口令卡时只需要根据系统提示的动态密码坐标（如"S5，N1"），刮开"S5，N1"所对应的电子银行口令卡坐标，如图 7-22 至图 7-24 所示，用户只需在动态密码框中顺序输入"S5，N1"所对应的口令 027468（中间无空格），单击"确认"按钮就可以了。

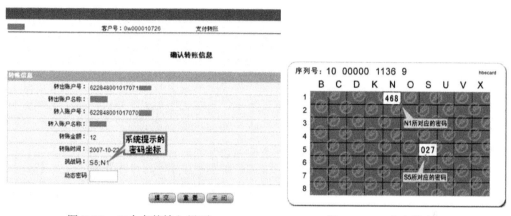

図 7-22　口令卡的输入界面　　　　　　　図 7-23　口令卡的刮开

图 7-24　口令的输入

　　用户只要保管好手中的口令卡，就不会损失资金，即使用户不慎丢失了卡号和登录密码，只要保管好手中的口令卡，使登录卡号、登录密码、口令卡不被同一个人获取，就能够保证资金的安全。

　　领用动态口令卡时，需要确认口令卡的包装膜和覆膜是否完好，如有损坏，应该要求更换。建议不要一次性将覆膜全部刮开，而是使用到哪个位置即刮开哪个位置。

　　缺点：口令卡的动态口令机制简单，安全系数低于目前用的 U 盾，一般口令卡对电子商务的交易有金额限制，如果要进行大额交易建议使用 U 盾。使用口令卡一次性成本低，但每张卡可以用的次数有限，用完了需要再去买，累积成本较大。口令卡容易丢失，网银使用次数越多，口令卡更换就越频繁。

7.4.5　基于鉴别令牌的用户身份鉴别机制与评价

在用户鉴别机制中，用户口令的保密和维护非常重要。口令泄密、丢失、被窃和被攻击成功等都构成鉴别安全的最大威胁，因此要对口令做重点保护，包括口令的长度、口令的组成、口令的保管等。但这些策略也同时给用户带来很多麻烦，比如如何记住不同应用的口令等，这就需要解决用户口令记忆和保存等问题。

鉴别令牌是代替记口令和保存口令的好办法，它解决记口令难等问题，不再要求用户记住口令，而是每次登录的时候直接从令牌读取口令。鉴别令牌是个小设备，像钥匙扣、计算器或信用卡那么大。鉴别令牌通常具有如下结构：①处理器；②显示屏幕；③可选的小键盘；④可选实时时钟。每个鉴别令牌预编设了一个唯一数字，称为随机种子（Random Seed），随机种子是保证鉴别令牌产生唯一输出的基础，根据令牌的使用方法，可分为基于随机挑战的令牌用户鉴别机制和基于时间的令牌用户鉴别机制，下面先介绍基于随机挑战的令牌用户鉴别机制。

1. 实现机制

假设 U 是用户，S 是服务器，基于随机挑战的鉴别令牌用户鉴别机制如下。

第 1 步：S 生成令牌的随机种子，这个随机种子在令牌中存储，同时这个随机种子和用户名存储在服务器的用户数据库中。

第 2 步：U 在客户端只输入自己的用户名，不输入口令。

第 3 步：S 检查用户名是否有效，如果无效，则向用户返回相应的错误消息，结束鉴别过程；如果用户名有效，则进入第 4 步。

第 4 步：服务器生成一个随机挑战（随机数），保留这个随机挑战并通过网络传递到 U。

第 5 步：U 使用 PIN（Personal Identification Number）打开令牌。

第 6 步：U 向令牌中输入从服务器收到的随机挑战，令牌自动用随机种子值加密随机挑战，结果显示在令牌上。

第 7 步：U 将用随机种子值加密的随机挑战通过网络传递到 S。

第 8 步：S 对 U 进行身份鉴别：它用用户的种子值解密从用户那里收到的加密随机挑战（用户的种子可以通过服务器的用户数据库取得）。如果解密结果与服务器上原先发送给 U 的随机挑战相等，S 向 U 返回鉴别成功信息，否则返回鉴别失败的信息。

2. 算法评价

优点：该机制的优点是用户不需要记口令，只要拥有令牌就可以了，解决了记口令带来的麻烦和问题，可以把令牌随机种子看成用户口令，但用户不知道随机种子值，鉴别令牌自动使用随机种子。

如果用户丢失鉴别令牌其他人拿到了令牌是否可以冒充呢？答案是否定的，从机制的第 5 步可以看到，用户只有输入正确的 PIN 之后，才能使用令牌，因此这种鉴别机制的安全性是基于双因子的鉴别，即用户既要知道 PIN，又要拥有鉴别令牌，只知道 PIN 或只拥有令牌是不够的，要使用鉴别令牌，同时要有这两个因子。因此鉴别的安全性要高于基于口令的鉴别机制。

该机制同时使用了随机挑战，因此可以防止重放攻击。对于网络截获者来说，获得的是用随机种子加密的随机挑战，不能非法得到随机种子值。

缺点：服务器遭到攻击后，用户的随机种子值会暴露给攻击者，造成鉴别的不安全性，需要对服务器中的用户随机种子值进行加密，以防止服务器攻击。

另外一个缺点是使用令牌的不方便性，用户在使用令牌的时候要进行三次输入：首先要输入 PIN 号才能访问令牌；其次要从屏幕上阅读随机挑战，并在令牌中输入随机数挑战；最后要从令牌屏幕上阅读加密的随机挑战，输入到计算机终端然后发送给服务器，用户在这个过程中很容易出错。改进方法是采用基于时间的鉴别令牌的用户鉴别机制。

3. 基于时间的鉴别令牌用户鉴别机制的实现

假设 U 是用户，S 是服务器，基于时间的鉴别令牌用户鉴别机制如下。

第 1 步：S 生成令牌的随机种子，这个种子在令牌中存储，同时这个随机种子和用户名存储在服务器的用户数据库中。

第 2 步：令牌每 60 秒自动生成一个口令，生成的口令是基于令牌随机种子和当前系统时间的，令牌对这两个参数进行某种加密处理，自动产生口令，然后在令牌的屏幕显示该口令。

第 3 步：鉴别时，U 通过令牌的屏幕阅读其中产生的口令，然后通过网络将其用户名与口令发送到 S。

第 4 步：S 查出服务器数据库该用户的用户名和对应的随机种子，并对用户随机种子值和当前系统时间独立执行同样的加密功能，生成自己的口令。

第 5 步：S 对 U 进行身份鉴别：如果第 3 步和第 4 步的用户名和口令分别相等，S 向 U 返回鉴别成功信息，否则返回鉴别失败的信息。

4. 改进机制的评价

优点：该机制中的优点是简化了用户使用令牌的步骤，防止攻击者的网络截获口令攻击和重放攻击。

缺点与改进：该机制需要解决时间窗口过时的问题，如果用户登录请求在到达服务器和鉴别完成之前不在同一分钟时间窗口之内，服务器则认为用户无效，因为其 60 秒时间窗口与用户的时间窗口不符。为了解决这类问题，可以采用重试方法，当时间窗口过期时，用户计算机发一个新的登录请求，将时间提前 1 分钟。由于基于时间的令牌用户鉴别机制使用起来非常便捷，每 60 秒变换一次口令，它是一次一密的认证，广泛应用在 VPN、网上银行、电子政务和电子商务等领域。

7.4.6 基于数字证书的用户身份鉴别机制与评价

1. 机制实现

假设 U 是用户，S 是服务器，CA 是证书机构，基于数字证书的用户鉴别机制如下。

第 1 步：CA 对每个用户生成数字证书并将其发给相应用户，并将这些证书同时存放在鉴别服务器的用户数据库中，以便进行鉴别。

第 2 步：U 在客户端只输入自己的用户名，不输入口令。

第 3 步：S 检查用户名是否有效，如果无效，则向用户返回相应的错误消息，结束鉴别过程，如果用户名有效，则进入第 4 步。

第 4 步：服务器生成一个随机挑战（随机数），保留这个随机挑战并通过网络传递到 U。

第 5 步：用户首先输入秘密密钥打开私钥文件，然后从文件中取得私钥。

第 6 步：U 用自己的私钥签名随机挑战，并将签名的结果发送给服务器。

第 7 步：服务器从用户数据库取得用户的公钥，然后用这个公钥解密第 6 步的结果。

第 8 步：S 比较第 6 步和第 4 步两个随机挑战，如果相等，S 向 U 返回鉴别成功信息，否则返回鉴别失败的信息。

2. 机制评价

优点：基于数字证书的用户鉴别比基于口令用户鉴别的安全程度更强，因为这种鉴别机制的安全性是基于双因子的鉴别，即用户既要知道打开私钥文件的秘密密钥，又要拥有私钥文件。只知道秘密密钥或只拥有私钥文件是不够的，使用基于数字证书的用户鉴别同时要有这两个因子。

该机制增加了随机挑战，防止了重放攻击；U 在网络传输的是 U 用只有自己知道的私钥签名的随机挑战，防止攻击者的截获攻击；截获者即使截获了服务器向用户发送的随机挑战，它也不能假冒，因为私钥只有 U 自己拥有，他不能用用户 U 的私钥签名，服务器就不能用用户 U 的公钥验证签名。攻击者如果攻击了服务器，也不能对数字证书进行篡改，因为算改后他不能再用 CA 的私钥进行签名；只知道用户的公钥是没有用的，因为只要数字证书的内容是正确没有被篡改的，公钥是可以公开的。

缺点：这个机制不是双方的直接鉴别，需要借助可信的第三方 CA 的参与来确保数字证书的内容可信。

7.4.7 基于生物特征的用户身份鉴别机制与评价

目前各种传统用户身份鉴别都有很大缺点，例如目前网银广泛使用的 U 盾方式，首先需要随时携带 U 盾，其次 U 盾容易丢失或失窃，补办手续烦琐，并且仍然需要用户出具能够证明身份的其他文件，使用很不方便。直到生物识别技术得到成功的应用才真正回归到了对人类最原始的特性上。基于生物特征的鉴别技术具有传统的身份认证手段无法比拟的优点。采用生物鉴别技术，可不必再记忆和设置密码，使用更加方便。生物特征鉴别技术已经成为一种公认的、最安全和最有效的身份鉴别技术，将成为 IT 产业最为重要的技术革命。

生物特征鉴别技术是根据人体本身所固有的生理特征、行为特征的唯一性，利用图像处理技术和模式识别等方法来达到身份鉴别或验证目的的一门科学。生物特征是指唯一的可以测量或可自动识别和验证的生理特征或行为方式。生物特征分为身体特征和行为特征两类：身体特征包括指纹、掌型、视网膜、虹膜、人体气味、脸型、手的血管和 DNA 等；行为特征包括签名、语音、行走步态等。

目前部分学者将生物特征鉴别技术分为三类，一类是高级生物识别技术，它包括视网膜识别、虹膜识别和指纹识别等；一类是次级生物识别技术，它包括掌型识别、脸型识别、语音识别和签名识别等；一类是"深奥的"生物识别技术，它包括血管纹理识别、人体气味识别和 DNA 识别等。

1. 实现机制

假设 U 是用户，S 是服务器，基于生物特征的身份鉴别机制如下，鉴别过程如图 7-25 所示。

第 1 步：S 先对用户的生物特征进行多次采样，然后对这些采样进行特征提取，并将平均值存放在服务器的用户数据库中。

第 2 步：鉴别时，对用户 U 的生物特征进行采样，并对这些采样进行特征提取。

第 3 步：U 通过数据的保密性和完整性保护措施将提取的特征发送到服务器，并在服务器上 S 解密用户的特征。

第 4 步：比较第 2 步和第 3 步的特征，如果特征匹配达到近似要求，S 向 U 返回鉴别成功信息，否则返回鉴别失败的信息。

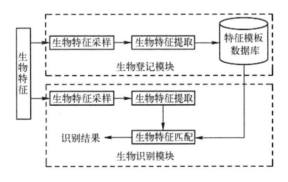

图 7-25　基于生物特征的身份鉴别模型

2. 算法评价

优点：该机制与传统身份鉴别技术相比具有以下优点。

① 随身性：生物特征是人体固有的特征，与人体是唯一绑定的，具有随身性。

② 安全性：人体特征本身就是个人身份的最好证明，满足更高的安全需求。

③ 唯一性：每个人拥有的生物特征各不相同。

④ 稳定性：生物特征如指纹、虹膜等人体特征不会随时间等条件的变化而变化。

⑤ 广泛性：每个人都具有这种特征。

⑥ 方便性：生物特征鉴别技术不需记忆密码与携带使用特殊工具（如口令卡），不会遗失。

⑦ 可采集性：选择的生物特征易于测量。

基于以上特点，生物特征鉴别技术具有传统的身份认证鉴别手段无法比拟的优点。

缺点：基于生物特征的身份鉴别也有缺点，生物鉴别的重要思想是每次鉴别产生的样本可能稍有不同，这是因为用户的物理特征可能因为某些原因而改变。例如，假设获取用户的指纹，每次用于鉴别，则每次所取的样本可能不同，因为手指可能变脏，可能割破，出现其他标记，或手指放在阅读器上的位置不同，等等。这样就不能要求样本准确匹配，而只要近似匹配即可。因此，用户注册过程中，生成用户生物数据的多个样本，并把它们的组合和平均值存放在用户数据库中，使实际鉴别期间的各种用户样本能够映射这个平均样本。利用这个基本思路，任何生物鉴别系统都要定义两个可配置参数：假接收率（False Accept Ratio，FAR），即系统接收了该拒绝的用户占所有鉴别用户的比率；假拒绝率（False Reiect Ratio，FRR），即系统拒绝了该接收的用户占所有鉴别用户的比率。因此，FAR 与 FRR 正好相反。

克服缺点的最好措施是将基于生物特征的身份鉴别机制和其他用户鉴别机制结合起来，形成三因子鉴别机制，即用户所知道的东西（what you know），如口令、密码等；用户所拥有的东西（what you have），如口令卡或 U 盾等；用户所具有的东西（who you are），如声音、指纹、视网膜、签字或笔迹等，同时要防止攻击者对服务器、网络传输和重放的攻击。

在机制结合的应用过程中要注意生物识别中新出现的问题，例如，在鉴别的交互过程中可以采用随机挑战的方式进行鉴别，但用户响应随机挑战时，如果用户用提取的生物特征加密随机挑战，服务器方要验证随机挑战时也要用数据库中的用户生物特征加密随机挑战，但由于每次的生物特征会有微小区别，两次加密的比较结果可能不同，因此要进行必要的处理和解决。

7.5 AAA 服务

目前网络的商用部署大多采用 AAA 技术来保证网络资源利用的合法性与安全性。本节涉及的 AAA 服务器是为流媒体系统设计的，完成接入认证、授权以及计费功能。目前，由于 RADIUS 协议（Remote Authentication Dial-In User Service，远程认证拨号用户服务）仍然是唯一的 AAA 协议标准，因此本节中设计的 AAA 服务器仍采用

RADIUS 协议，实现 RADIUS 协议中提供的 AAA 服务功能，同时提供用户和计费信息的存储与管理等功能。AAA 管理即认证（Authentication）、授权（Authorization）和计费（Accounting）功能。

7.5.1　RADIUS 协议

RADIUS 的最初设计是为了管理通过串口和调制解调器上网的大量分散用户，后来人们对它进行扩充和完善，使得该协议广泛应用于用户的接入管理，成为当今最流行的用户接入管理协议，为网络提供目前最成熟的用户身份认证、授权和计费功能，即 AAA 管理。

1. RADIUS 协议简介

1997 年 1 月，RADIUS 协议问世，因其结构良好、实现简单、扩展灵活等特点引起人们的浓厚兴趣与关注。三个月后，RFC 2138[18]和 RFC 2139[19]草案产生。1998 年 12 月，IETF 在第 43 次会议上成立了 AAA 工作组，着手 AAA 相关标准的研究，讨论关于认证、授权和计费的问题。2000 年 6 月，RFC 2865[20]和 RFC 2866[21]中对 RADIUS 协议进行了进一步的改进和完善，使 RADIUS 协议成为一项通用的 AAA 协议，在 ADSL 接入、以太网接入、无线网络接入等领域中得到广泛应用，成为目前最常用的 AAA 协议之一。但是 RADIUS 协议仍然有不少可以改进之处，比如简单的丢包机制、没有关于重传的规定和集中式计费服务。这些问题使得它不太适应当前网络的发展，需要进一步改进。2000 年开始对 RADIUS 进行深入讨论，提出 RFC 2867[22]（RADIUS Accounting Modifications for Tunnel Protocol Support）和 RFC 2868[23]（RADIUS Attributes for Tunnel Protocol Support）。2003 年，IETF 的 AAA 工作组再次从根本上对 AAA 体系结构进行了讨论，提出 RFC 3575[24]（IANA Considerations for RADIUS）。

（1）RADIUS 协议的主要特点

RADIUS 是应用层协议，基于 UDP 协议。RADIUS 认证使用 1812 端口[20]，计费使用 1813 端口[21]。

概括的来说，RADIUS 的主要特点如下。

① 客户-服务器模式（C/S）。RADIUS 是一种 C/S 结构的协议，它的客户端最初就是网络接入服务器（Network Access Server，NAS），现在运行在任何硬件上的 RADIUS 客户端软件都可以成为 RADIUS 的客户端。客户端的任务是把用户信息（用户名/口令）传递给指定的 RADIUS 服务器，并负责处理返回的响应。RADIUS 服务器负责接收用户的连接请求，对用户身份进行认证，并为客户端返回所有为用户提供服务所必须的配置信息。一个 RADIUS 服务器可以为其他的 RADIUS Server 或其他认证服务器担当代理。

② 网络安全。客户端和 RADIUS 服务器之间的交互经过了共享保密字的认证。另外，为了避免某些人在不安全的网络上监听获取用户密码的可能性，在客户端和

RADIUS 服务器之间的任何用户密码都是被加密后传输的。

③ 灵活的认证机制。RADIUS 服务器可以采用多种方式来认证用户的合法性。当用户提供了用户名和密码后，RADIUS 服务器可以支持点对点的 PAP 认证（PPP PAP）、点对点的 CHAP 认证（PPP CHAP）、UNIX 的登录操作（UNIX Login）和其他认证机制。

④ 扩展协议。所有的交互都包括可变长度的属性字段。为满足实际需要，用户可以加入新的属性值。新属性的值可以在不中断已存在协议执行的前提下自行定义新的属性。

（2）RADIUS 协议分组格式

RADIUS 数据分组必须遵循如图 7-26 所示的格式，在 RADIUS 数据分组中，有 Code（代码），Identifier（标识符），Length（长度），Authenticator（认证码），Attributes（属性）五个字段域，每个域都按照从左到右的顺序在网络中传送。

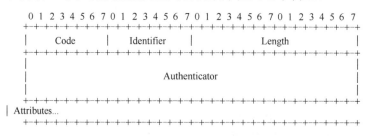

图 7-26　RADIUS 数据包格式

Code 字段占一个字节长度，标识 RADIUS 消息分组类型。如果收到的分组中代码字段无效，则简单地丢弃该消息。RADIUS 代码值（十进制）具体分配如下：

1	接入请求（Access-Request）
2	接入允许（Access-Accept）
3	接入拒绝（Access-Reject）
4	计费请求（Accounting-Request）
5	计费响应（Accounting-Response）
11	接入询问（Access-Challenge）
12	服务器状态（Status-Server (experimental)）
13	客户机状态（Status-Client (experimental)）
255	预留（Reserved）

Identifier 字段占一个字节长度，一般来说是一个短期内无法重复的数字，用于匹配请求与应答。RADIUS 服务器能检测出具有相同的客户源 IP 地址、源 UDP 端口及标识符的重复请求。

Length 字段占二个字节长度，它指的是包含代码、标识符、长度、认证者和属性域的分组总长度。超出长度域所指示的部分将被看作填充字节而被忽略接收。如果分组长度比长度域所指示的短，则必须丢弃该分组。长度值最小为 20 字节，最大为 4096 字节。

Authenticator 字段占 16 个字节，用于口令隐藏算法，同时能够认证 RADIUS 服务器的应答。认证码有请求认证码和响应认证码两种。

⊗　请求认证码（Request Authenticator）。在接入请求（Access-Request）数据包中，认证码值是一个 16 个字节的随机二进制数，称为请求认证码。值得注意的是，在密钥的整个生存周期中，这个值应该是不可预测的，并且是唯一的，因为具有相同机密的重复请求值，使黑客有机会用已截取的响应回复用户。因为同一机密可以被用在不同地理区域中的服务器的验证中，所以请求认证域应该具有全球和临时唯一性。另外，在请求接入和请求计费协议包中的请求认证码的生成方式是有区别的。对于请求接入包，请求认证码是 16 个 8 位字节的随机数。对于计费请求包，认证码是一串由 Code+Identifier+Length+16 个为 0 的 8 位字节+请求属性+共享密钥所构成字节流经过 MD5 加密算法计算出的散列值。

⊗　响应认证码（Response Authenticator）。响应认证码是接入允许、接入拒绝、接入询问和计费响应数据包中的认证码值，它包含了在一串字节流上计算出的单向 MD5 哈希值，这些二进制数是由 RADIUS 数据包组成，包括编码域、标识符、长度以及来自接入请求数据包的请求认证码和执行共享机密的响应属性，即：

ResponseAuth=MD5(Code+ID+Length+RequestAuth+Attributes+Secret)

Attribute 属性字段是可变长度，不同类型的分组其属性字段的内容和取值不同。RADIUS 消息的长度字段值指明了属性列表的结束。

（3）RADIUS 协议中的属性

RADIUS 消息中最重要的就是其属性字段。RADIUS 协议通过不同的属性来实现各种操作的定义，因为不同含义的属性携带不同的信息。认证属性携带认证请求与应答的详细认证、授权信息和配置细节。计费属性携带详细计费信息。

RADIUS 消息中的各个属性没有先后顺序关系。每个属性有一个代码标识，属性的基本格式如图 7-27 所示。

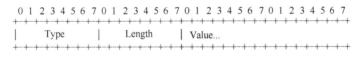

图 7-27　属性的格式

类型（Type）：1 个字节表示，取值 1～255。目前分配的范围为 1～63，具体内容在 RFC 2865、RFC 2866 中进行了说明。此外，为了在 RADIUS 协议中封装 EAP（PPP Extensible Authentication Protocol，PPP 的扩展认证协议）包，RFC 2869 定义了两个新的属性：EAP-Message(79)和 Message-Authenticator(80)，其中 EAP-Message 用于封装 EAP 包，而 Message-Authenticator 包含消息摘要以防止 EAP 包被篡改。RADIUS 服务器和客户端都可以忽略不可辨识类型的属性。

长度（Length）：1 个字节表示，它指定包括类型、长度和值域在内的属性长度。如果在接收到的接入请求中属性的长度是无效的，应该发送一个接入拒绝数据包。如果在接收到的接入允许、接入拒绝和接入询问中属性的长度是无效的，该数据包必须处理为接入拒绝，或者直接丢弃。

属性值（Value）：可以为零或者多个字节，包括属性的详细信息。值域的格式和长度由属性的类型和长度决定。

特别值得一提的就是 26 号属性：Vendor-Specific，它用于 NAS 厂商对 RADIUS 进行扩展，以实现标准 RADIUS 协议没有定义的功能，诸如 VPN 等。此属性禁止对 RADIUS 协议中的操作有影响。服务器不具备去解释由客户端发送过来的供应商特性信息时，则服务器必须忽略它。

2. RADIUS 的安全处理

（1）RADIUS 支持的认证操作

标准 RADIUS 协议只规范了 NAS 与 RADIUS 服务器之间的交互操作的内容，而对用户主机与 NAS 之间的交互操作未作任何的规定和限制，所以，由用户主机与 NAS 协商决定他们之间使用何种协议。

标准 RADIUS 协议中描述了在用户、NAS、RADIUS 服务器三者之间进行的两种基本认证操作模式：请求/响应模式和质询/应答模式。对应着用户与 NAS 之间使用密码认证协议（Password Authentication Protocol，PAP）和挑战-握手认证协议（Challenge-Handshake Authentication Protocol，CHAP）[25]。

对于 PAP 认证，NAS 将用户名和密码作为明文传输给 RADIUS 服务器，RADIUS 根据用户和密码对用户进行认证，如果认证通过就发送接入允许的包；如果认证没有通过，就发送接入拒绝包。

对于 CHAP 认证，NAS 产生一个 16 位的随机码传送给用户，用户端得到这个随机码之后对传过来的数据进行加密，生成一个响应数据包传给 NAS。数据包包含 CHAP ID 和对随机数加密后的数据。NAS 收到这个响应之后，加上原先的 16 位随机码，一起传送给 RADIUS 服务器。服务器收到这个请求包之后，查询数据库找出匹配项与认证服务器相比较，若不满足，则发送接入拒绝包；若满足，则取出随机数和用户共享的加密密码，对随机数采用同样的加密得出一个数据和 NAS 传送过来的数据相比较，若一致，那么认证通过，否则拒绝接入。

请求/响应模式操作简单，但因为用户的口令等认证信息要在网络中传输，容易被偷听，安全性较差。而质询/应答模式就不存在这种缺陷，因为用户的口令信息不在网络中传输，而是通过随机产生的质询值使得每次传输的验证信息都不同的方式来防止信息被窃听，具有较好的安全性。但是这需要服务器端保存明文密码，用来做相同的加密运算才可以比较出结果。

现在，RADIUS 协议已经扩展可以支持用户与 NAS 之间的多种认证方式[26]，比如 EAP[27]等。

（2）用户密码的处理

在传输时，密码是被隐藏起来的。首先在密码的末尾用 nulls 代替填补形成多个 16 个字节的二进制数。单向 MD5 哈希值是通过一串字节流计算出的，该字节流由共享密钥和跟随其后的请求认证码组成。这个值同密码的第一个 16 个字节段相异或，然后将异或结果放在用户密码属性字符串域中的第一组 16 个字节中。如果密码长于 16 个字节，则第二次单向 MD5 哈希值对一串字节流进行计算，该字节流由共享机密和跟随其后的第一次异或结果组成。哈希结果与密码的第二组 16 个字节段相异或，然后将异或结果放在用户密码属性字符串域中的第二组 16 个字节段中。如果需要，上述计算过程可以重复。每一个异或结果被用于和共享机密一道生成下一个哈希值，再与下一个密码段相异或，但最大不超过 128 个字节。

其流程如图 7-28 所示，具体描述如下：

① 调用共享机密 S 和伪随机 128 位请求认证码 RA。

② 把密码按 16 个字节为一组划分为 P1、P2，等等，在最后一组的结尾处用 null 填充以形成一个完整的 16 字节组。

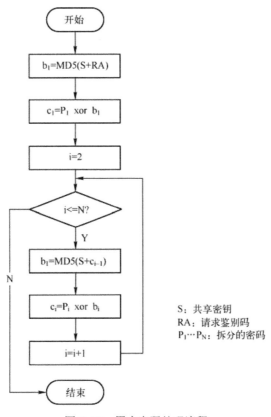

图 7-28　用户密码处理流程

③ 调用已加密的数据组 c_i，b_i 是将要用到的中间值。

$$b_1 = MD5(S + RA) \qquad c_1 = P_1 \text{ 异或 } b_1$$
$$b_2 = MD5(S + c_1) \qquad c_2 = P_2 \text{ 异或 } b_2$$
......
$$b_i = MD5(S + c_{i-1}) \qquad c_i = P_i \text{ 异或 } b_i$$

④ 密码字符串包含 $c_1 + c_2 + \cdots + c_i$，其中"+"表示串联。

⑤ 在接收时，这个过程被反过来，从而生成原始的密码。

（3）认证码的处理

RADIUS 数据包中的认证码主要有两个作用：数据包的完整性检查和对客户端的认证。由于相应认证码产生的时候对整个数据包采用共享机密字加密，所以如果这个共享机密字不一致，那么服务器端产生的认证码和 NAS 端传送过来的认证码会不一致。同时，如果数据包在网络中传输的时候有数据丢失，那么两个认证码也会不一致，这样就可以完成数据包的完整性检查。其具体的实现过程如下：

① NAS 根据一定的算法，产生 16 个 8 位随机二进制数作为请求认证码，这个值在密码的整个生存周期中是不可预测且唯一的；

② NAS 构造请求接入包，发送给 RADIUS 服务器；

③ RADIUS 服务器收到 NAS 的接入请求之后根据用户名在数据库中查找匹配项，若找到匹配项，采用与客户端一致的方法将用户密码以及与客户端的共享机密字进行加密运算产生认证码；

④ 用这个运算产生的数据和 NAS 传送过来的认证码进行比较，如果一致，那么认证通过，发送允许接入包，否则发送拒绝接入包；

⑤ 服务器构造响应认证码；

⑥ 服务器根据上面的响应认证码加上前面的认证结果构造响应包发送给 NAS；

⑦ NAS 收到认证应答包后，根据正在等待响应的请求队列中的那个请求，按照刚接收到的应答包的内容和其请求认证码计算一个响应认证码，和 RADIUS 服务器发送过来的这个认证码相比较，若相等，那么认证通过，建立连接，否则认证失败。

（4）数据包的重传机制

由于 RADIUS 数据包采用 UDP 传输，因此丢失数据包的可能性非常大，协议采用多种措施保证数据传输的可靠性。

不管是认证请求还是计费请求，在一个指定的时间内没有收到回应，会多次重传，如果超过一定的时间还没有收到响应，那么可以看作主服务器已经关机。这时，NAS 可以选择给一个或者多个备用服务器传送请求。在多次尝试连接主服务器失败后，或在一轮循环方式结束后选择连接后备服务器。

为保障计费请求的连接，在计费开始的时候要发送一个计费开始请求包，一个呼叫结束之后要发送一个计费结束包。在计费开始请求和计费结束请求中必须包含一个

ACCT_DELAY_TIME 的属性，记录从开始发送请求到计费请求发送出去之间的时间间隔，确保计费信息记录准确。

3. RADIUS 的工作过程

RADIUS 协议旨在简化认证流程，其典型认证授权工作过程如下。

① 用户输入用户名、密码等信息到客户端或连接到 NAS。

② 客户端或 NAS 产生一个接入请求（Access-Request）报文到 RADIUS 服务器，其中包括用户名、口令、客户端（NAS）ID 和用户访问端口的 ID。口令经过 MD5 算法进行加密。

③ RADIUS 服务器对用户进行认证。

④ 若认证成功，RADIUS 服务器向客户端或 NAS 发送允许接入包（Access-Accept），否则发送拒绝接入包（Access-Reject）。

⑤ 若客户端或 NAS 接收到允许接入包，则为用户建立连接，对用户进行授权和提供服务，并转入第⑥步；若接收到拒绝接入包，则拒绝用户的连接请求，结束协商过程。

⑥ 客户端或 NAS 发送计费请求包给 RADIUS 服务器。

⑦ RADIUS 服务器接收到计费请求包后开始计费，并向客户端或 NAS 回送开始计费响应包。

⑧ 用户断开连接，客户端或 NAS 发送停止计费包给 RADIUS 服务器。

⑨ RADIUS 服务器接收到停止计费包后停止计费，并向客户端或 NAS 回送停止计费响应包，完成该用户的一次计费，记录计费信息。

7.5.2　AAA 服务器设计

1. AAA 系统概述

自网络诞生以来，认证、授权及计费体制就成为其运营的基础。网络中各类资源的使用，需要由认证、授权和计费进行管理。而 AAA 的发展与变迁自始至终都吸引着营运商的目光。对于一个商业系统来说，认证是至关重要的，只有确认了用户的身份，才能知道所提供的服务应该向谁收费，同时也能防止非法用户对网络进行破坏。在确认用户身份后，根据用户开户时所申请的服务类别，系统可以授予客户相应的权限。最后，在用户使用系统资源时，需要有相应的设备来统计用户对资源的占用情况，据此向用户收取相应的费用。

认证（Authentication）是指用户在使用网络系统中的资源时对用户身份的确认。这一过程，通过与用户的交互获得身份信息（诸如用户名口令的组合、生物特征等），然后提交给认证服务器；后者对身份信息与存储在数据库里的用户信息进行核对处理，然后根据处理结果确认用户身份是否正确。授权（Authorization）指网络系统授权用户以特定的方式使用其资源，这一过程指定了被认证的用户在接入网络后能够使用的业务和拥有的权限，如授予的 IP 地址等。计费（Accounting）指网络系统收集、记录用户对网络资源的使用，以便向用户收取资源使用费用，或者用于审计等目的。

认证、授权和计费一起实现了网络系统对特定用户的网络资源使用情况的准确记录。这样既在一定程度上有效地保障了合法用户的权益，又能有效地保障网络系统安全可靠地运行。

2. AAA 系统的设计需求

这里的 AAA 服务器是指为流媒体系统设计的，完成接入认证、授权及计费的功能，采用 RADIUS 协议实现 RADIUS 协议中提供的 AAA 服务功能，同时系统提供用户和计费信息的存储与管理等功能。该系统需求主要包括以下几个方面。

（1）用户认证

用户在申请享受服务时，需要得到用户信息的认证。在本系统中，客户端发送 AAA 认证数据包给服务器，数据包包含用户 ID 和 Password，服务器对数据包进行验证给出结果。验证过程中数据包加密传输。

（2）用户服务授权

不同的用户可以享受不同的服务。AAA 服务器在通过用户的认证请求后，按照该用户的权限来决定用户是否可以享受申请的服务内容。

（3）服务计费

系统提供计费信息和计费算法，支持一定的计费策略，并保存计费过程产生的中间数据。系统须达到实时计费的要求。计费的最小单位为分，保证用户不会透支费用。

（4）用户信息管理

用户信息管理的主要功能包括用户注册、费用管理查询、权限设置等。用户需要注册才能申请享受服务，用户注册时提供用户名、密码和邮箱等基本资料，且提供密码遗忘时找回密码的功能。用户可以查询自己费用的详细信息，可以给账户充值。管理员能对注册用户进行管理。

（5）服务器性能

AAA 系统中需要考虑的服务器性能包括以下方面：

① 服务器的可处理容量，包括支持用户数和在某一段时间内支持的并发用户数；

② 可靠性，由于网络原因，数据在传输中常常会丢失，如何减少这种丢失，为认证计费提供尽量可靠的传输是需要考虑的问题；

③ 鲁棒性，即容错性，发生不可避免的丢包时如何保证认证和计费过程的正确；

④ 请求响应时间，用户从发出请求到收到应答的间隔时间不能太长；

⑤ 最后，对于一个研究中的流媒体平台来说，用户的需求是在不断扩展的。AAA 系统的设计需要充分考虑这一点，意味着系统的可扩展性将非常重要。对于系统的各

个模块来说，其部分的改动应该不会影响到其他模块的正常运行。

3. AAA 系统的整体结构

本节中介绍的 AAA 系统除包括认证、计费服务器外，还包括用户和计费信息的存储、用户和计费策略管理等。整体结构如图 7-29 所示，系统交互如图 7-30 所示。

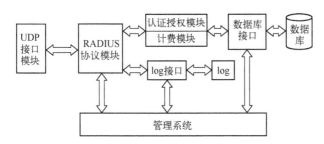

图 7-29　AAA 系统功能模块示意图

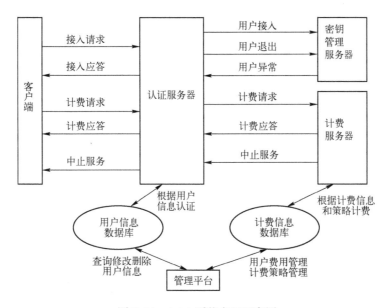

图 7-30　AAA 系统交互示意图

考虑到扩展性、计费准确性及各部分性能要求，将 AAA 服务器分为认证/授权和计费服务器两大部分，这种结构为典型的 AAA 系统架构。这种结构可以容易地扩展为一台认证服务器+多台计费服务器，或者多台认证服务器+多台计费服务器的架构，以适合不同规模的流媒体平台应用。

在整个 AAA 系统中，RADIUS 服务器之间以及 RADIUS 认证服务器与 NAS 的通信遵循 RADIUS 协议标准；用户信息和计费信息保存在 MySQL 数据库中，信息管理通过 Web 页面形式进行管理，发布平台采用 PHP+MySQL 的方式。

4. AAA 系统的基本设计思想

在流媒体系统中，RADIUS 服务器要处理五方面的内容：用户的认证处理、用户的授权处理、计费开始信号的处理、计费结束信号的处理和中止用户服务信号的处理。服务器大致包括三个重要的处理模块：收发包处理模块、计费/认证处理模块和代理（Client）。其中，收发包处理模块的功能主要是接收 NAS 端发送过来的 RADIUS 数据包，对之做相应的处理，然后把数据包转发给认证/计费处理模块，以及将服务器处理过的数据包按照 RADIUS 协议打包，然后发送到 NAS。

认证/计费处理模块主要功能是对发送过来的数据包进行认证和计费处理。如果是本地认证那么就对数据包直接处理；如果是一个漫游，那么向上级服务器转发这个请求。

代理的主要功能是根据要求，将非本地认证/计费请求按要求转发给相应的上级服务器，同时接收上级服务器处理过的请求，将之转发给收发包处理模块，由收发包处理模块转发到 NAS 终端。

RADIUS 服务器的内部数据处理的流程如图 7-31 所示，具体描述如下：

① 收发包处理模块接收到来自 NAS 即 RADIUS Client 的认证/计费请求，将其转交给认证/计费处理模块处理，也就是图 7-31 中的"请求包 1"的过程；

② 如果计费/认证处理模块不能对发送过来的请求包进行处理，则将其作为"请求包 2"转发；

③ 代理对"请求包 2"处理，然后作为"请求包 3"向上级转发数据包，请求上级 RADIUS 服务器做响应的计费/认证处理；

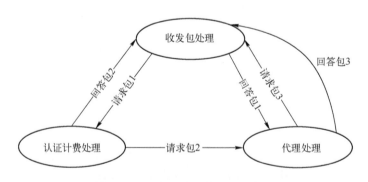

图 7-31 服务器内部数据处理流程

④ "回答包 1"是收发处理模块收到的来自上级的 RADIUS 服务器的应答，转发给代理处理；

⑤ "回答包 2"是来自计费/认证处理模块的数据包，是认证/计费处理模块对用户认证/计费的处理结果，发送给收发包处理模块转发给 NAS 的；

⑥ "回答包 3" 是代理对上级的 RADIUS 服务器的 "应答包 1" 处理后交由收发处理模块转发的数据包。RADIUS 服务器与客户端连接如图 7-32 所示。

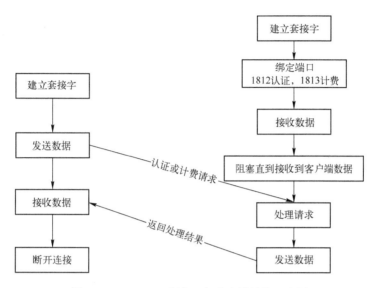

图 7-32　RADIUS 服务器与客户端连接示意图

5. RADIUS 认证服务器

RADIUS 协议本身没有对数据传输做要求，使用 UDP 协议，这使得 RADIUS 协议数据包传输不可靠。数据包的丢包可能发生在网络传输的环节，也可能发生在数据接收端。RADIUS 认证服务器作为 RADIUS 系统对 NAS 的服务前端，必须考虑在 RADIUS 协议包大量并发情况下的性能，包括丢包率、应答延迟时间、待处理数据包排队情况，等等。为此，RADIUS 服务器需要合理利用系统资源，加以均衡，避免在服务器大量存在需要处理的数据包的同时 CPU 大量空闲。

认证的流程如图 7-33 所示。对于一个认证请求，如果不包括 Proxy 处理，那么正常情况下要经过授权和认证两个过程。授权是从外部（文件或者数据库）获得一个用户信息的处理过程，以及检查这些信息是否能够对这个用户进行验证。数据库和文件等模块都属于授权模块。

认证方法是在授权处理的过程中决定的，因为一个特定的用户也许不能采用某种认证方法，所以需要在授权处理的过程中决定某用户采用哪种认证方法或者发送拒绝接入信息。

在一个认证和授权的处理过程中，有三个相关的队列：Request 队列、Config 队列和 Reply 队列，每个认证请求数据包的属性都被填入 Request 队列，认证和授权模块都可以将属性添加到 Reply 队列中。这些被添加到 Reply 中的属性将被收发包处理模块打包发送给客户端。

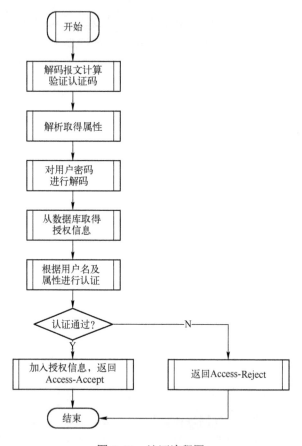

图 7-33　认证流程图

在授权处理开始的时候，系统为一个请求创建一个 Request 属性队列和一个空的 Config 属性队列。授权模块根据请求队列项中的属性（比如 User-Name）作为主键查询以及获取数据库中的所有相关记录，它查询三种类型的属性：验证属性、配置属性和应答属性。它将取出的验证属性和 Request 队列中传送过来的属性值相比较，如果数据库中根据主键取出的属性和 Request 队列中的属性没有一个匹配，那么授权处理失败。如果有一个相匹配，那么这个匹配的属性要被加入到 Config 队列中，同时所取出的应答属性都要被加入到 Reply 队列中。授权模块最少要给认证模块传送一个属性，那就是 Auth-Type，这个属性将决定采用什么模块认证该用户。同时授权模块还可以传送诸如用户密码或哈希处理后的密码，以及登录限制等信息。

对于一个用户账号，只允许该用户名在同一时间内只能有一个计费服务的会话连接，也就是说在用户享受服务时，该用户名不能再次登录，这样才能保证计费系统正常实时地计费。

6. RADIUS 计费服务器

计费服务器需要满足以下几个要求：

① 接收并处理标准 RADIUS 计费数据包；

② 根据给定策略，能够准确并实时的计算当前用户某会话的费用，计算的最小时间粒度为分；

③ 对每服务中用户的账户状态实时监控，并在需要时将其反馈到密钥管理服务器，保证用户不会恶意透支。

计费服务器的接收数据部分与认证/授权部分类似，同样地，计费服务器的主要任务是接收 RADIUS 计费数据包，根据包中的计费信息进行服务费用计算，所以采用线程池来进行计费数据包的处理和费用计算。由于支持实时计费，即需要对用户账户状态进行实时监控，所以需要有一个线程来做定时扫描和监控工作，保证整个计费过程的正确性，以及防止用户的恶意透支。

计费系统在每隔一段时间产生定时消息，判断现有用户是否符合监控标准，如果符合，启动监控线程对该用户进行监控。当被监视的用户余额不足后，停止该用户的服务。该监控线程还监控成员管理服务器发来的用户异常的消息，如果客户端长时间没有响应，即视用户已经退出服务，停止该用户的服务和计费。

此外，考虑到万一服务器出现问题而导致关闭或重启情况发生，那么在服务器关闭或重启时应该对客户端会话进行处理，中断客户端的当前连接并停止计费。客户端需要重新进行身份认证和发送计费消息才可以享受服务。

7.6　用户身份鉴别实例分析——U 盾

U 盾内置智能卡芯片，可以进行签名和加解密操作，U 盾又称作移动数字证书，它存放着用户个人的私钥及数字证书。同样，银行服务器也记录着用户的数字证书，当用户尝试进行网上交易时，银行会向用户发送由时间字串、地址字串、交易信息字串、防重放攻击字串，组合在一起进行加密后得到的随机数 A，U 盾的身份鉴别可以与数字证书结合起来，用户的 U 盾首先对随机数 A 使用 SHA-1 计算消息摘要 MD0，然后在 U 盾中用 U 盾中的私钥签名 MD0，并发送给银行。银行用该用户的公钥验证用户的签名得到 MD0 并与银行独立使用 SHA-1 计算随机数 A 的消息摘要 MD1 进行比较，如果两个结果一致便认为用户合法，交易便可以完成，如果不一致便认为不合法，交易就会失败。U 盾具体安全措施包括以下几方面。

（1）硬件 PIN 码保护

U 盾采用了使用以物理介质为基础的个人客户证书，建立了基于公钥（PKI）技术的个人证书认证体系（PIN 码）。黑客需要同时取得用户的 U 盾硬件及用户的 PIN 码，才可以登录系统。即使用户的 PIN 码被泄漏，只要用户持有的 U 盾不被盗取，合法用户的身份就不会被仿冒；如果用户的 U 盾遗失，拾到者由于不知道用户 PIN 码，也无法仿冒合法用户的身份。

（2）安全的密钥存放

U 盾的密钥存储于内部的智能芯片之中，用户无法从外部直接读取，对密钥文件的读写和修改都必须由 U 盾内部的 CPU 调用相应的程序文件执行，而从 U 盾接口的外面，没有任何一条命令能够对密钥区的内容进行读出、修改、更新和删除。这样可以保证黑客无法利用非法程序修改密钥。

（3）双钥密码体制

为了提高交易的安全，U 盾采用了双钥密码体制，在 U 盾初始化的时候，先将密码算法程序烧制在 ROM 中，然后通过产生公私密钥对的程序生成一对公私密钥，公私密钥产生后，公钥可以导出到 U 盾外，而私钥则存储于密钥区，不允许外部访问。进行数字签名时及非对称解密运算时，凡是有私钥参与的密码运算只在芯片内部即可完成，全过程中私钥不出 U 盾介质，以此来保证以 U 盾为存储介质的数字证书认证在安全上无懈可击。

（4）硬件实现加密算法

U 盾内置 CPU 或智能卡芯片，可以实现数据摘要、数据加解密和签名的各种算法，加解密运算在 U 盾内进行，保证了用户密钥不会出现在计算机内存中。

第 **8** 章

用户不可抵赖性实现机制与评价

8.1 网络安全中用户不可抵赖性概述

数据完整性保证了发送方和接收方的网络传送数据不被非法第三方篡改和替换，或者如果被篡改和替换时可以被检测出来。但完整性不能保证双方自身的欺骗和抵赖，在双方的自身欺骗中，不可抵赖性（又称不可否认性）是网络安全的一个重要安全特性，特别是在电子商务等应用中显得格外重要。在电子商务应用中，由于信息的传输是通过开放的互联网，经常会由于对发送或接收的信息进行抵赖而引起不必要的纠纷，给交易的双方带来巨大的影响和损失。

不可抵赖性是指网络用户不能否定所发生的事件和行为，这里的用户是指网络交往中的参与者，可以是用户、用户所在的组或者代表用户的进程。在实现双向不可抵赖机制中，用户双方是指请求方的用户和提供服务的服务提供者。假定 A 向 B 发送信息 M，常见的抵赖行为有：①A 向 B 发了信息 M，但 A 不承认曾经发过；②A 向 B 发了信息 M0，但 A 却说发的是 M1；③B 收到了 A 发来的信息 M，但却不承认收到；④B 收到了 A 发来的信息 M0，但却说收到的是 M1。针对这样的抵赖行为，人们提出了不少方案来加以防范。

定义 8.1 用户不可抵赖性 不可抵赖性旨在生成、收集、维护有关已声明的事件或动作的证据，并使该证据可得和确认，以此来解决关于此事件或动作发生或未发生而引起的争议。

不可抵赖性包括两个方面：第一是发送信息方不可抵赖，第二是信息的接收方不可抵赖。例如张三通过网络向李四发送一个会议通知，李四没有出席会议，并以没有收到通知为由推卸责任。在这里接收方没有参加会议有两种可能性，一种是真的没有收到通知，另一种是接收方故意抵赖，故意不参加会议，抗抵赖机制就是要防止这种抵赖行为。

抗抵赖性机制的实现主要是通过数字签名机制来保证，数字签名是利用计算机技术实现在网络传送消息时，附加个人标记，完成传统意义上手写签名或印章的作用，以表示确认、负责或经手等。使用数字签名实现不可抵赖性的基本思路是：通过用户自己独有的、唯一的特征（如私钥）对信息进行标记或者通过可信第三方进行公证处理来防止双方的抵赖行为。如果是用双方共有的或者是多方共有特征进行签名，则会产生纠纷，例如基于共享密钥的抗抵赖技术，由于无法区别是哪一方的欺骗，对于下列欺骗行为没有办法解决：①接收方 B 伪造一个不同的消息，但声称是从发送方 A 收到的；②A 可以否认发过消息 M，B 却无法证实 A 确实发了该消息。

一个完整的抗抵赖性机制包括两部分：一个是签名部分，另一个是验证部分。签名部分的密钥必须是秘密的、独有的，只有签名人掌握，这也是抗抵赖性的前提和假设，验证部分的密钥应当公开，以便于他人进行验证。

数字签名主要使用非对称密钥加密体制的私钥加密发送的消息 M，通常把用私钥加密消息的过程或者操作称为签名消息，加密后的信息直接称为签名，即签名等价于用私钥加密的信息，对签名后的消息解密称为解签名或者称为验证签名。在使用数字签名后，如果今后发生争议，则双方找个公证人，接收方 B 可以拿出签名后的消息，如果能用 A 的公钥正确解密就能证明这个消息是从 A 发来的，A 不可抵赖，因为能用 A 的公钥正确解密，说明消息一定是用 A 的私钥加密过的，而私钥只有 A 自己独有。同时，即使攻击者改变消息，也没法达到任何目的，由于攻击者没有 A 的私钥，虽然可以篡改，但篡改后无法再次用 A 的私钥进行加密，这样也保证了数据的完整性，因此 A 既不能抵赖没有发送消息，也不能抵赖发送的消息不是 M。

8.2　用户不可抵赖性机制的评价标准

8.2.1　不可抵赖性机制的安全性

评价不可抵赖性机制最重要的标准就是能否真正起到抗抵赖的效果，是否可能存在抵赖的漏洞，能否防止双方的伪造与否认；抗抵赖的签名是否是信息发送者的唯一信息；伪造抗抵赖的签名在计算上是否具有不可行性，包括利用数字签名伪造信息，或者利用信息伪造数字签名。

不可抵赖性假设在存储器中保存一个数字签名副本是现实可行的，因此要求不可抵赖要能够防重放攻击。例如，如果签字后的文件是一张支票，如果重放攻击成功，攻击者很容易多次用该电子支票兑换现金，为此发送者需要在文件中加上一些该支票的特有凭证，如对签名报文添加时间戳、序列号等以防止重放攻击的发生。

8.2.2　机制是否同时具有保密性和完整性验证作用

不可抵赖机制通常是通过数字签名完成的，但数字签名是不能直接提供数据保密的，因为数字签名是用发送者的私钥加密的，而发送者的公钥是假定任何人都知道的，因此需要对信息保密就要额外增加保密机制。另外，在实际数字签名算法中，并不是对原消息直接签名，原因是非对称密钥体制加密的速度慢，实用性差，通常都是对消息摘要进行签名，因此必须先计算消息摘要，而消息摘要主要是数据完整性验证的指标，故不可抵赖机制通常是与完整性验证机制合并在一起实现的，这种将数据保密性、完整性和不可抵赖性综合考虑的思想是评判不可抵赖机制的一个重要指标，当然额外的功能可能需要额外的性能消耗。

8.2.3　不可抵赖性机制是否需要第三方参与

不可抵赖的基本思路有两种：一种是凭借自身特有的特性，双方通过数字签名直接防止不可抵赖行为，称为直接数字签名法不可抵赖；另一种是借助可信的第三方进行公证来防止抵赖行为，称为需仲裁的数字签名不可抵赖。选择哪一种机制实现不可抵赖需要事先确定，因为不同的机制实现的条件、性能和效果都不一样。

8.2.4　不可抵赖性机制的性能

不可抵赖性验证可能的运算包括发送方计算消息摘要，进行私钥签名（加密），接收方进行验证签名（解密）等。影响性能的主要因素是公私钥的加解密，加密的范围（是对整体消息的签名还是只对消息的摘要进行签名）等。在不可抵赖机制中要求生成数字签名、识别和验证数字签名要相对容易，以提高机制的性能，因此在选择计算消息摘要算法、加解密机制和加密的范围时要根据实际情况对不可抵赖的安全性和性能进行折中考虑。

8.2.5　不可抵赖性机制的信息有效率

不可抵赖性机制的信息有效率是指原信息长度与合并后总信息（包括原消息和附加的信息摘要的签名等）的长度之比。比值越大信息的有效率越大，有效率越大越能保证不可抵赖机制不会额外增加太多的网络信息量。

8.2.6　不可抵赖性机制是否具有双向不可抵赖功能

不可抵赖性包括两个方面：一是发送信息方不可抵赖；二是信息的接收方不可抵赖。评判不可抵赖机制要清楚该机制是否具有双向不可抵赖的作用。

8.2.7　不可抵赖性机制中的加密安全

由于不可抵赖性的一些机制需要加密操作，因此密钥的分发、密钥空间的大小及加密算法的选取等都直接影响不可抵赖性的性能和安全性。

8.3 用户不可抵赖性机制与评价

数字签名方便企业和消费者通过网络进行交易，例如，商业用户无需在纸上签字或为信函往来而等待，足不出户就能够通过网络获得抵押贷款、购买保险或者与房屋建筑商签订契约等。企业之间也能通过网上协商达成有法律效力的协议，大多数国家已经把数字签名看成是与手工签名具有相同法律效力的授权机制，在我国数字签名已经具有法律效力。例如，假设用户通过 Internet 向银行发一个消息，要求把钱从自己的账号转到某个朋友的账号，并对消息进行数字签名，则这个事务与自己到银行亲手签名的效果是相同的。

定义 8.2 数字签名 国际标准化组织 ISO 对数字签名是这样定义的：附加在数据单元上的一些数据，或是对数据单元所做的密码变换，这种数据或变换允许数据单元的接收者用于确认数据单元的来源和数据单元的完整性，并保护数据，防止被他人（如接收者）伪造。

一个签名算法至少应满足三个条件：①签名者事后不能否认自己的签名；②接收者能验证签名，而其他任何人都不能伪造签名；③当双方关于签名的真伪性发生争执时，第三方能解决双方之间发生的争执。

数字签名的作用除了具有不可抵赖作用外，还包括以下两方面。

① 身份认证。如果接收方 B 收到用发送方 A 的私钥加密的消息，则可以用 A 的公钥解密。如果解密成功，则 B 可以肯定这个消息是 A 发来的。这是因为，如果 B 能够用 A 的公钥解密消息，则表明最初消息是用 A 的私钥加密的（注意：用一个公钥加密的消息只能用相应私钥解密，反过来，用一个私钥加密的消息也只能用相应公钥解密），因为只有 A 知道他自己的私钥，因此发送方的身份可以确定。

② 防假冒。别人不可能假冒 A，假设有攻击者 C 假冒 A 发送消息，由于 C 没有 A 的私钥，因此不能用 A 的私钥加密消息，接收方也就不能用 A 的公钥正确解密，因此，不能假冒 A。

手写签名与数字签名的主要区别有以下几方面。

① 签署文件方面的不同。一个手写签名是所签文件的物理部分，而一个数字签名并不是所签文件的物理部分，所以所使用的数字签名算法必须设法把签名"绑"到所签文件上。例如对消息摘要签名，根据消息摘要的性质，摘要是跟原消息密切关联的。

② 验证方面的不同。一个手写签名是通过和一个真实的手写签名相比较来验证的，这种方法很不安全，且很容易伪造。而数字签名是通过一个公开的验证算法来验证的，这样任何人都能验证数字签名，安全的数字签名算法的使用将阻止伪造签名的可能性，例如基于 RSA 的数字签名就是基于 RSA 加密算法的特性"用一个公钥加密的消息只能用相应私钥解密，反之，用一个私钥加密的消息也只能用相应公钥解密"。

③ 拷贝方面的不同。数字签名消息的复制品与其本身是一样的，而手写签名纸质文件的复制品与原品不同。这个特点要求我们阻止一个数字签名的重复使用，一般通过要求信息本身包含诸如日期等信息来达到阻止重复使用签名的目的。

目前已经提出了许多数字签名体制，按签名的方式可以分成两类：直接数字签名和需仲裁的数字签名。直接数字签名仅涉及通信双方，它假定接收方知道发送方的公开密钥，签名通过使用发送方的私有密钥对整个消息进行加密，或使用发送方的私有密钥对消息的信息摘要进行加密来产生，其中后者更为有效，性能更高。方案的有效性依赖于发送方私有密钥的安全性。需仲裁的数字签名的基本思路是：发送方的签名不是直接发送给接收方，而是先发给仲裁者，仲裁者经过一系列的确认处理后重新签名，再转发给接收方。

8.3.1　基于 RSA 数字签名的不可抵赖机制与评价

1. 实现机制

假设 A 是发送方，B 是接收方，A 向 B 发送消息 M，则基于 RSA 数字签名的不可抵赖机制如下。整体模型如图 8-1 所示，图中 E 表示加密操作，D 表示解密操作。

第 1 步：A 用自己的私钥加密消息 M，用 $E_{A私}(M)$ 表示。

第 2 步：A 把加密的消息发送给 B。

第 3 步：B 收到加密的消息后用 A 的公钥解密，用公式 $D_{A公}(E_{A私}(M))$ 表示。

第 4 步：B 如果解密成功，表示消息 M 一定是 A 发送的，起到了数字签名的抗抵赖作用。

第 5 步：对 A 的抵赖反驳：如果 A 抵赖，B 将从 A 收到的信息 $E_{A私}(M)$ 交给仲裁者，仲裁者和 B 一样用 A 的公钥解密 $E_{A私}(M)$，如果解密成功，说明 B 收到的信息一定是用 A 的私钥加密的，而 A 的私钥只有 A 自己拥有，因此 A 不能抵赖没有发送消息 M，并且 A 也不能抵赖自己发送的信息不是 M，因为信息 M 中途如果被攻击者篡改，由于篡改者没有 A 的私钥，因此不能再用 A 是私钥重新签名（加密），接收方也不能用 A 的公钥正确解密签名。

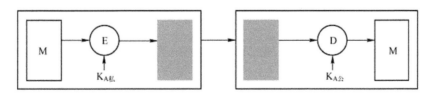

图 8-1　基于 RSA 数字签名的不可抵赖机制

2. 机制评价

优点：该机制算法简单，可以防止发送者抵赖未发送消息的行为，不需要专门的第三方参与，并且具有完整性验证作用。

缺点与改进：由于签名是用发送方的私钥签名，因此任何人可以用他的公钥进行解（验证）签名，而公钥是公开的，这样的数字签名只能起到签名的作用但不能起到保密作用，容易受到网络截获的攻击。改进的方法：用接收方的公钥再加密签名。

这个机制不具有双向不可抵赖的作用，只能防止 A 的抵赖行为，不能防止 B 的抵赖行为；这个机制的性能较低，因为签名和验证操作都是用的非对称加密机制加密的，并且是对整个信息 M 进行签名和解签名的。

下面讲述的机制是对该机制不具有保密性缺点进行的改进。

8.3.2　具有保密性的不可抵赖机制与评价

1. 实现机制

假设 A 是发送方，B 是接收方，A 向 B 发送消息 M，则具有保密性的不可抵赖机制如下。

第 1 步：A 用自己的私钥加密消息 M 获得 A 的签名，用 $E_{A私}(M)$ 表示。

第 2 步：A 用 B 的公钥加密第 1 步的签名，用 $E_{B公}(E_{A私}(M))$ 表示。

第 3 步：把两次加密后的消息发送给 B。

第 4 步：B 接收到加密的消息后先用自己的私钥解密，获得签名 $E_{A私}(M)$，用以下公式表示。

$$D_{B私}（E_{B公}(E_{A私}(M)))＝E_{A私}(M)$$

第 5 步：B 对第 4 步的解密结果再用 A 的公钥解密，获得发送的消息 M，用以下公式表示。

$$D_{A公}(E_{A私}(M))＝M$$

第 6 步：对 A 的抵赖反驳。如果 A 抵赖，B 将从 A 收到的信息 $E_{A私}(M)$ 交给仲裁者，仲裁者和 B 一样用 A 的公钥解密 $E_{A私}(M)$，如果解密成功，说明 B 收到的信息一定是用 A 的私钥加密的，并且中途未被篡改，而 A 的私钥只有 A 自己拥有，因此不能抵赖没有发送消息 M。

2. 机制评价

优点：这个机制由于对签名后的消息再一次用接收方的公钥进行了加密，因此除了接收方外，任何人都不能解密这个消息，这样的数字签名也起到了信息的保密作用，防止了网络截获的攻击。该机制同样可以防止发送者抵赖未发送消息的行为，并且在机制中不需要专门的第三方参与，同样具有完整性验证的作用。

缺点：该机制不具有双向不可抵赖的作用，只能防止 A 的抵赖行为，不能防止 B 的抵赖行为；这个机制的最大缺点是性能低，因为发送的两次操作都是用非对称加密机制对整个信息加密的。

讨论：在这个签名机制中，采用的是先签名后加密，那么能否先加密后签名呢？答案是否定的。假定进行的操作是先加密后签名，则信息在传输过程中如果被攻击者截获后，因为攻击者也知道发送方的公钥，因此它可以解签名，虽然攻击者不知道密文信息所对应的明文的具体内容，但攻击者可以再次用他自己的私钥签名，然后继续发送。这样接收者由于不能正确用 A 的公钥进行解签名，就不知道这个信息是谁发出的了。

8.3.3　基于公钥和私钥加密体制结合的不可抵赖机制与评价

前两种方法由于签名是用非对称加密算法 RSA 对整个消息进行加密，而 RSA 的加密速度慢，实用性差，因此在实际网络应用中用得不多。下面结合非对称密钥和对称密钥加密体制方法，只对一次性对称密钥进行签名。

1.　实现机制

假设 A 是发送方，B 是接收方，A 向 B 发送消息 M，则基于非对称密钥和对称密钥结合的不可抵赖机制如下。

第 1 步：A 产生一次性的随机对称密钥 K1 加密要发送的消息 M。

第 2 步：A 用自己的私钥加密 K1。

第 3 步：A 用 B 的公钥加密第 2 步的结果。

第 4 步：A 通过网络将第 1 步和第 3 步的结果发送给 B。

第 5 步：B 接收到信息后，用自己的私钥解密发送过来的第 3 步的结果，得到签名。

第 6 步：B 用 A 的公钥解密第 5 步的结果，得到一次性对称密钥 K1。

第 7 步：B 用一次性对称密钥 K1 解密发送过来的第 1 步的结果，得到原消息 M。

第 8 步：对 A 的抵赖反驳。如果 A 抵赖，B 将从 A 收到的信息 $E_{A私}(K1)$ 交给仲裁者，仲裁者和 B 一样，用 A 的公钥解密 $E_{A私}(K1)$，如果解密成功，则 B 可以进一步解密获得消息 M，这说明 B 收到的密钥 K1 一定是用 A 的私钥加密的，而 A 的私钥只有 A 自己拥有，并且中途未被篡改，因此不能抵赖没有发送消息 M。

2.　机制评价

优点：这个机制可以防止发送者抵赖未发送消息的行为，并且在机制中不需要专门的第三方参与，具有数据保密作用。这个机制的最大优点是改进了上述机制性能低的缺点，只对短的对称密钥签名，该签名虽然只对一次性对称密钥 K1 进行签名，表面上好像签名没有跟整个消息关联，但实际上由于整个消息是用 K1 加密的，是受密钥 K1 加密保护的，因此签名是跟整个消息关联的。

缺点：该机制不具有双向不可抵赖的作用，只能防止 A 的抵赖行为，不能防止 B 的抵赖行为；签名与信息关联的程度不是很强，没有下面将要讲述的基于消息摘要的数字签名不可抵赖机制强。这里对 K1 是先签名后加密的，不能先加密后签名，否则有可能因为攻击者的再签名而得不到正确的对称密钥 K1。

8.3.4 基于消息摘要的不可抵赖机制与评价

1. 实现机制

假设 A 是发送方，B 是接收方，A 向 B 发送消息 M0，则基于消息摘要的不可抵赖机制如下。整体模型如图 8-2 所示。

第 1 步：A 用 SHA-1 等消息摘要算法对要发送的消息 M0 计算消息摘要 MD0。

第 2 步：A 用自己私钥加密这个消息摘要 MD0，这个过程的输出是 A 的数字签名（DS0）。

第 3 步：A 将消息 M0 和数字签名（DS0）一起发给 B。

第 4 步：B 收到消息和数字签名分别设为 M1 和 DS1（传输过程中有被篡改的可能性），B 用发送方 A 的公钥解密数字签名 DS1，这个过程得到的消息摘要设为 MD1。

第 5 步：B 使用与 A 相同的消息摘要算法重新计算收到的信息 M1 的消息摘要 MD2。

第 6 步：对 A 的抵赖反驳。B 比较两个消息摘要，如果 MD1=MD2，则表明 B 收到的消息是未经篡改的消息，同时由于消息摘要 MD1 是用 A 的公钥解签名获得的，说明原摘要一定是经过 A 的私钥签名，而 A 的私钥只有 A 拥有，因此 A 不能抵赖没有发送消息 M0。

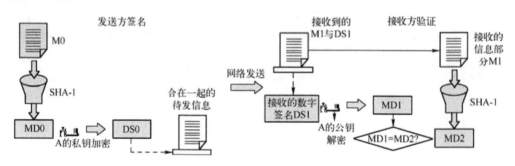

图 8-2　基于消息摘要的不可抵赖机制

2. 机制评价

优点：该机制可以防止发送者抵赖未发送消息的行为，并且在机制中不需要专门的第三方参与，具有完整性验证作用；其优点是只对消息摘要签名，机制性能好，且消息摘要跟整个消息密切关联。

缺点：这个机制不具有保密作用，也不具有双向不可抵赖的作用，只能防止 A 的抵赖行为，不能防止 B 的抵赖行为。

讨论：在该机制中，数字签名是否需要再用接收方的公钥加密来达到保密效果？答案是否定的，这是由摘要的性质（从数字签名解密得到的信息摘要里看不出任何与原消息有关的信息）决定的。

8.3.5　具有保密性和完整性的数字签名不可抵赖机制与评价

1. 实现机制

假设 A 是发送方，B 是接收方，A 向 B 发送消息 M，则具有保密性和完整性的数字签名不可抵赖机制如下。

第 1 步：A 用 MD5 或者 SHA-1 等算法对要发送的消息 M 计算消息摘要 MD0。

第 2 步：A 用一次性对称密钥 K1 加密要发送的消息 M。

第 3 步：A 用 B 的公钥加密一次性对称密钥 K1。

第 4 步：A 用自己私钥加密消息摘要 MD0，这个过程的输出是 A 的数字签名 DS。

第 5 步：A 将加密的消息，加密的一次性对称密钥 K1 和数字签名 DS 一起发给 B。

第 6 步：B 收到信息后用自己的私钥解密第 3 步的结果（加密的一次性对称密钥 K1），得到一次性对称密钥 K1。

第 7 步：B 用一次性对称密钥 K1 解密第 2 步的结果（加密的信息 M），得到原消息 M。

第 8 步：B 使用与 A 相同的消息摘要算法再次计算收到消息的消息摘要 MD2。

第 9 步：B 通过第 5 步收到数字签名，B 用发送方 A 的公钥解密数字签名（注意：A 是用他自己的私钥加密消息摘要得到数字签名的，只能用 A 的公钥解密），这个过程得到消息摘要设为 MD1。

第 10 步：对 A 的抵赖反驳。B 比较两个消息摘要，如果 MD1=MD2，则可以表明 B 收到的消息 M 是未经篡改的、具有保密性的消息，B 也断定消息是来自 A 而不是别人，因此 A 不能抵赖没有发送消息 M。

2. 机制评价

优点：这个机制可以防止发送者抵赖未发送消息的行为，并且在机制中不需要专门的第三方参与，具有完整性验证和保密作用；该机制的性能好，只对消息摘要签名和对对称密钥 K1 进行密钥的封装，且消息摘要是跟整个消息关联的。

缺点：该机制不具有双向不可抵赖的作用，只能防止 A 的抵赖行为，不能防止 B 的抵赖行为。

8.3.6　双方都不能抵赖的数字签名不可抵赖机制与评价

1. 实现机制

假设 A 是发送方，B 是接收方，A 向 B 发送消息 M，则双方都不能抵赖的数字签名不可抵赖机制如下。

第 1 步：A 用随机对称密钥 K 对消息 M 加密，记为 E(K，M)，并用自己的私钥对加密结果进行签名，记为 A $_{私}$(E(K，M))，最后用接收方 B 的公钥再次加密 A $_{私}$(E(K，M)) 后发送给接收方。

第 2 步：接收方 B 收到信息后，先用自己的私钥解密得到 A $_{私}$(E(K，M))，再用发送方的公钥解密得到 E(K，M)。

第 3 步：B 用自己的私钥对 E(K，M)进行签名（加密），记为 B $_{私}$(E(K，M))，再用发送方的公钥加密 B $_{私}$(E(K，M))后发送给发送方 A。

第 4 步：A 收到信息后，用自己的私钥解密得到 B $_{私}$(E(K，M))，再用接收方 B 的公钥解签名得到 E(K，M)。

第 5 步：A 比较解签名的结果与自己先前发送给 B 的 E(K，M)，如果相等，A 确认接收方 B 已正确收到信息。

第 6 步：A 把对称密钥 K 用自己的私钥签名，并用 B 的公钥加密，然后发送给 B。

第 7 步：B 收到信息后，先用自己的私钥解密，再用发送方 A 的公钥解签名得到对称密钥 K，就可以对 E(K，M)解密得到 M。

第 8 步：抵赖行为的反驳。由于双方都交换了数字签名，因此这个机制对双方的抵赖行为都具有作用。

2. 机制评价

优点：这个机制可以防止发送者和接收者双方的抵赖行为，保证了信息传输的安全性，适合安全性要求较高的数据传输，并且在该机制中不需要专门的第三方参与，具有完整性验证和保密作用；在该机制中，如果 B 不发送确认收到的信息并签名 B $_{私}$(E(K，M))，就不能得到明文 M，因此可以实现双向不可抵赖。

缺点：这个机制的缺点是性能不好，在这个机制中，发送方加密 5 次，解密 2 次，接收方加密 2 次，解密 5 次，计算复杂，性能较低。对于性能的改进可以参考基于信息摘要的数字签名不可抵赖性进行改进，只对信息摘要进行签名。

8.3.7 基于第三方仲裁的不可抵赖机制与评价

在前面讲述的直接签名中，不可抵赖性的验证模式依赖于发送方的私有密钥的保密程度，发送方要抵赖发送某一消息时，可能会声称其私有密钥已暴露、过期或被盗用等，导致他人伪造了签名，不是自己的真实签名，这种情况需要可信的第三方参与来避免出现类似情况，例如，用户要及时将私钥暴露的情况报告给可信的第三方授权中心，接收方在验证签名时要先到可信的第三方授权中心查验发送方的公钥是否吊销，然后再验证签名。这就产生基于第三方仲裁的不可抵赖机制，在这种机制中，仲裁者必须是一个所有通信方都充分信任的仲裁机构。

基于第三方仲裁的不可抵赖机制的基本思路是：发送方 A 创建一个签名，并把发送的信息、自己的身份、接收方的身份和签名先发送给仲裁者 C，C 检验该信息及其签名的出处和内容，然后将包含发送方的身份、接收者的身份和时间戳的信息副本保留在档案中，该仲裁者还用他的私钥根据信息创建自己的签名。再把信息、新签名、发送方的身份和接收方的身份发送给接收方 B。仲裁者在这一类签名模式中扮演着敏感而关键的角色。

1. 实现机制

假设 A 是发送方，B 是接收方，C 是双方可信的仲裁机构，A 向 B 发送消息 M，则基于第三方仲裁的不可抵赖机制如下。

第 1 步：A 用自己的私钥 KRa 签名（加密）要发送的消息 M，用 $E_{KRa}[M]$ 表示。

第 2 步：A 用 B 的公钥 KUb 加密第 1 步结果，用 $E_{KUb}(E_{KRa}[M])$ 表示。

第 3 步：A 将第 2 步的结果及 A 的标识符 ID_a 一起用 A 的私钥 KRa 签名（加密）后发送给仲裁机构 C，用 $E_{KRa}[ID_a \| E_{KUb}(E_{KRa}[M])]$ 表示。

第 4 步：A 将 A 的标识符 ID_a 也发送给 C，即 A 向 C 发送的全部消息为 $ID_a \| E_{KRa}[ID_a \| E_{KUb}(E_{KRa}[M])]$。

第 5 步：C 首先通过数字证书（在第 9 章中讲述）检查 A 的公/私钥对的有效性和真实性，并通过对第 3 步结果的解签名（解密）得到的 A 的标识符和第 4 步收到的 A 的标识符的比较，确认 A 的身份真假。

第 6 步：C 对 A 的抵赖反驳。C 通过第 3 步的数字签名知该消息是来自 A，并且中途未被篡改，A 不能抵赖。

第 7 步：C 将从 A 收到的签名消息 $E_{KRa}[ID_a \| E_{KUb}(E_{KRa}[M])]$ 进行解签名（解密）获得信息 $ID_a \| E_{KUb}(E_{KRa}[M])$，再加上时间戳 T（防止重放攻击）用 C 的私钥 KRc 签名后发送给 B，公式为 $E_{KRc}[ID_a \| E_{KUb}(E_{KRa}[M])] \| T$，并保留这个副本。

第 8 步：B 收到 C 的信息后用 C 的公钥解签名（解密）获得 $E_{KUb}(E_{KRa}[M])$。

第 9 步：B 用自己的私钥解密第 8 步的信息，再用 A 公钥解签名（解密）就获得 M。

第 10 步：B 对 A 的抵赖反驳。如果 A 抵赖发送过 M，B 可以向 C 提起申诉，将 $ID_a \| E_{KUb}(E_{KRa}[M]) \| T$ 发给 C，由 C 根据原来保留的信息（第 7 步）通过第 6 步来防止 A 抵赖发送过消息 M 的行为。

2. 机制评价

优点：这个机制可以防止发送者的抵赖行为，在机制中借助可信的第三方参与，因此前提是双方必须相信仲裁机构正常工作。同时该机制具有保密作用，它的最大好处是内部采用双重加密消息 $E_{KUb}(E_{KRa}[M])$，这对除了 B 以外的其他人都是安全保密的，包括仲裁机构 C；在通信之前各方无需共享任何信息，从而避免了共享信息是双方联合欺诈；C 能进行外层 $E_{KRa}[ID_a \| E_{KUb}(E_{KRa}[M])]$ 的解密，从而证实报文确实是来自 A 的，因为只有 A 拥有 KRa；时间戳告诉 B 该消息是及时的而不是重放是消息。具体信息发送的形式化公式如下。

$$A \rightarrow C: ID_a \| E_{KRa} [ID_a \| E_{KUb}(E_{KRa}[M])]$$

$$C \rightarrow B: E_{KRc}[ID_a \| E_{KUb}(E_{KRa}[M]) \| T]$$

缺点：这个机制也不具有双向不可抵赖的作用，只能防止 A 的抵赖行为，不能防止 B 的抵赖行为，但这个机制只要接收方 B 对从 C 收到的信息进行签名确认，就很容易实现接收方 B 的抗抵赖性，因为接收信息是经过可信第三方确认的；这个机制的缺点是性能低，多次用非对称加密机制加密整个信息 M。

8.4 数字签名综合应用实例

8.4.1 Web 服务提供者安全地向用户发送信息

下面看一个 Web 服务提供者如何安全地对用户发送一次信息的实例，在这个实例中假设使用 MD5 计算消息摘要，使用的对称加密算法是 DES，非对称加密算法是 RSA。

现有 Web 服务提供者甲向用户乙提供服务，为了保证信息传送的保密性、完整性和不可抵赖性，需要对传送的信息进行加密、数字签名和完整性验证。其传送过程如下。

第 1 步：甲对要发送的信息使用 MD5 进行哈希运算得到一个信息摘要。

第 2 步：甲用自己的私钥对信息摘要进行加密得到甲的数字签名，并将其附在信息上。

第 3 步：甲随机产生一个 DES 密钥，并用此密钥对要发送的信息进行加密形成密文。

第 4 步：甲用乙的公钥对刚才随机产生的加密密钥再进行加密，将加密后的 DES 密钥连同密文一起传送给乙。

第 5 步：乙收到甲传送过来的密文，数字签名和加密过的 DES 密钥，先用自己的私钥对加密的 DES 密钥进行解密，得到 DES 密钥。

第 6 步：乙然后用 DES 密钥对收到的密文进行解密，得到明文的数字信息。

第 7 步：乙用甲的公钥对甲的数字签名进行解密得到消息摘要。

第 8 步：乙用 MD5 对收到的明文再进行一次哈希运算，得到一个新的消息摘要。

第 9 步：乙将收到的消息摘要和新产生的消息摘要进行比较，如果一致，说明收到的信息一定是甲发送过来的具有保密作用的并且没有被修改过的信息。

以上 9 个步骤是 Web 服务提供者向用户发送信息的过程，在整个过程中，涉及数据的保密性、完整性和不可抵赖性，这个过程同样也适用于用户向 Web 服务提供者提交信息的过程。

8.4.2 对等网络中两个用户的一次安全消息发送

假设张三和王五是对等网络中的两个用户，现在张三向王五传送信息，为了保证信息传送的保密性、完整性和不可抵赖性，需要对要传送的信息进行加密、数字签名和完整性验证，传送过程如下。

第 1 步：张三准备好要传送的明文信息。

第 2 步：张三对信息进行哈希运算，得到一个信息摘要。

第 3 步：张三用自己的私钥（SK）对信息摘要进行加密得到张三的数字签名，并将其附在数字信息上。

第 4 步：张三随机产生一个加密密钥（DES 密钥），并用此密钥对要发送的信息进行加密，形成密文。

第 5 步：张三用王五的公钥（PK）对刚才随机产生的加密密钥进行加密，将加密后的 DES 密钥连同密文一起传送给王五。

第 6 步：王五收到张三传送过来的密文和加过密的 DES 密钥，先用自己的私钥（SK）对加密的 DES 密钥进行解密，得到 DES 密钥。

第 7 步：王五然后用 DES 密钥对收到的密文进行解密，得到明文的数字信息，然后将 DES 密钥抛弃（即 DES 密钥作废），防止重放攻击。

第 8 步：王五用张三的公钥（PK）对张三的数字签名进行解签名（解密），得到信息摘要。

第 9 步：王五用相同的哈希算法对收到的明文再进行一次哈希运算，得到新的信息摘要。

第 10 步：王五将收到的信息摘要和新产生的信息摘要进行比较，如果一致，说明收到的信息是张三发送过来的，并且没有被修改过，张三不能抵赖。

8.4.3　PGP 加密技术

PGP（Pretty Good Privacy）加密技术是一个基于 RSA 公钥加密体系的邮件加密软件。PGP 把 RSA 公钥体系和私钥加密体系结合起来，并且在数字签名和密钥认证管理机制上有巧妙的设计，PGP 是目前最流行的公钥加密软件包之一。

由于 RSA 算法计算量极大，在速度上不适合加密大量数据，所以在实际应用中，PGP 用来加密的不是 RSA 本身，而是采用对称加密算法 IDEA，IDEA 加解密的速度比 RSA 快得多。

PGP 随机生成一个密钥，用 IDEA 算法对明文加密，然后用 RSA 算法对密钥加密（密钥的封装）。收件人同样是用 RSA 解出随机密钥，再用 IEDA 解出原文。这样的加密方式既有 RSA 算法的保密性和认证性，又保持了 IDEA 算法速度快的优势。使用 PGP 可以简洁而高效地实现邮件或者文件的加密与数字签名。

8.5　非对称密钥加密算法的中间人攻击与分析

在前面的数据加密、数字签名、数据完整性验证等过程中都用到了非对称密钥加密技术，因此非对称密钥加密技术非常重要，但它也有被攻击可能性，这就是中间人攻击，具体攻击的方法如下。

第 1 步：张三要给李四安全保密地发送信息，张三必须先向李四提供自己的公钥 $K_张$，并请求李四也把他的公钥 $K_李$ 给张三（相互要交换公钥）。

第 2 步：中间攻击者王五截获张三的公钥 $K_张$，并用自己的公钥 $K_王$ 替换 $K_张$，并把 $K_王$ 转发给李四。

第 3 步：李四答复张三的信息，发出自己的公钥 $K_李$。

第 4 步：王五又截获李四发送的信息，将李四的公钥 $K_李$ 改为自己的公钥 $K_王$，并把它转发给张三。

第 5 步：张三认为李四的公钥是 $K_王$，就用 $K_王$ 加密要发送的信息给李四。

第 6 步：王五截获张三发送的信息，并用自己的私钥解密信息，非法获得张三发送的信息，他又用李四的公钥 $K_李$ 重新加密消息，然后转发给李四。

第 7 步：李四用自己的私钥解密从王五那里收到的信息，并进行答复，李四的答复是用 $K_王$ 进行加密的，因为李四以为 $K_王$ 是张三的公钥 $K_张$。

第 8 步：王五截获这个消息，用自己的私钥解密，非法获得信息，并用张三的公钥 $K_张$ 重新加密信息，然后转发给张三，张三用自己的私钥解密发过来的信息。

第 9 步：这个过程不断重复，张三和李四发送的信息都被王五看到，而张三和李四还认为是直接进行通信。

出现这个问题的主要原因是自己的公钥被别人冒名顶替，因此必须解决这个问题，保证公钥和身份关联的正确性。

下面再看一个例子：用户 A 冒充用户 B，发布自己的公钥 K_A 说这是 B 的公钥 K_B，这样有人要给 B 发信息时就会误用 A 的公钥加密，A 截获加密的消息后，A 可以用自己的私钥解密，非法看到信息的内容，因此要有可信的第三方管理大家的公钥及其身份，具体内容将在第 9 章中介绍。

8.6 几种特殊的数字签名

在 8.5 节中介绍了一些普通的数字签名方案，但在日常应用中会遇到不同的情况和需求。为了满足不同的需求，研究者提出了各种应用在不同情况下的特殊数字签名方案，以解决或者部分解决某些现实问题。下面介绍几个特殊用途的签名方案：盲签名、不可否认签名、代理签名和群签名。

8.6.1 盲签名

盲签名（Blind Signature）的概念是由 David Chaum 于 1982 年提出。盲签名方案是一个有关两个实体的密码系统，包括请求签名方和签名者。盲签名允许请求签名方能够拥有签名者所签署的消息的签名，同时签名者在签名过程中无法得到任何关于自己所签署消息的内容。也就是说，签名者只是对消息进行数字签名，而不能知道待签消息的实际内容。盲签名主要应用于数字现金，电子投票等领域。

盲签名过程如图 8-3 所示。请求签名方把待签的明文消息 m 通过盲变换成为 M，从而把明文 m 的内容隐藏起来，然后把 M 发给签名者进行数字签名；签名者在签名后把签名结果 Sig(M)发回给请求签名方；请求签名方把收到的签名 Sig(M)进行解盲变换后即可得到签名者对消息 m 的签名 Sig(m)。

图 8-3　盲签名过程

8.6.2　不可否认签名

不可否认签名（Undeniable Signatures）的概念由 Chaum 和 Antwerpen 于 1989 年提出，并且给出了一个具体的实现。与普通的数字签名一样，不可否认的数字签名，除了具有两个交互的协议，即验证协议和否认协议外，还增加一个抵赖协议（Disavowal Protocol），即只有在得到签名者的许可后才能进行验证，亦即在没有签名者的合作时，请求签名方将无法验证签名的合法性。不可否认签名主要有以下三部分组成。

① 签名过程：签名者 A 对消息进行数字签名，其他人不能伪造该签名。

② 确认过程：请求签名方 B 和签名者 A 执行交互式协议，以确认该签名的有效性。

③ 否认协议：签名者 A 和请求签名方 B 执行的交互式协议，使得签名者 A 能够向请求签名方 B 证明某个签名不是自己签署的；不属于签名者 A 的签名一定能够通过否认协议，属于签名者 A 的合法签名（即签名者 A 进行欺骗）通过否认协议的概率极小而可以忽略。

不可否认的签名可以应用在许多方面。例如某公司 A 开发了一个软件，A 把该软件和对该软件的不可否认签名卖给 B。B 当面验证 A 的签名，以确认该软件的真实性。现在假若 B 想把该软件的拷贝私自卖给第三方 C，但由于没有公司 A 的参与，因而 C 无法验证该软件的真实性，从而保护了公司 A 的利益。不可否认签名把签名者与消息之间的关系和签名者与签名之间的关系分开。在这种签名方案中，任何人能够验证签名者实际产生的签名，验证方还需要验证该消息的签名是有效的。

但是不可否认签名也有缺点：假若签名者不愿意合作或者签名者不能被利用时，签名就不能被验证。因为，不可否认数字签名只有在得到原始签名者的合作下才可进行验证，所以签名者可以拒绝合作或在某种情况（网络繁忙等）下不能参与合作。基于这种情况，Chaum 引进了证实数字签名的概念。证实签名中引入了半可信任的第三方，他完成签名的证实和否认。当然，半可信任的第三方不能参与签名的计算，他只给签名验证者提供该签名的证实。很明显，证实签名比不可否认签名有所进步，它克服了不可否认签名的缺点，为签名的验证提供了可靠的保障。可证实签名的方案也出现了不少，这方面的研究还在不断继续，提供更加安全保障的方案，以满足实际应用的要求。

8.6.3　代理签名

代理签名（Agent Signature Scheme）是指用户由于某种原因指定某个代理代替自己签名。该概念由 Mambo 等人于 1996 年提出。例如，A 需要出差，而出差的地方不能很好地访问计算机网络，A 希望接收一些重要的电子邮件，并指示其秘书 B 作相应的回信。A 在不把其私钥给 B 的情况下，可以请 B 代理。

代理签名具有以下几方面的特性。

① 可区分性（Distinguishability）：任何人都可区别代理签名和正常的签名。

② 不可伪造性（Unforgeability）：只有原始签名者和指定的代理签名者能够产生有效的代理签名。

③ 代理签名的差异（Deviation）：代理签名者必须创建一个能检测到是代理签名的有效代理签名。

④ 可验证性（Verifiability）：从代理签名中，验证者能够相信原始的签名者认同了这份签名消息。

⑤ 可识别性（Identifiability）：原始签名者能够从代理签名中识别代理签名者的身份。

⑥ 不可否认性（Undeniability）：代理签名者不能否认由他建立且被认可的代理签名。

另外，从授权的程度上可以划分为三类：完全授权（Full Delegation），部分授权（Partial Delegation）和许可授权（Delegation by Warrant）。

8.6.4　群签名

群体密码学（Group-Oriented Cryptography）于 1987 年由 Desmedt 提出。它是研究面向社团或群体中所有成员需要的密码体制。在群体密码中，有一个公用的公钥，群体外面的人可以用它向群体发送加密消息，密文收到后要由群体内部成员的子集共同进行解密。群签名，又称团体签名（Group Signature）是面向群体密码学中的一个课题，1991 年由 Chaum 和 Heyst 提出，具有以下特点：

① 只有群中成员才能代表群体签名；

② 接收到签名的人可以用公钥验证群签名，但不可能知道由群体中哪个成员所签；

③ 在发生争议时，可由群体中的成员或可信赖的第三方来识别该签名的签字者。

例如，由投标公司组成的一个群体，一般情况下并不知道哪一份标书是属于哪一家公司签名的，而到该标书被选中之后才能识别出是哪一家公司。又如，一个公司有几台计算机，每台都连在局域网上。公司的每个部门都有自己的打印机，也连在局域网上，只有本部门的人员才被允许使用他们部门的打印机。因此，打印前，必须使打印机确信用户是该部门的。同时，公司不想暴露用户的姓名。然而，如果有人在当天结束时发现打印机用得太频繁，主管者必须能够找出谁滥用了那台打印机。

群签名可使用仲裁者：

① 仲裁者生成一大批公开密钥/私钥密钥对，并且给群体内每个成员一个不同的唯一私钥表，在任何表中密钥都是不同的。如果群体内有 n 个成员，每个成员得到 m 个密钥对，那么总共有 n×m 个密钥对。

② 仲裁者以随机顺序公开该群体所用的公开密钥组表，并保持各个密钥属主的秘密记录。

③ 当群体内成员想对一个文件签名时，他从自己的密钥表中随机选取一个密钥。

④ 当有人想验证签名是否属于该群体时，只需查找对应公开密钥表并验证签名即可。

⑤ 当争议发生时，仲裁者也可查表得知该公钥对应于哪位成员。

这个协议的问题在于需要可信的一方，而且 m 必须足够长以避免被攻击者分析出具体某位成员用了哪些密钥。

群签名给该群体中的成员提供了匿名性，即验证者只能信任或者不信任签名在该群中的合法性，而不知道该成员是谁，也不能从得到的签名中分析哪几个签名属于同一个人产生。所以，群签名对于隐藏组织中的组成结构、提供群组成员的匿名性提供了技术保障，它可以应用到电子货币的发行、政府组织结构的隐藏、匿名选举、竞标等方面。

第 **9** 章
用户行为可信性实现机制与评价

9.1 网络安全中用户行为可信性概述

国际研究表明网络安全正向网络可信方向发展，未来网络安全是增加行为可信的可信网络，这也是网络安全研究领域近年来取得的一个新的共识。

正如美国工程院院士 David Patterson 教授所指出："过去的研究以追求高效行为为目标，而今天计算机系统需要建立高可信的网络服务，可信性必须成为可以衡量和验证的性能。"[28-30]在实现网络安全方面，Rasmusson 和 Jansson[31]首次提出了用硬安全（Hard Security）和软安全（Soft Security）概念来表示两种不同的安全方法。其中，硬安全是通过网络安全技术来保护资源的安全机制，如认证、加密，不可抵赖等；软安全是用类似社会控制机制中的可信和信誉系统来实现网络安全。可见，网络中的最初可信是安全机制的范畴，是实现安全的一种手段。实际上，网络可信不仅是对安全属性的可信，也可以是对性能、收费等各种属性的可信；网络可信不仅可以通过减少或避免与恶意用户的交往来提高网络的安全性，而且由于相互可信提高了服务提供者和用户间合作完成任务的可能性，简化了因不可信带来的监控和防范等额外开销，因此网络可信不仅可以提高网络的安全性而且也可以提高网络的整体性能[32]。

研究用户行为的可信主要考虑下面几个方面。

第一，研究用户行为可信首先是因为用户的可信包括用户的身份和用户的行为可信，传统的授权与认证主要解决了用户的身份可信问题，但并没有解决用户的行为可信问题。因此必须在传统用户身份可信研究的基础上研究用户的行为可信，同时由于行为可信不仅比身份可信的控制粒度更细更具体，而且它是一种动态的可信形式，因此需要研究用户的行为可信。

第二，如果从网络的服务提供者、网络本身和网络用户三个组成信息系统层面上来看，现有的保护措施是逐层递减的，这说明人们往往把过多的注意力放在对服务提供者和网络的保护上，而忽略了对用户的保护，这显然是不合理的。因为用户不仅是创建和存放重要数据的源头，同时绝大多数的攻击事件也都是从用户端发起的。例如数据泄密和蠕虫病毒感染等都是因为用户终端的脆弱性引起的。如果能够将不安全因素从用户端源头开始控制，使其符合安全和行为规范，就可以更加完善地保证整个网络的安全。因此目前网络中一项重要研究内容就是从用户终端源头控制网络安全，这种需求需要对用户行为可信进行评估与预测，为能达到从源头控制网络安全的目的奠定基础。

第三，近年来的网络应用经验表明网络安全不是信息安全的全部，内容安全也占相当重要的部分。如果用户间的信息内容不能得到保证，即使网络是很安全的，信息安全也无法保障，现在，垃圾邮件引发出的"网络钓鱼"、"信用卡欺骗"等安全威胁都是这类问题。另外由于网络犯罪行为具有多样、随机、隐蔽等特点，使得对网络违法犯罪的行为难于取证，难于追溯，所以各种网络违法犯罪活动大量出现，如网络攻击、非法授权、信息泄露、更改、破坏数据、网络病毒和蠕虫等。如何控制这些网络违法犯罪行为，从网络技术层面出发研究对网络用户行为可信的评估和监控，通过采用必要的控制机制来控制网络用户的用网行为，使用户逐渐成为可信的网络使用者，最终达到规范网络行为的目的。

第四，利用研究用户行为可信可以在用户没有进行任何破坏行为之前提前预测用户的行为，即检测控制具有主动性和行为的预见性，而不是像入侵检测那样要等检测到不法行为发生时才开始阻止破坏行为的发生。

第五，通过用户行为可信的研究，不仅可以通过减少或避免与恶意用户的交往来提高网络的安全性，而且因为服务提供者与用户之间建立了互信，从而提高了他们间合作完成任务的可能性，简化了因不可信带来的监控和防范等额外开销，因此用户行为可信的研究不仅可以提高网络的安全性而且也可以提高网络的整体性能。

定义 9.1　用户行为可信性　用户行为可信性是指用户的行为及其结果总是可以预期与可管理的，是服务提供者基于用户行为之上的对用户行为的综合预期评价，是所有行为可信属性的组合。用户行为可信属性是某一类相关的具有一定应用背景的所有行为证据的有机组合。例如，安全行为属性是与安全有关的所有行为证据的有机组合，用户行为证据是指可用软硬件直接测量获得的用户行为的数据。可预期是长期可信积累的结果，可管理是指可以进行控制的，因此用户的行为是否可信，是一种动态的行为可信，而不仅仅是传统网络中的静态的身份可信。传统的关于用户的安全机制解决了身份可信的问题，但并不能处理行为的可信问题。总之，用户行为可信性要能够做到：行为状态可监测，行为结果可评估，异常行为可管理。

9.2　实现用户行为可信性机制的评价标准

用户行为可信性机制的评价标准主要包括三个方面，一是历史行为可信评估的准确性，二是依据历史行为的可信结果可以对未来行为可信进行预测，三是依据历史行为和实时监测的行为结果，并结合风险分析可以进行实时监控。具体标准包括以下方面。

（1）可信评估的客观性：可信是从社会科学中借鉴过来的，主观性过多会影响可信评估的可信度，因此评估应该是主客观相结合的，即可信评估的评价是主观的，但内容必须是客观的，兼顾可信的主客观特性。

（2）主观的一致性：当用户行为可信评估中主观性参数较多时，需要提供主观性的一致性检查，保证评估结果的科学性和合理性。

（3）可信评估的规模性：用户行为的可信评估应该是基于用户长期大量的行为，因为只有通过大量的用户行为得来的评估结果才具有稳定性和代表性的"性格特性"，才能作为我们控制的依据，强调"日久见人心"的社会可信特性。

（4）评估考虑行为的价值性：考虑用户行为的价值是防止恶意用户用低价值的访问换取高可信，然后用高可信进行高价值行为欺骗。

（5）可信评估的时间特性：可信评估要考虑近期用户行为的重要性和远期行为的衰减性等时间特性。

（6）可信评估的防欺骗：防范恶意用户以少数次，低价值访问来换取高可信等的欺骗，通常采取保守的"慢升"可信值的方法来防范欺骗。

（7）可信评估的欺骗惩罚：不仅要防范欺骗，同时对已经发生欺骗的行为要进行惩罚，通常采取大幅度的"快降"可信值的方法来惩罚欺骗。

（8）方法的可扩展性：这与要求用户行为的规模性是一对矛盾，可信网络中用户及其行为证据是一个庞大的数据，因此要解决可扩展性问题。

（9）可信信息的可共享性：可信信息共享不仅可以加快对陌生用户的可信评估速度，而且可以提高可信评估的可信度，因此需要在各个不同服务提供者之间进行可信信息的共享与交换。主要解决可信的主观性带来的可信信息难以共享的问题。

（10）行为证据的规范性：各种行为证据的大小、方向性、单调性、含义各不相同，要对其进行统一规范化处理。

（11）控制效果与性能折中性：用户行为控制应具有主动性和预见性，而不是要等检测到了不法行为发生时才开始阻止破坏行为的发生，基本思路是以预防为主，以监控为辅，这样可以兼顾控制的效果与性能两大问题。

（12）防风险性：可信与风险是一对矛盾统一体，在可信的基础上需要进行风险分析。

9.3　基于 AHP 的用户行为可信评估的机制与评价

本章讲述一种基于层次分析法（Analytic Hierarchy Process，AHP）[33]分层分解的用户行为可信评估模型。下面首先论述用户行为可信评估的层次分解策略。

9.3.1　用户行为可信评估的层次分解策略

用户行为可信证据是指可用软硬件直接测量获得的数据，它具有客观性和确定性等特性，但可信具有主观性、笼统性等特性，这不利于对用户行为可信评估的量化。为此，根据实际应用需求和功能特性将整体的用户行为可信逐层分解，将综合的、笼统的用户行为可信分解为若干行为可信属性，再将行为可信属性继续细化为可用软硬件直接测量的行为可信证据，这样可以有效解决可信网络中用户行为可信的笼统性和不确定性问题。因此，用户行为可信的量化评估是分层次的，用户的某个行为可信属性是多项行为可信证据的"组合"，整体行为可信评估又是多项行为属性的"组合"，即由行为证据可计算出某个用户的行为属性，由用户行为属性可计算出用户的整体行为可信评估值。详细分解图见图 9-1 用户行为可信的三层基本分解模型。

在可信的"组合"计算中，主要包括两个方面的内容：第一个内容是证据，它包括证据的更新，可信化处理，规范化表示等一系列预处理，这个问题已经在第 2 章进行了详细的论述；第二个内容是如何科学确定证据和属性的权值，在研究中不仅要考虑权重能够反映证据在用户行为可信评估中的重要性，而且要防止当证据量非常大时，各个证据权重的冲突与矛盾，本章采用 AHP 法来解决这个问题，用它来确定这些权值，并进行合理性验证和层次组合计算。

9.3.2 用户行为可信分层量化评估的基本思路

1. 用户行为可信属性的量化评估

由定义 9.1 可知，用户行为可信属性是某一类相关的具有一定应用背景的所有行为证据的有机组合。例如，安全行为属性是与安全有关的所有行为证据的有机组合。

我们用矩阵的方法求用户的行为可信属性，设 n 表示用户行为可信包含可信属性的项数，p 表示所有可信属性中包含可信证据项数的最大值，没有达到最大值 p 的可以让对应的权值为 0，$et_{ij} \in [0,1]$ 表示第 i 个可信属性的第 j 个证据，$wet_{ij} \in [0,1]$ 表示第 i 个可信属性的第 j 个可信证据的权值，即有：

$$\text{证据矩阵 } \mathbf{ET} = \begin{bmatrix} et_{11} & \cdots & et_{1f} & \cdots & et_{1p} \\ \vdots & & \vdots & & \vdots \\ et_{i1} & \cdots & et_{if} & \cdots & et_{ip} \\ \vdots & & \vdots & & \vdots \\ et_{n1} & \cdots & et_{nf} & \cdots & et_{np} \end{bmatrix}$$

$$\text{权值矩阵 } \mathbf{WET} = \begin{bmatrix} wet_{11} & \cdots & wet_{1f} & \cdots & wet_{1p} \\ \vdots & & \vdots & & \vdots \\ wet_{i1} & \cdots & wet_{if} & \cdots & wet_{ip} \\ \vdots & & \vdots & & \vdots \\ wet_{n1} & \cdots & wet_{nf} & \cdots & wet_{np} \end{bmatrix}$$

这里的权值 wet_{ij} 为 0 的可能性有：属性的证据项数没有达到最大值 p 或者服务提

供者对相应的证据不感兴趣。计算可信属性的公式为：

$$\mathbf{ET} \cdot \mathbf{WET}^{\mathrm{T}} = \begin{bmatrix} et_{11} & \cdots & et_{1f} & \cdots & et_{1p} \\ \vdots & & \vdots & & \vdots \\ et_{i1} & \cdots & et_{if} & \cdots & et_{ip} \\ \vdots & & \vdots & & \vdots \\ et_{n1} & \cdots & et_{nf} & & et_{np} \end{bmatrix} \cdot \begin{bmatrix} wet_{11} & \cdots & wet_{1f} & \cdots & wet_{1p} \\ \vdots & & \vdots & & \vdots \\ wet_{i1} & \cdots & wet_{if} & & wet_{ip} \\ \vdots & & \vdots & & \vdots \\ wet_{n1} & \cdots & wet_{nf} & \cdots & wet_{np} \end{bmatrix}^{\mathrm{T}} \quad (9\text{-}1)$$

结果只取主对角线值或只计算主对角线的值就可以了，这样就可得到各个可信属性值。

2. 用户行为可信的量化评估

有了可信属性值，就可以对可信进行计算了。设用户行为可信的属性向量 $\boldsymbol{A}$ 为 $\begin{bmatrix} a1 \\ \vdots \\ a_i \\ \vdots \\ a_n \end{bmatrix}$，可信属性的权值向量 $\mathbf{WA} = \begin{bmatrix} wa_1 \\ \vdots \\ wa_i \\ \vdots \\ wa_n \end{bmatrix}$，则用户行为可信的计算公式为：

$$\mathrm{Tru} = \boldsymbol{A} \cdot \mathbf{WA}^{\mathrm{T}} = (a_1 \cdots a_i \cdots a_n)(wa_1 \cdots wa_2 \cdots wa_n) = \sum_{i=1}^{n} a_i wa_i \quad (9\text{-}2)$$

9.3.3 基于 AHP 的用户行为可信评估

1. AHP 在用户行为可信评估中的作用

从前面的用户行为可信属性和用户行为可信的计算可以看到，各个可信证据和可信属性的权重是否合理，是否科学是评估用户行为可信非常重要的内容，因此必须要有科学的方法来解决这个问题。本书运用 AHP 原理科学地解决了证据和属性的权重问题。AHP 是一种定性与定量相结合的多目标决策分析方法，它简化了问题分析的复杂性，使复杂问题的定量分析成为可能，为分析相互关联、相互制约的复杂问题提供了一种实用有效的分析方法。AHP 方法的主要思想是通过分析复杂系统的有关要素及其相互关系，把其简化为有序的递阶层次结构，使这些要素归并为不同的层次，形成一个多层次的分析结构模型，最终把系统分析归结为最低层因素（供决策的方案、措施等）相对于最高层目标（总目标）的相对重要性权值的确定问题[34,35]。这正好符合可信评估的多层次分解模型，可以将定性的具有主观的可信评估问题转化为定量的客观的计算问题。

2. AHP 的计算方法

AHP 是美国运筹学家、匹兹堡大学教授托马斯·萨提（Thomas Saaty）于 20 世纪

70 年代初，在为美国国防部研究"根据各个工业部门对国家福利的贡献大小而进行电力分配"课题时，应用网络系统理论和多目标综合评价方法提出的一种层次权重决策分析方法[36]。该方法引入了判断矩阵，用判断矩阵及其特征根可以检验决策者的思维是否一致，有助于决策者自我检验并进一步保持判断思维的一致性。其具体的解题步骤如下。

（1）建立层次结构模型

在深入分析所研究的问题后，将问题中所包含的因素划分为不同的层次（如目标层、准则层、方案层、措施层等），并画出层次结构图表示层次的递阶结构和相邻两层因素的从属关系。本书的基本层次结构模型参见图 9-1。

（2）构造判断矩阵

矩阵元素的值表示决策者对各因素关于目标的相对重要性的认识。在相邻的两个层次中，高层次为目标，低层次为因素。决策者用两两比较法对多个证据的重要程度作比较。在比较时引进 9 级分制，用 1～9 表示，含义如表 9-1 所示。

表 9-1　层次分析法中 9 级分制及其含义

标　度	含　义
1	表示两个因素相比，具有同样的重要性
3	表示两个因素相比，一个因素比另一个因素稍重要
5	表示两个因素相比，一个因素比另一个因素重要
7	表示两个因素相比，一个因素比另一个因素重要的多
9	表示两个因素相比，一个因素比另一个因素极为重要
2、4	上述两判断的中间值（1 和 3；3 和 5）
6、8	上述两判断的中间值（5 和 7；7 和 9）
倒数	相应两因素交换次序比较的重要性

（3）层次单排序及一致性检验

判断矩阵的特征向量 W 经过归一化后即为各因素关于目标的相对重要性的排序权值。利用判断矩阵的最大特征值，可求一致性检验指标 C_I 和一致性比率 C_R 值。当 $C_R<0.1$ 时，认为层次单排序的结果有满意的一致性；否则，需要调整判断矩阵各元素的取值重新进行层次单排序。

（4）层次总排序

计算某一层次各因素相对上一层次所有因素的相对重要性的排序权值称为层次总排序。由于层次总排序过程是从最高层到最低层逐层进行的，而最高层是总目标，所以，层次总排序也是计算某一层次各因素相对最高层（总目标）的相对重要性的排序权值。

设上一层次 A 包含 m 个因素 $A_1, A_2, \cdots, A_m$，其层次总排序的权值分别为 $a_1, a_2, \cdots, a_m$；

下一层次 B 包含 n 个因素 $B_1, B_2, \cdots, B_n$，它们对于因素 $A_j (j=1, 2 \cdots, m)$ 的层次单排序权值分别为 $b_{1j}, b_{2j}, \cdots, b_{nj}$（当 B_k 与 A_j 无联系时，$b_{kj}=0$），则 B 层次总排序权值可按表 9-2 所对应的公式计算。

表 9-2　层次总排序计算表

层次 B	A_1	$\cdots$	A_m	B 层次总排序权值
	a_1	$\cdots$	a_m	
B_1	b_{11}	$\cdots$	b_{1m}	$\sum a_j b_{1j}$
B_2	b_{21}	$\cdots$	b_{2m}	$\sum a_j b_{2j}$
$\vdots$	$\vdots$		$\vdots$	$\vdots$
B_m	b_{n1}	$\cdots$	b_{nm}	$\sum a_j b_{nj}$

（5）层次总排序的一致性检验

这一步是从高到低逐层进行的。如果 B 层次若干因素对于上一层次某一因素 A_j 的单排序一致性检验指标为 C_I，相应的随机一致性指标为 R_I，则 B 层次总排序随机一致性比率为 $C_R = \dfrac{\sum\limits_{j=1}^{m} a_j C_{Ij}}{\sum\limits_{j=1}^{m} a_j R_{Ij}}$ 。

类似的，当 $C_R < 0.1$ 时，认为层次总排序结果具有满意的一致性；否则，需要重新调整判断矩阵的元素值。

3. 基于 AHP 的行为可信证据的权重计算方法

从 AHP 解决问题的步骤可以看到，层次分析法计算的根本问题是求判断矩阵的最大特征根和对应的特征向量，这种计算方法是精确计算方法，在要求不是非常严格的情况下，可以使用改进的近似计算方法，它可以使算法更简单，算法需要的空间资源更少，计算速度更快，下面论述本书采用的近似计算方法——和积法[37]。

设判断矩阵为 n 阶的正互反矩阵 $A=(a_{ij})_{n \times n}$，则用和积法求最大特征向量和特征根的方法如下。

（1）对 A 按列规范

$$\overline{a}_{ij} = \frac{a_{ij}}{\sum\limits_{i=1}^{n} a_{ij}}, \quad i, j = 1, 2, \cdots, n \qquad (9\text{-}3)$$

（2）将规范化后的判断矩阵按行相加

$$\overline{w}_i = \sum_{j=1}^{n} \overline{a}_{ij}, \quad i = 1, 2, \cdots, n \qquad (9\text{-}4)$$

（3）对向量 $\overline{W} = \begin{pmatrix} \overline{w}_1 & \overline{w}_2 & \cdots & \overline{w}_n \end{pmatrix}^{\mathrm{T}}$ 规范化

$$w_i = \frac{\overline{w}_i}{\sum\limits_{i=1}^{n} \overline{w}_i} \tag{9-5}$$

则 $\overline{W} = \begin{pmatrix} w_1 & w_2 & \cdots & w_n \end{pmatrix}^{\mathrm{T}}$ 即为最大特征向量的近似值。

（4）利用最大特征向量求最大特征根的近似值

$$\lambda_{\max} = \frac{1}{n} \sum\limits_{i=1}^{n} \frac{\mathbf{AW}_i}{w_i} \tag{9-6}$$

其中，$\mathbf{AW}_i$ 表示向量 $\mathbf{AW}$ 的第 i 个元素。

4. 基于 AHP 的行为可信证据权重的一致性检验

判断矩阵是用两两比较法和决策者对话得到的，当用户行为可信的证据较多时，可能会发生判断不一致的情况。由于判断矩阵是根据专家经验给出的主观判断，所以不一致性在所难免，一致性检验就是判断不一致程度的方法。

为了进行一致性检验，Saaty 定义了一致性指标 $C_{\mathrm{I}} = \frac{\lambda_{\max} - n}{n-1}$。显然，当完全一致时，$C_{\mathrm{I}}=0$。当不一致时，一般 n 越大，一致性也越差，所以引入了平均随机一致性指标 R_{I} 和随机一致性比率 $C_{\mathrm{R}} = \frac{C_{\mathrm{I}}}{R_{\mathrm{I}}}$。

平均随机一致性指标 R_{I} 是这样得到的：对于特定的 n，随机构造 n 阶正互反矩阵 A'，其中 a'_{ij} 是从 1，2，$\cdots$，9，1/2，1/3，$\cdots$，1/9 中随机抽取，这样得到的 A' 可能是最不一致的。取充分大的子样（如 1 000 个样本），得到 A' 的最大特征根的平均值 λ_{ave}。定义平均随机一致性指标 $R_{\mathrm{I}} = \frac{\lambda_{\mathrm{ave}} - n}{n-1}$。对于 1～9 阶的判断矩阵，Saaty 给出了如表 9-3 所示的 1～9 阶矩阵 R_{I} 的值[38]。R_{I} 的引入在一定程度上克服了一致性检验指标 C_{I} 随矩阵阶数增大而明显增大的弊端。

表 9-3　1-9 阶矩阵的平均随机一致性指标

1	2	3	4	5	6	7	8	9
0	0	0.58	0.90	1.12	1.24	1.32	1.41	1.45

在进行一致性判定时，如果修正值 $C_{\mathrm{R}}<0.1$，则认为不一致性可以被接受；若 $C_{\mathrm{R}}\geqslant0.1$，认为不一致不能接受，需要修改判断矩阵。

5. 基于 AHP 的行为可信属性的权重计算方法

计算可信属性的权重与计算可信证据的权重类似，只要将证据的值替换为可信属性的评估值就可以了，这里不再赘述。

9.3.4 用户行为可信性评估的机制评价

基于 AHP 的用户行为可信评估策略科学地解决了各个行为证据和可信属性的权重，符合可信评估的多层次分解模型，可以将定性的具有主观的可信评估问题转化为定量的客观的计算问题。

行为证据是该评估方法的基础，证据获取要全面、实时、真实可靠、尽量不影响网络的正常流量。在获得证据后要进行"清理"，即剔除冗余的、无效的证据，将无序的、杂乱的证据整理成有序的、完备的证据，并进行规范化表示，为用户行为评估奠定坚实的基础。

在用户每次访问的过程中，由于用户的行为是随机的、不确定的，因此能否获得证据也是随机的、不确定的。执行了某些行为，与这些行为的相关证据就可以获得，例如，进行了检索，则检索的关键字是否在敏感字典里就可以获得，根据查询过程中在敏感字典的出现的关键字个数，来判断可信的等级；不执行某些行为，与这些行为相关的证据就不能获得，例如，不进行检索，则"检索的关键字"证据就没有。这样就会出现用户证据获得不全的情况。用户证据获得不全对可信评估带来重大影响，第一，当用户行为证据不全时，如果只按已经获得的证据及原有的权重进行计算的话，权重的和不再等于 1，计算的结果必定是错误的。第二，即使把权重扩充到 1，如果证据较少，那么本次的可信评估不能代表本次用户行为可信真实的评估结果，失真比较严重。第三，如果只按已经获得的证据进行可信评估，那么恶意用户可能用"低价值"的用户访问换取高可信的欺骗行为，即虽然每次用户行为可信的评估结果很高，但他的这个高可信不能体现关键的行为是否可信。因此对用户行为可信的评估需要考虑每次用户访问的价值重要性。

基于 AHP 的用户行为可信评估策略的证据的相对重要性最初是基于相关专家的判断，具有主观性，为了弱化了单纯使用 AHP 方法存在的主观性，可以用基于三角模糊数 AHP-模糊综合评判法来进行修正[39]，该评估方法通过使用模糊数来反映专家评判的模糊性，使评判结果更加客观。

网络分析法（Analytic Network Process，ANP）理论是 Saaty 在 AHP 上较为系统的提出的[40]。相对于 AHP 来说，ANP 更科学，更完备，首先，常规的层次分析法（AHP）是基于层次结构的，但是许多问题不能用层次结构来表示，主要是因为问题所包含的各种层次的元素之间的相互作用和相互依存关系，其次，ANP 考虑到了各因素或相邻层次之间的相互影响，其结构上是网络结构，这要比层次结构复杂，应用了更为高深的数学知识，并使用超矩阵表示系统中各元素相互影响的程度。因此可以用基于 ANP 的方法对用户行为可信进行评估，基本思路见相关文献[41]，进一步可以将模糊的思想引进到此评估方法中，来提高用户行为的评估可靠性[42]。

该方法是对单次用户行为进行评估的，但可信是基于多次用户行为的结果，因此要有评估多次用户行为可信的策略，下面的机制就是解决这个问题的。

9.4　基于滑动窗口的用户长期行为可信评估机制与评价

前面的可信评估方法只适用于单次用户访问的行为可信评估，但可信是长期累加的结果，因此必须对长期用户行为可信进行综合评估才能得到可信度高的可信评估结果。本章讲述了一种基于滑动窗口的长期用户行为可信的评估机制。下面首先论述长期用户行为可信评估的原则。

9.4.1　长期用户行为可信评估的原则

1. 主观性和客观性的结合

用户行为可信具有主观特性，可信评估要留给评估者足够多的主观参数设定，让用户根据不同的上下文环境和实际应用要求选取主观参数，在可信评估算法中的各可配置参数中得到充分体现，如证据、属性的权重、可信等级划分的数量等，但同时主观性也会给可信评估的客观性和可信度带来不利影响，需要客观因素参与用户行为可信的评估，只有这样，可信的评估结果才是可信的，也只有这样，可信信息才可以在不同服务提供者之间共享。

因此可信的用户行为可信评估是主观性和客观性的结合，行为可信评估的基础应该是客观可信的、可共享的、固定的，但评估策略和方法则可以根据不同的服务提供者所处的环境、需求和时空，进行主观选取，是主观的、灵活的。

2. 用户交往次数的规模性和可扩展性的结合

用户行为可信评估不同于网络入侵检测，它是根据已有的规则或模式进行实时识别入侵行为。行为可信则是根据用户大量历史行为的表现进行不断累积形成的，因此它的评估结果具有稳定性和代表性，但如果交往的次数不具有规模性，则得出的评估结果不具有稳定性和代表性。因此用户行为可信评估应以大量用户行为交往为基础，这样在评估的过程中需要根据实际评估的要求和评估的粒度确定最小交往次数来保证可信的稳定性和代表性。但另一方面，服务提供者把用户大量的历史行为可信信息都记录下来是不可能的，也是不必要的，因为这样的评估机制一方面由于过去久远的行为对可信的评估的作用不大，没有必要都保留下来，另一方面评估算法不具有可扩展性，不能进行大规模的用户行为可信评估。因此可信的行为可信评估是用户交往次数的规模性和可扩展性的结合。

3. 近期行为的重要性和远期行为的衰减性的结合

行为可信的评估结果与用户访问的时间具有重要关系，近期的行为表现对可信的评估具有较大的作用，而远期的行为表现对可信的评估影响逐渐减小，当长时间不进行访问时，该用户的行为可信值会衰减，趋向陌生用户的可信值，因此，考虑访问时间因素的可信评估对于提高可信的可信度具有重要作用，可信评估要体现这个特性。

4. "慢升"与"快降"的结合

在可信评估中防止可信欺骗是可信评估的一个重要内容，可信的防欺骗主要包括防止恶意用户企图通过次数较少的高可信交往来获得最终高可信评估值，或者通过低价值访问的高可信来获得最终高可信评估值。"慢升"就是防止访问次数少，访问价值低的用户快速获得高可信值的策略，只有通过大量的，具有较高价值的访问才能使可信的评估慢慢达到高可信，这是一种事前的欺骗预防评估策略。

对不可信的惩罚也是非常重要的可信评估指标，"快降"就是对不可信的惩罚，是一种事后惩罚不可信行为的评估措施。对评为不可信的用户要惩罚性地快速降低其可信值，其降低可信值的力度远远大于逐渐增加可信的力度，促使用户减少欺骗，因此可信评估要体现"慢升快降"的特性。

5. 能保留未可信化的原证据，便于可信的再评估和可信信息共享

因为可信具有主观特性，不同的服务提供者对可信的要求和计算标准可能不尽相同，因此，如果要进行可信信息共享的话，直接共享可信值是没有意义的。但由于证据是用软硬件直接测量获得的，因此具有客观性，它可以作为可信信息共享的依据，因此如果能保留用户的原行为证据就为可信信息的共享奠定了基础，而可信信息共享对于提高可信评估的可信性具有重要作用[43]。另外，当服务提供者的上下文环境发生变化时，今后想用不同标准再评估时，原证据的保留也是必需的。

6. 遵循算法的简单性原则，具有良好的性能和可行性

尽管可信评估方法需要考虑的因素比较多，但可信评估的方法不能太复杂，算法具有好的性能和可行性。过分复杂的算法不仅会导致算法的实现复杂，而且算法本身的运行要消耗一定的资源和时间，在理论上提出了大量"好"的评估算法，但在实际中却用得很少或者根本不用，其原因与这些算法本身是否简单可行有很大的关系。所以提倡研究在满足评估需要的前提下的简单评估算法，要具有良好的性能。

9.4.2　基于滑动窗口的用户长期行为可信评估机制

根据长期用户行为可信评估的原则，我们设计了基于滑动窗口的可保留证据的长期行为可信的评估机制，该机制使得可信的评估值不仅跟时间因子有关系，而且可信评估值与窗口内用户实际访问次数 m 和窗口大小 N 有关系，使可信的评估不仅跟用户访问的时间有关，而且跟用户访问的次数有关，同时这种策略还保留足够多的原始证据以便进行可信信息的共享，该机制还包括了防欺骗、扩展性和算法简单等内容，对

用户行为可信的评估具有较好的理论指导价值和实用工程特性。

1. 用到的符号说明

每次用户访问后，将评估得到的可信值统一化分为 G_{tru} 个可信等级（$G_{tru} \geqslant 2$），为体现可信的主观特性，G_{tru} 设置为可配置的，即用户可以自行设定 G_{tru} 的值。其中可信必须有的可信等级包括：最高可信等级设定为非常可信 max_tru，最低可信等级设定为不可信 min_tru，还有对陌生用户的不确定可信 uncer_tru。根据实际情况，还可以对可信等级再细化。例如，可将 G_{tru} 设定为 7 个等级，从高到低分别为非常可信、可信、比较可信、基本可信、不确定可信、预警可信和不可信。

每次用户访问后得到的用户行为可信评估值记为 tru_i，这个可以通过前面一节的可信评估方法计算获得，最后访问后得到的总的可信评估值记为 general_tru，对过期的可信值采取累加更新的方式进行保留，累加的结果放在 accu_tru 中，不可信的阈值记为 thre_tru，初始化的可信值被初始化为陌生用户的不确定可信 uncer_tru 中。每次访问的时间记为 tim_i，可信有效时间段用 Valid_Tim 表示，每个可信记录是正常行为记录还是过期行为记录用可信记录标识 $flag_i$ 表示。

2. 数据结构

数据结构是一个包含 N 条可信记录值的滑动窗口，即 N 为窗口的大小，N 可根据网络应用的实际需要进行配置，窗口随时间的变化而移动，每个记录包括三个字段，可信值 tru_i，相应的时间 tim_i 和该记录的类型标识 $flag_i$。标识又分为用户实际行为标识和可信调控标识，可信调控标识又包括初始化可信值标识，过期可信值重置标识和因欺骗而进行惩罚的惩罚可信值标识。数据的总体结构是一个分层的立方体结构，如图 9-1 所示，它包含以下三层。

① 最高层是用户行为可信层，处在图中的正面（面对读者），由用户每次访问后用前面一节的评估方法计算获得的行为可信值 tru_i（$i=1, 2, \cdots, N$），相应的访问时间 tim_i 和类型标识 $flag_i$ 组成。

② 第二层是行为可信属性层，这些属性值与所对应的可信值处在同一个纵向切块，并且位于切块的顶面，每次可信值是对应的属性值计算获得的，该顶面除过属性值 a_{ij} 外还有相应的权重 w_{ij}，第一个下标表示第 i 次可信值，第二个下标表示计算该可信值的第 j 个属性（$i=1, 2, \cdots, N; j=1, 2, \cdots, n$），$n$ 表示用户行为可信包含可信属性的项数，N 是滑动窗口大小。

③ 第三层是行为证据层，这些证据值与所对应的属性值处在同一个横向切块，并且位于属性切块的下面立柱中，每个属性值是由底层证据值计算获得的。从立方体右面可以看到顶面最右边各属性的各个证据值，其他的在内部看不到，该层除过证据值 $et_{ijk} \in [0,1]$ 外，还有相应的权重 $we_{ijk} \in [0,1]$，下标分别表示第 i 次可信值中第 j 属性中的第 k 个证据和相应的权重（$i=1, 2, \cdots, N; j=1, 2, \cdots, n; k=1, 2, \cdots, p$），$p$ 表示所有可

信属性中包含证据项数的最大值。

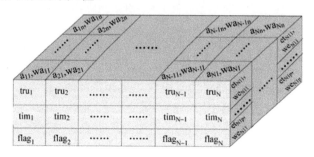

图 9-1　基于滑动窗口的长期行为可信评估机制的整体数据结构的立方体图

　　每次用户访问结束后，根据前面一节的评估方法计算得到用户行为可信的一个记录值。因此后面主要关注每次的用户行为可信评估值，而不必关心如何计算得到的细节。这样一来，只关心图 9-2 面对读者的正面部分即可，它实际就是一个窗口。

　　3.　可信评估模型定义

　　定义 9.2　基于滑动窗口的长期行为可信评估机制模型　是一个四元组（Valid_Tim, N,tim_i,m）。它们分别是：

　　（1）可信有效时间跨距 Valid_Tim

　　这个参数主要体现可信的时间特性，因为近期的行为表现对可信的评估具有较大的作用，很久以前的行为表现则对可信评估的影响则较小。这里设定一个时间段 Valid_Tim，称为可信有效时间跨距，当最远与最近的可信记录所对应的时间差超过 Valid_Tim 时，最远可信记录为过期的可信记录，由于过期的可信记录对可信评估的影响非常小，同时为了可信的可扩展性，算法不再保留所有过期可信记录值，而是把过期的可信累加到 accu_tru，只作为一次用户访问的可信值参与可信的最终评估，也就是说，我们并没有完全丢弃过期的可信记录。

　　（2）有效期时间段内保留的最大的访问次数 N

　　N 是在有效期时间段内保留的最大的用户访问次数，即滑动窗口的大小，这个参数主要体现可扩展性和防止欺骗。

　　（3）可信有效期内的实际访问时间 tim_i

　　tim_i 是可信有效期内的实际访问时间，用它记录第 i 个可信记录所对应的时间。

　　（4）可信有效期时间段内用户实际的访问次数 m

　　m 是在可信有效期时间段内用户实际的交往次数，通过这个参数可以评估出窗口内用户实际行为可信值。

　　由于最终用户行为可信的评估是基于长期用户访问的可信评估结果的动态更新与综合，因此可以把用户行为可信评估过程看成是图 9-2 所示的不断滑动的窗口。

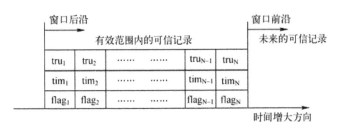

图 9-2　长期用户行为可信评估机制的滑动窗口图

4. 模型描述

（1）窗口的大小

窗口的大小是 N，当用户访问的次数很多时，只保留窗口大小的 N 条访问可信记录，这样可以保证可信评估的可扩展性，当欺骗者企图通过次数较少的高可信交往以获得最终高可信评估值时，由于总的评估值是按全部 N 次计算的，所以即使每次交往获得很高的可信评估值，由于实际交往的次数远比 N 小，所以并不能很快获得高可信值，体现了日久见人心的可信特性。N 设置为可配置的，主要是在可扩展性和可信评估的可信性进行折中，一旦设定，N 就是一个常量不再变动。

（2）窗口的初始化

窗口的每个用户的可信值被初始化为陌生用户的不确定可信 uncer_tru，这种用户享有基本的系统访问权限，可信值标识 flag 设置为 stranger，时间设置为当前系统时间，即，$\text{tim}_1 = \text{tim}_2 = \cdots \text{tim}_N = \text{tim\_curr}$，则整体可信值仍为 uncer_tru。随着用户访问的到来，初始化值逐渐移出窗口，实际用户可信记录逐渐移入窗口，如图 9-3 所示，其中虚线表示初始化的陌生用户记录值，实线表示用户实际访问所得到的可信记录值。

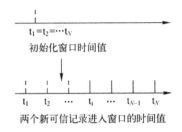

图 9-3　初始化值移出窗口，实际用户可信记录移入窗口

（3）窗口的移动

窗口的移动与时间 t 和新的用户访问两个因素有关，随着时间的推移，窗口向前移动，一些过期的可信记录逐渐移出滑动窗口，空出的可信记录值用陌生可信值替换，这样保证了当长时间用户不访问的时候，其总的可信值必然会随着时间的推移衰减，并趋向陌生可信值，符合长时间不交往可信会随时间衰减的基本特性。当有新的用户访问可信记录到来时，由于窗口 N 是固定不变的，因此要通过窗口的移动把离当前时

间最长，但还没有过期的记录给"挤"出去。应当注意的是所有记录的移动和更新都不改变记录按时间降序排序的。

（4）窗口可信记录类型

窗口内的可信记录类型总共有三种，第一种是陌生用户的可信记录类型，是用在对可信记录初始化和对过期可信重置中的；第二种是用户在有效时间段内实际行为可信记录类型，是标记用户的实际行为可信记录的；第三种是惩罚可信记录类型，是标记窗口内受过惩罚的可信记录的。三种可信记录类型用标志 $flag_i$ 表示，初始化可信或过期可信值标志记为 stranger ，用户实际行为可信值标志记为 norm ，窗口内可信惩罚标志记为 punish 。

（5）窗口内用户实际访问次数的计算

由于惩罚的记录是因为用户的不可信行为引起的被降低了的可信记录，因此它被计算在用户实际交往次数 m 内，即，

$$m = |\text{flag} = \text{norm}| + |\text{flag} = \text{punish}|$$

其中| flag=norm|表示用户实际行为的可信记录个数，| flag=punish|表示用户因欺骗进行惩罚的可信记录个数。由于最终计算可信是按窗口大小 N 来计算可信值的，因此 m 越大，最终评估得到的可信值的有效率 m/N 越大，m 越小，其他陌生和过期具有较低可信值的记录所占比例越大，因此可信评估值越趋向于低可信值。m 小于 N 的主要原因包括以下两个方面，一是在用户交往的初期，用户本身交往的次数较少；二是由于在有效时间范围内可信值的过期导致 m 减少。

5. 窗口可信记录的更新

（1）基于新可信触发的窗口可信记录的更新

滑动窗口内容的更新是由于用户的访问而触发的，它包括由于可信过期而进行的窗口内容更新，由于新可信的到来而进行的窗口内容的更新和对不可信行为的惩罚而进行的可信记录的更新三种情况。

基于新可信的内容更新相对比较简单，其基本思路是：当有新的用户访问可信记录到来时，通过窗口的右移，把时间最长的最左边记录移出，新的记录值移入窗口的最右边，同时，对最左边移出的可信记录进行累加，累加的结果也参与最终的可信计算，也就是说，过期的可信并不是完全被"抛弃"，只是在计算中所占比例减小了。

（2）基于过期的窗口可信记录的更新

当用户长时间不访问时，一些可信记录离当前时间越来越远，逐渐成为过期可信记录，可信是否过期是通过比较最新可信记录时间与各个记录时间的差是否大于有效时间段 Valid_Tim 来决定的，下面首先定义什么是过期可信记录。

定义 9.3　过期可信记录　设 tim_N 是最新可信记录时间，tim_i 是窗口内的第 i 个可信记录的时间，则第 i 个可信记录为过期可信记录，如果它符合下列不等式：

$$tim_N - tim_i \geqslant \text{Valid\_Tim}$$

过期可信记录的值被替换为陌生可信记录的值，这样随时间的推移，可信会逐渐趋于陌生可信值，这也是可信评估的一个基本特性——陌生可信值的趋向性。由于窗口可信记录是按时间排序的，因此可以采用二分法查找过期记录中最近时间的过期记录，该可信记录及左边的全部过期记录移出窗口，从窗口移出去的留下的空位置用陌生用户可信值的记录来填充。

这时关键的问题是如何用陌生用户的可信值替换窗口内被移出去的记录，可以有三种基本策略，不同的策略对最终用户可信的评估有不同的影响。

第一种策略是替换的陌生可信值记录放在窗口的最左边，称为最远时间记录替换策略。因为这些记录时间最远，所以这些记录对可信评估影响也最小，时间也最短。

第二种策略是替换的记录放在窗口的最右边，称为最近时间替换，因为这些记录时间最近，所以对可信评估的影响也最大，时间也最长。

第三种是算术平均时间替换策略，将替换的记录插入到窗口内各个记录时间的平均值的位置上。

对于基于过期的窗口可信记录的更新，本书采用的替换策略是最近时间替换策略，替换的方法是：窗口中空出来的记录的值替换为陌生用户可信值，时间与最左的有效记录时间 tim1 相同，标记为 stranger。

采取这种策略的原因是：不仅能最大限度保证有效的可信记录不被提前挤出窗口，而且可以提高可信评估的有效率。假定有效的可信记录对应的时间没有过期，这时下一个新的可信记录产生，如果采用后两种策略，这时最左边的用户行为记录是用户实际行为记录，因为要保持窗口大小不变而被"挤"出窗口，这样一个用户没有过期的可信值被提前挤出窗口；如果采取第一种策略，被挤出的记录就不是用户实际行为可信值，而是人为设置的陌生用户记录值。因为最终的可信计算主要是按窗口内的可信记录进行计算的，窗口内的实际用户可信记录保留越多，计算的可信有效率越高，所以也提高了可信评估的有效率。

（3）基于不可信的窗口可信记录的更新

基于不可信的内容更新的基本思路是：如果某次行为可信被评估为不可信，则将若干次（设为 k 次）已经可信的评估值降为不可信值 min_tru，使整体可信值快速下降，达到对不可信行为进行惩罚的目的。现在的关键是如何确定 k，以及如何选择哪些 k 个记录被降低。

可信惩罚的因素主要包括三个方面：一是当前新获得的用户的可信值 Tru_{new}，该可信值越低惩罚力度越大，因为用户欺骗力度越大相应的惩罚力度越大；二是以往总的可信值 Tru_{old}，该值越大惩罚力度越大，因为以往的总的可信值越大，说明系统对用户的可信越大，给用户的访问权限越大，那么用户进行不可信欺骗造成的损失可能越大，因此惩罚的力度也越大；三是实际安全的需求和应用背景，用惩罚因子 α_p 表示。

通过上面的分析，计算 k 的值用公式（9-7）计算：

$$k = \min\left\{\left\lceil \alpha_p * \frac{\text{Tru}_{\text{old}}}{\text{Tru}_{\text{new}}} \right\rceil, S_w\right\} \tag{9-7}$$

其中，S_w 是窗口内可信值大于最低可信值且标记为用户正常行为的记录个数。这说明惩罚对象是限制在实际用户的行为可信记录上的，过期、陌生、已经设置为惩罚和低于最低可信值的可信记录不参与惩罚。例如 α_p=10，Tru_{old}=0.8，Tru_{new}=0.4，S_w=50，则将 20 个可信记录降为不可信记录。为了使惩罚对用户的影响比较长，采用在符合被降条件的所有记录中，选取时间最近的（窗口最右边的）k 个记录被降为不可信值 min_tru，同时标识记为惩罚可信值标志 punish。

这样要将可信窗口内时间最近的、可信值大于最低可信值，且标记为用户正常行为的记录中 k 个记录的可信值降为不可信值来达到快速降低用户行为可信的惩罚目的。

6. 基于滑动窗口的长期用户行为可信评估

前面论述了根据不同情况触发窗口的移动并进行窗口内可信记录的更新，之后就可以进行用户行为可信的评估了，首先计算窗口内标记为用户正常行为的 m 个可信记录的综合可信值，计算的基本思路是越近期的可信，其在综合的可信评估中所占比重越大，每次的可信值在总的可信中所占的比例与该此可信记录的时间成正比，用公式（9-8）计算：

$$m\_\text{tru} = \sum_{\substack{\text{flag}_j = \text{norm} \\ \text{punish}}}^{m} \frac{(\text{tim}_j - \text{tim}_1)}{\sum_{j=1}^{m}(\text{tim}_j - \text{tim}_1)} \text{tru}_j \tag{9-8}$$

在公式（9-8）中，分母不能为零，也就是说不能所有的可信记录所对应的时间都是 tim_1，但这种情况是存在的，例如当窗口初始化时，所有记录的可信值都设置为陌生可信值 uncer_tru，时间都设置为时间 tim_1（注意：实际用户的第一次访问时间是窗口中的 tim_2），公式的分子分母均为 $\text{tim}_1 - \text{tim}_1 = 0$，这时设定一个初始化的时间 tim_0，并取 $\text{tim}_1 = \text{tim}_0 + \text{TIN}_{\text{ini}}$，其中 TIN_{ini} 为一个固定时间段，这样保证了 $\text{tim}_j - \text{tim}_0 \neq 0$，则上述公式可重新更改为公式（9-9）：

$$m\_\text{tru} = \sum_{\substack{\text{flag}_j = \text{norm} \\ \text{punish}}}^{m} \frac{(\text{tim}_j - \text{tim}_0)}{\sum_{j=1}^{m}(\text{tim}_j - \text{tim}_0)} \text{tru}_j \tag{9-9}$$

如何选取 TIN_{ini}，即如何确定系统开始的陌生可信记录的时间 tim_1 是这里的关键。我们知道用户行为可信评估的基本原则是"慢升快降"，但如果 TIN_{ini} 过大，陌生用户的可信值将占整个窗口的比例会过大，会导致可信上升过慢，导致行为的可信效果不能得到及时地体现；反之，如果 TIN_{ini} 过小会，陌生用户的可信值将占整个窗口的比例会过小，导致可信上升过快，达不到"慢升快降"的目的，给恶意用户留下只用少数高可信行为就能快速获得最终高可信从而进行欺骗的可乘之机。我们不采取固定的 TIN_{ini}，而是让 TIN_{ini} 是动态的，根据第一次可信的时间动态调整 TIN_{ini}。

基本思路是当获得第一次用户行为可信时，总的可信评估结果在要求的可信范围 $[\text{Tru}_1, \text{Tru}_2]$ 之内，不要过大和过小就可以了。与公式（9-8）的计算思路一样，可以得到第一次用户访问后的可信评估值，用公式（9-10）计算总的可信值 first_tru。

$$\frac{(N-1)(\text{tim}_1 - \text{tim}_0)}{(N-1)(\text{tim}_1 - \text{tim}_0) + \text{tim}_{\text{first}} - \text{tim}_0}\text{uncer\_tru} + \frac{\text{tim}_{\text{first}} - \text{tim}_0}{(N-1)(\text{tim}_1 - \text{tim}_0) + \text{tim}_{\text{first}} - \text{tim}_0}\text{tru}_{\text{first}}$$

$$= \frac{(N-1)\text{TIN}_{\text{ini}}}{(N-1)\text{TIN}_{\text{ini}} + \text{tim}_{\text{first}} - \text{tim}_0}\text{uncer\_tru} + \frac{\text{tim}_{\text{first}} - \text{tim}_0}{(N-1)\text{TIN}_{\text{ini}} + \text{tim}_{\text{first}} - \text{tim}_0}\text{tru}_{\text{first}} \quad (9\text{-}10)$$

其中，N 是窗口的大小，uncer_tru 为陌生可信值，$\text{tru}_{\text{first}}$ 为第一次用户访问的新可信值，tim_0 是系统初始化的系统时间，t_{first} 是新可信记录的时间，则只要保证 first_tru 在下列范围就可以确定 TIN_{ini} 的范围，从而防止可信过慢增长或过快降低。

$$\text{tru}_1 < \text{first\_tru} < \text{tru}_2$$

计算窗口内所有 N 个可信记录的可信值，用公式（9-11）计算：

$$N\_\text{tru} = \sum_{i=1}^{N} \frac{(\text{tim}_i - \text{tim}_0)}{\sum\limits_{i}^{N}(\text{tim}_i - \text{tim}_0)}\text{tru}_i \quad (9\text{-}11)$$

有了 m_tru 和 N_tru 后，就可以计算窗口内的综合可信值，基本策略是保守的最小化策略，即取上面两者的最小值，这样既可以防止恶意用户用少数几次交往形成的高可信值的欺骗行为，也可以体现不可信用户的真实可信值，用公式（9-12）计算：

$$\text{general\_tru} = \begin{cases} \sum\limits_{i=1}^{N} \dfrac{(\text{tim}_i - \text{tim}_0)}{\sum\limits_{i}^{N}(\text{tim}_i - \text{tim}_0)}\text{tru}_i & N\_\text{tru} \leqslant m\_\text{tru} \\[4ex] \sum\limits_{\text{flag}_j = \substack{\text{norm} \\ \text{punish}}}^{m} \dfrac{(\text{tim}_j - \text{tim}_0)}{\sum\limits_{j=1}^{m}(\text{tim}_j - \text{tim}_0)}\text{tru}_j & N\_\text{tru} > m\_\text{tru} \end{cases} \quad (9\text{-}12)$$

对于以后可能产生的类似初始情况可以进行如下处理来保证在合理范围内的"慢升快降"：当最新记录与次新记录间隔时间过长时，如它们的差大于规定的时间 T_0 时，由于间隔的时间过长，需要全部重新初始化，按陌生用户重新评估，一旦初始化后 tim_0 和 tim_1 保持不变，这样可以防止可信评估值的波动过大。

9.4.3　基于滑动窗口的用户长期行为可信评估机制评价

1.　行为可信评估是主观性和客观性的结合

可信的主观性在算法评估中的各可配置参数中得到充分体现，如可信有效时间段

Valid_Tim 的长短，窗口 N 大小等。由于可信评估的最根本依据是可测可量化的行为证据 et $\in [0,1]$，这些证据具有客观性，也是不同服务提供者之间共享可信信息的要素。因此可信评估体现了主客观的有效结合。

2. 评估是用户交往次数的规模性和可扩展性的结合

算法是以大量用户行为交往为基础的，我们在评估的过程中根据实际评估的要求和评估的粒度事先确定最小交往次数，在本书的算法中就是窗口的大小 N，本书中通过下列措施达到防止恶意用户通过较少次数的高可信交往来骗取最终高可信评估值的目的，即当 $m<N$，且 $N\_tru \leq m\_tru$ 时，结果取 N_tru 而不是 m_tru，更具体的内容参见公式 9-6。对于可扩展性，采用的方法是：如果用户实际交往的次数 m 大于最大需要保留的行为记录次数 N 时，就需要对大于 N 的历史行为可信记录进行截断，保证可信评估的可扩展性，由于我们截断的措施是按时间最远的顺序进行的，因此对可信的评估影响达到最小，同时被截去的可信记录也并没有完全丢弃，而是累加到累加记录中，参加最后的可信计算中。这样达到用户行为可信评估的规模性和可扩展性的辩证结合，用户访问的次数 m，可扩展性和用户行为可信评估的可信度三者的关系如图 9-4 所示。

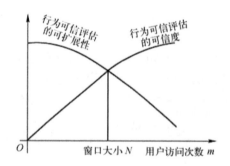

图 9-4　用户访问的次数，可扩展性和用户行为可信评估的可信度三者的关系图

3. 评估是近期行为的重要性和远期行为的衰减性的结合

在可信计算时，一方面，证据的权重（公式（9-9）和公式（9-11））是根据时间的近远是逐渐递减的，另一方面当获得新的可信值时，被移出窗口的可信是对应时间最远的，这都体现了近期的行为表现对可信的评估具有较大的作用的特性。

当用户长时间不访问时，窗口内因过期被移出去的可信记录逐渐被替换为陌生可信记录，时间与最左的有效记录时间 tim_1 相同，标记为 stranger，这样当用户长期不访问的时候，可信会随时间的推移逐渐趋于陌生可信值，实现可信随时间衰减的基本特性。窗口内有效记录和过期记录在评估中的不同作用如图 9-5 所示，有效记录的作用是跟时间成正比的，越近的记录所占比重越大，过期记录在是一个固定的较小值。有趣的是：当用户长期不访问时，由于该机制的可信评估具有趋向陌生用户可信值的特性，结果是不可信的用户也能逐渐趋向低可信的陌生用户，这也跟现实生活中的可信是相吻合的。

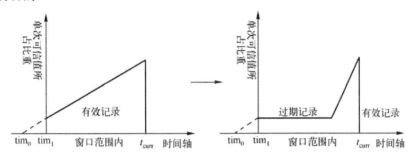

图 9-5　窗口内有效记录和过期的记录在评估中的不同作用

4. 评估的评估值是"慢升"与"快降"的结合

通过设置最小访问次数，即窗口大小 N 来体现可信的"慢升"，从而防止恶意用户的欺骗，如果用户只有少数次的访问行为，即使可信评估值 m_tru 很高，它远远大于 N_tru，但由于最后的可信值是按全部 N 个可信记录计算的，即 mN，所以不会上升很快。对评为不可信的用户惩罚性地快速降低其可信值，本书选取时间最近的（窗口最右边的） k 个记录（公式（9-7））被降为不可信值 min_tru，由于降低可信值的力度远远大于逐渐增加可信的力度，因此体现了"慢升快降"的特性。

5. 其他可信特性的分析

我们看到单次可信评估中算法保留了原始证据，这样便于可信信息共享，同时遵循算法的简单性标准，没有复杂的数据结构，计算方法也较为简单，具有良好的性能。

9.5　基于贝叶斯网络的多条件用户行为可信预测与评价

本章讲述了一种基于贝叶斯网络的多条件用户行为可信预测模型。下面首先论述用户行为可信预测的意义。

9.5.1　用户行为可信预测的意义

前面论述了用户行为可信的评估问题，但由于用户行为可信的评估是基于过去交往的行为证据之上，而我们需要的是未来的用户行为可信等级，因此科学地预测未来用户的行为可信等级是非常必要的。同时从可信网络的定义（网络，服务提供者和用户的行为及其结果总是可以预期与可管理的）可知，对用户行为可信进行预测是实现可信网络重要内容之一，是实现对用户行为进行控制的前提。我们利用贝叶斯网络对用户的行为可信进行预测，提供的机制不仅可以预测单属性不同条件下的行为可信等级，而且可以预测多属性不同条件下的行为可信等级，因此可以满足不同服务提供者不同条件的要求，可以根据需要灵活设置。

9.5.2　用户行为可信的贝叶斯网络模型

1.　贝叶斯网络及其理论基础

贝叶斯网络又称为信度网络、置信网络，是目前不确定知识表达和推理领域最有效的理论模型之一。从 1988 年 Pearl 给出明确定义后[44]，已经成为二十几年来研究的热点。虽然贝叶斯网络模型是 1988 年提出的，但其产生的根源可追溯到 1763 年提出的贝叶斯理论，贝叶斯理论是贝叶斯网络的重要理论基础之一。

20 世纪初，遗传学家 Sewall Wright 提出了有向无环图（Directed Acyclic Graph, DAG），成为经济学、社会学和心理学界广泛采用的因果表达模型。20 世纪中叶，决策树被提出并用来表达决策分析问题，然后进一步被用来解决计算机辅助决策问题，形成了较为完整的决策分析理论。由于决策树分析方法的计算量和复杂性随着对象变量的增加呈指数增长，20 世纪 80 年代，作为有向无环图的另一表达方式——影响图（Influence Diagram）成为提高决策分析效率的重要工具。1988 年，Pearl 在总结并发展前人工作的基础上，提出了贝叶斯网络。20 世纪 90 年代，有效的推理和学习算法的出现，推动了贝叶斯网络的发展和应用[45,46]，首先获得应用的是决策专家系统，Pearl 教授于 1999 年被授予 IJCAI 杰出研究成果奖，前微软公司总裁 Bill Gates 在洛杉矶时报上曾说过：微软公司未来的进一步发展将在于它在贝叶斯网络方面研究的领先性。微软的拳头产品：Windows 2000 和 Office 系列已经在很多方面融入了贝叶斯网络，同时微软的一些其他产品，如 Pregnancy and Child Care Center 也是基于贝叶斯网络开发研制的。

贝叶斯网络的基本理论基础[47]包括：

（1）贝叶斯定理

定义 9.4　设（Ω, R, P）为一概率空间，$A, B \in R$，且 $P(A) > 0$，则

$$P(B \mid A) = \frac{P(AB)}{P(A)} \tag{9-13}$$

称为已知 A 发生时 B 发生的条件概率。

下面给出在条件概率基础上的三个重要公式。

（2）乘法公式

$$P(AB) = P(A)P(B \mid A) \tag{9-14}$$

$$P(AB) = P(B)P(A \mid B) \tag{9-15}$$

更一般的情形，设 $A_1, A_2, \cdots, A_n \in R, n \geqslant 2, P(A_1 A_2 \cdots A_n) > 0$，则

$$P(A_1 A_2 \cdots A_n) = P(A_1)P(A_2 \mid A_1)P(A_3 \mid A_1 A_2) \cdots P(A_n \mid A_1 A_2 \cdots A_{n-1}) \tag{9-16}$$

（3）全概率公式

设 $A_1, A_2, \cdots, A_n \in R$，且两两不相容，$P(A_i) > 0 \ (i = 1, 2, \cdots, n)$；且 $\bigcup_{i=1}^{\infty} A_i = \Omega$ 则对任何

$B \in R$，有：

$$P(B) = \sum_{i=1}^{n} P(B \mid A_i) P(A_i) \tag{9-17}$$

（4）贝叶斯公式

若 $A_1, A_2, \cdots, A_n \in R$，且两两不相容，$P(A_i) > 0 \ (i=1,2,\cdots,n)$；则对于任何满足 $P(B) > 0$ 的 B，$B \in R$，有：

$$P(A_j \mid B) = \frac{P(B \mid A_j) P(A_j)}{\sum_{i=1}^{n} P(B \mid A_i) P(A_i)} \qquad (j=1,2,\cdots,n) \tag{9-18}$$

2. 贝叶斯网络的建立及其优点

一个贝叶斯网络由网络结构表示其定性部分，由条件概率分布表示其定量部分。除了对域进行定义，这两部分必须加以指明以构成一个贝叶斯网络，之后在一个基于知识的系统中被用作推导引擎。

构造贝叶斯网络可分为四个阶段[48]。

① 定义域变量：在某一领域，确定需要哪些变量描述该领域的各个部分，以及每个变量的确切含义。

② 确定网络结构：由专家确定各个变量之间的依赖关系，从而获得该领域内的网络结构。在确定网络结构时必须注意要防止出现有向环。

③ 确定条件概率分布：通过由专家确定的网络结构来量化变量之间的依赖关系。

④ 运用到实际系统中，并根据系统产生的数据优化贝叶斯网络。

贝叶斯网络理论将先验知识与样本信息相结合、依赖关系与概率表示相结合，是数据挖掘和不确定知识表示的理想模型。与数据挖掘中的其他方法如：粗糙集理论、决策树、人工神经网络[49,50]等相比，贝叶斯网络具有下列优点。

贝叶斯网络将有向无环图与概率理论有机结合，不但具有正式的概率理论基础，同时也具有更加直观的知识表示形式。一方面，它可以将人类所拥有的因果知识直接用有向图自然直观地表示出来，另一方面，也可以将统计数据以条件概率的形式融入模型中。这样贝叶斯网络就能将人类的先验知识和后验的数据完美地结合，克服框架语义网络等模型仅能表达处理信息的弱点和神经网络等方法不直观的缺点。

贝叶斯网络与一般知识表示方法不同的是对于问题域的建模，当条件或行为等发生变化时，不用对模型进行修正。

贝叶斯网络可以图形化的方式表示随机变量间的联合概率，能够处理各种不确定信息。

贝叶斯网络没有确定的输入或输出结点，结点之间是相互影响的，任何结点观测值的获取或者对于任何结点的干涉，都会对其他结点造成影响，并可以利用贝叶斯网络推理来进行估计和预测。

贝叶斯网络的推理是以贝叶斯概率理论为基础的，不需要外界的任何推理机制，不但具有理论依据，而且将知识表示与知识推理结合起来，形成统一的整体。

9.5.3　用户行为可信的贝叶斯网络模型

贝叶斯网络模型的特色在于只要贝叶斯网络中任何一个结点状态确定，网络本身就可以利用贝叶斯公式进行正向或者逆向计算，从而得出网络中任意一结点的概率。它不但具有理论依据，而且将知识表示与知识推理结合起来，形成统一的整体。一方面，它可以将用户行为可信预测的因果知识直接用有向图自然直观地表示出来，另一方面，也可以将以往用户行为的统计数据以条件概率的形式融入模型，这样贝叶斯网络就能将用户行为的先验知识和后验的数据无缝地结合在一起[51]。一个用户行为可信预测的贝叶斯基本网络模型是一个有向无环图（见图 9-6），它由代表变量结点及连接这些结点有向边构成。变量结点包括要预测的用户行为的总体可信 T 及其分解后的可信属性，如性能属性 P 及安全属性 S 等。结点间的有向边代表了结点间的相互关系，由父结点指向其后代结点，父结点是用户行为总体可信 T，叶结点是用户行为可信的各种可信属性。

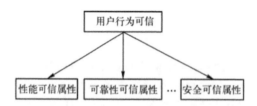

图 9-6　用户行为可信预测的贝叶斯网络基本模型

9.5.4　用户行为可信的等级划分和符号说明

为了能有效地对用户行为可信进行预测，将用户行为可信 T、性能属性 P 和安全属性 S 等各个结点划分为 L 个可信等级，并对这些可信等级从高到低进行顺序编号为整型变量 i，$i \in [1, L]$，它们所代表的可信区间范围从高到低的顺序分别是：

$$\left[1 - \frac{TH_1}{L-1}, 1\right], \left[1 - 2 \times \frac{TH_1}{L-1}, 1 - \frac{TH_1}{L-1}\right], \cdots, \left[TH_0, 1 - (L-2) \times \frac{TH_1}{L-1}\right], [0, TH_0]$$

其中 TH_0 是可信阈值，即当结点的行为可信值小于 TH_0 时，服务提供者就不可信用户了，且 $TH_0 + TH_1 = 1$。每次交往后，交往的总次数 n 加 1，结点行为可信评估的值落在哪个范围内，则相应范围内所对应的次数加 1，其他保持不变。为了满足各种不同要求的预测，还要保存两个和两个以上的不同结点值同时落在的不同范围的次数，这主要用来计算在多个可信属性条件下的用户行为可信的预测问题。结点值同时落在两个不同结点范围内的次数用二维数组存储，结点值同时落在三个或四

个不同结点范围内的次数分别用三维或四维数组存储。数组的名字表示不同的结点，数组的下标表示不同的可信范围，因此用 T_i、P_i 和 $S_i(1 \leqslant i \leqslant L)$ 分别表示整体行为可信、性能属性和安全属性范围，用 $|T_i|$、$|P_i|$ 和 $|S_i|(1 \leqslant i \leqslant L)$ 分别表示与所预测用户的交往历史中整体可信，性能属性和安全属性的值分别落在 T_i、P_i 和 S_i 范围内的次数，其值分别存储在数组 T_ia、P_ia 和 S_ia 中，结点值同时落在不同属性范围的次数用二维数组存储，如 T_iP_ja 储存可信 T 和属性 P 分别落在 T_i、P_i 范围内的次数。并用 $P(T_i),P(P_i),P(S_i)$ 分别表示它们的概率，这些符号的含义在以后面的全文中均适用。

9.5.5　用户行为可信的先验概率

在利用贝叶斯网络对用户的行为可信进行预测之前，先必须计算出用户行为可信的先验概率，用户行为可信属性的先验概率及其条件概率，主要利用贝叶斯网络的理论中的贝叶斯公式（9-19）：

$$P(h|e) = \frac{P(e \mid h)P(h)}{P(e)} \tag{9-19}$$

$P(h)$ 表示假设 h 的先验概率，$P(e)$ 表示证据 e 的先验概率，$P(h|e)$ 表示假设 h 在证据 e 已经发生条件下的条件概率，$P(e|h)$ 表示证据 e 在假设 h 已经发生条件下的条件概率。先计算用户行为可信的先验概率，其计算公式见公式（9-20）：

$$P(T_i) = \frac{|T_i|}{n}(1 \leqslant i \leqslant L) \text{，并且} \sum_{i=1}^{L} P(T_i) = 1 \tag{9-20}$$

其中，n 表示与所预测用户交往的总次数。$|T_i|$ 分别表示与所预测用户的交往历史中整体可信落在 T_i 范围内的次数。

9.5.6　用户行为属性的先验概率

计算用户行为属性的先验概率，其计算分法与计算用户行为可信先验概率的计算方法类似。

计算安全行为可信属性的先验概率 $P(S_i)$ 为：

$$P(S_i) = \frac{|S_i|}{n}(1 \leqslant i \leqslant L) \text{，并且} \sum_{i=1}^{L} P(S_i) = 1。 \tag{9-21}$$

计算性能行为可信属性的先验概率 $P(S_i)$ 为：

$$P(P_i) = \frac{|P_i|}{n}(1 \leqslant i \leqslant L) \text{，并且} \sum_{i=1}^{L} P(P_i) = 1。 \tag{9-22}$$

计算可靠性行为可信属性的先验概率 $P(R_i)$ 为：

$$P(R_i) = \frac{|R_i|}{n} \ (1 \leqslant i \leqslant L)，并且 \sum_{i=1}^{L} P(R_i) = 1。 \tag{9-23}$$

9.5.7　结点的条件概率表

除了计算先验概率外，还必须计算各结点的条件概率，对于叶结点来说，每个叶结点都有一个条件概率表。例如，如果把可信属性和整体行为可信分为 5 个等级，即分别为非常可信（可信等级为 1）、可信（可信等级为 2）、比较可信（可信等级为 3）、基本可信（可信等级为 4）和不可信（可信等级为 5），则性能可信属性结点的条件概率表见表 9-4，其他结点的概率表与此表相似，表中每一个条件概率表都有五列，每一列的和为 1。

表 9-4　性能可信属性结点的条件概率表

P ＼ T	T_1	T_2	T_3	T_4	T_5
P_1	$P(P_1|T_1)$	$P(P_1|T_2)$	$P(P_1|T_3)$	$P(P_1|T_4)$	$P(P_1|T_5)$
P_2	$P(P_2|T_1)$	$P(P_2|T_2)$	$P(P_2|T_3)$	$P(P_2|T_4)$	$P(P_2|T_5)$
P_3	$P(P_3|T_1)$	$P(P_3|T_2)$	$P(P_3|T_3)$	$P(P_3|T_4)$	$P(P_3|T_5)$
P_4	$P(P_4|T_1)$	$P(P_4|T_2)$	$P(P_4|T_3)$	$P(P_4|T_4)$	$P(P_4|T_5)$
P_5	$P(P_5|T_1)$	$P(P_5|T_2)$	$P(P_5|T_3)$	$P(P_5|T_4)$	$P(P_5|T_5)$

结点的条件概率可以用公式（9-24）来计算：

$$P(e|h) = \frac{p(he)}{p(h)} \tag{9-24}$$

以计算 $P(S_i|T_j)$ 条件概率为例，它表示用户根结点在 T_j 这个范围内的条件下安全可信属性结点在 S_i 范围内的概率。由公式（9-24）得：

$$P(S_i|T_j) = \frac{P(S_iT_j)}{P(T_j)} = \frac{|S_i \cap T_j|/n}{|T_j|/n} = \frac{|S_i \cap T_j|}{|T_j|}$$

9.5.8　用户行为可信的预测

1. 用户行为可信预测的整体流程图

计算出用户行为可信的先验概率、用户行为可信属性的先验概率及其条件概率，就可以预测在某个特定行为可信属性条件下用户行为可信等级的概率，用户行为预测的流程图见图 9-7 的灰色部分。

2. 不同安全要求的用户可信的预测

不同安全要求的用户可信的预测，利用贝叶斯公式计算：

$$P(T_i \mid S_j) = \frac{P(S_j \mid T_i)P(T_i)}{P(S_j)} = \frac{|S_j \cap T_i|}{|T_i|} \frac{|T_i|}{n} \bigg/ \frac{|S_j|}{n} = \frac{|S_j \cap T_i|}{|S_j|} \qquad (9\text{-}25)$$

其中，T_i 和 S_i 分别表示整体行为可信，安全可信属性可信范围，$i(1 \leqslant i \leqslant L)$ 是不同安全等级要求。

3. 不同性能要求的用户可信的预测

不同性能要求的用户可信的预测，利用贝叶斯公式计算：

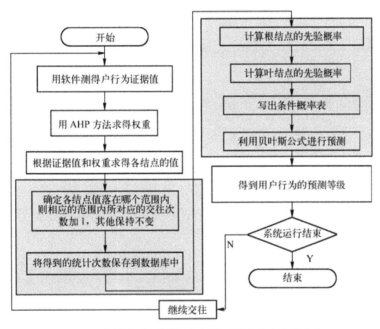

图 9-7　用户行为预测的流程图（图中的灰色部分）

$$P(T_i \mid P_j) = \frac{P(P_j \mid T_i)P(T_i)}{P(P_j)} = \frac{|P_j \cap T_i|}{|T_i|} \frac{|T_i|}{n} \bigg/ \frac{|P_j|}{n} = \frac{|P_j \cap T_i|}{|P_j|} \qquad (9\text{-}26)$$

其中，T_i 和 P_i 分别表示整体行为可信，安全可信属性范围，$i(1 \leqslant i \leqslant L)$ 是不同安全等级要求。

4. 不同可靠性要求的用户可信的预测

不同可靠性要求的用户可信的预测，利用贝叶斯公式计算：

$$P(T_i \mid R_j) = \frac{P(R_j / T_i)P(T_i)}{P(R_j)} = \frac{|R_j \cap T_i|}{|T_i|} \frac{|T_i|}{n} \bigg/ \frac{|R_j|}{n} = \frac{|R_j \cap T_i|}{|R_j|} \qquad (9\text{-}27)$$

其中，T_i 和 R_i 分别表示整体行为可信，安全可信属性范围，$i(1 \leqslant i \leqslant L)$ 是不同安全等级要求。

5. 安全和性能任意条件组合的用户可信的预测

利用贝叶斯公式，也可以预测不同安全和性能组合的用户可信等级概率，例如，仍然假设 $L=5$，那么用 $P(T_1|P_3S_2)$ 可以求出关于性能可信属性为"比较可信"（可信等级是 3），安全可信属性为"可信"（可信等级是 2）的条件下，用户总体行为可信为"非常可信"（可信等级是 1）的概率。双可信属性条件下的用户行为可信的计算见公式（9-28）：

$$P\left(T_i \mid P_jS_k\right) = \frac{P\left(P_jS_k \mid T_i\right)P\left(T_i\right)}{P\left(P_jS_k\right)} = \frac{P\left(P_jS_kT_i\right)}{P\left(P_jS_k\right)}$$

$$= \frac{\left|P_j \cap S_k \cap T_i\right|}{n} \bigg/ \frac{\left|P_j \cap S_k\right|}{n} = \frac{\left|P_j \cap S_k \cap T_i\right|}{\left|P_j \cap S_k\right|} \tag{9-28}$$

其他可信属性组合的用户可信预测可以用类似的方法计算，这里不再赘述。

9.5.9 用户行为可信预测机制的评价

该机制在用户行为可信评估的基础上（注意：用户行为可信评估是基于过去交往的行为证据之上的），可以科学地预测未来用户的行为可信等级。

提供的机制不仅可以预测单属性不同条件下的行为可信等级，而且可以预测多属性不同条件下的行为可信等级，因此可以满足不同服务提供者不同条件的要求。

利用贝叶斯网络模型的优点是：只要贝叶斯网络中任何一个结点状态确定，网络本身就可以利用贝叶斯公式进行正向或者逆向计算，从而得出网络中任意一结点的概率。它不但具有理论依据，而且将知识表示与知识推理结合起来，形成统一的整体。

有了预测的结果后，我们可以根据预测的结果判断是否将与该用户进行交往或对该用户访问的资源进行限制，将得到的概率值与给定的不同阈值 θ_i 进行比较，若得到的概率值大于某个 θ_m，则给该预测用户相应的权限和对应的访问资源，若得到的概率值小于最低 $\theta_{\min}$，则可以断开网络连接，拒绝访问系统。这样我们可以根据系统的不同要求对用户行为进行不同的控制和预警。

单个可信属性值的提高并不能提高该属性条件下的可信值，只有当各个可信属性值都相应增加时，该属性条件下的可信值才能增加。

证明：首先证明单个可信属性值的提高并不能提高该属性条件下的可信值。由公式（9-25）知，在某个可信属性条件下的行为可信为：$\dfrac{\left|A \cap T\right|}{\left|A\right|}$，其中 A 为某个行为可信属性。假设在新的一次交往中，属性 A 的值提高到了预期的值，则 $\left|A\right|$ 增加 1，即分母增加 1，这时如果整体可信没达到预期的值，即 $A \cap T$ 仍是原来的值，则分子不增加。因此，交往前该属性条件下的行为可信值为：$\dfrac{\left|A \cap T\right|}{\left|A\right|}$，交往后的该属性条件下的行为

可信值为：$\dfrac{|A\cap T|}{|A|+1}$，由于 $\dfrac{|A\cap T|}{|A|}>\dfrac{|A\cap T|}{|A|+1}$。这就说明，虽然可信属性 A 的值提高了，但该属性条件下的可信值并没有提高。

下面证明只有当各个可信属性值都相应增加，该属性条件下的可信值才能增加。假设可信属性值至少增加 m 可以使可信属性值落在更高一级的可信范围内，即 $|P|$ 和 $|S|$ 增加 1，则新的可信 T 也至少增加 m，即 $|T|$ 增加 1，这是因为 $T=AW=\sum\limits_{i=1}^{N}a_i w_i$，其中 A 和 W 分别为可信属性向量和对应的权值向量，并且权值的和为 1，N 为属性的个数[52]，如果每个可信属性至少增加 m，则新的可信为：

$T'=\sum\limits_{i=1}^{N}(a_i+m)w_i=\sum\limits_{i=1}^{N}a_i w_i+\sum\limits_{i=1}^{N}mw_i=\sum\limits_{i=1}^{N}a_i w_i+m\sum\limits_{i=1}^{N}w_i=T+m$，由此知新可信至少

增加 m。由于各个可信属性也至少增加 m，则 $A\cap T$ 至少增加 m，即 $|A\cap T|$ 增加 1。

现在只要证明 $\dfrac{|A\cap T|}{|A|}\leqslant\dfrac{|A\cap T|+1}{|A|+1}$ 就能说明当各个可信属性值都相应增加时，该属性条件下的可信值也增加，即只要证明 $|A\cap T|(|A|+1)\leqslant(|A\cap T|+1)|A|$，化简得只要证明 $|A|\geqslant|A\cap T|$，由于集合知识知 $|A|\geqslant|A\cap T|$ 是恒成立的，命题得证。

9.6　基于可信预测的用户行为博弈控制机制与评价

本节讲述一种基于用户行为可信预测的博弈控制机制，下面首先论述进行博弈控制的意义。

9.6.1　基于可信预测对用户行为进行博弈控制问题的提出

上一节论述了用户行为可信的预测问题，但由于可信和风险是并存的，所以单独依靠预测的可信等级进行决策是非常片面和危险的，因此在控制决策中还必须对风险进行分析，将预测结果和博弈分析相结合找出纳什均衡策略，提供控制决策的条件是我们研究用户行为控制的主要内容之一。

基于博弈论的入侵检测方面的研究有很多[53-55]，用户行为可信评估中证据的获取与入侵检测的数据收集具有相似之处，但入侵检测是通过某次用户访问的数据获得可能的非正常的行为的判断，行为评估是以过去行为为依据长期建立的相互评价体系。从入侵检测和用户行为可信评估的不同，我们可以得到入侵检测属于不完全信息动态博弈[56,57]，而本书中要用到的是不完全信息静态博弈[58]。博弈理论应用于 P2P 网络的文献也有不少[59,60]，但是这些文献在研究过程中，只考虑了对立方之间的利益关系，而没有将它们之间的安全因素考虑在内，虽然博弈论的研究考虑的只是利益关系但是安全方面的因素对利益也有很大程度的影响，所以阐述安全和利益的关系是本书的重

点内容之一。

9.6.2 博弈控制的基本理论

1. 博弈论及其要素

博弈论是研究相互依赖、相互影响的决策主体的理性决策行为以及这些决策的均衡结果的理论。博弈的定义是：博弈即一些个人或者组织，面对一定的环境条件，在一定的规则下，同时或先后，一次或多次，从各自允许选择的行为或策略中进行选择并加以实施，并从中各自取得相应结果的过程[61]。从上述定义可以看出，规定一个完整的博弈应包含如下四项要素。

① 博弈的参加者（Player），也称局中人或博弈方，是指博弈中能独立决策、独立行动并承担决策结果的个人或组织。小到一个人，大到一个跨国公司乃至一个国家，只要能独立决策和行动，都可视作一个博弈方。

② 策略空间（Strategy Space），是指各博弈方各自可选择的全部策略或行为的集合。不同的博弈中可供选择博弈方选择的策略或行为的数量很不相同。在同一博弈中，不同博弈方的可选策略或行为也常不同，有时只有有限的几种，甚至只有一种，而有时又可能有许多种，甚至无限多种可选策略或行为。每一个策略都对应一个相应的结果。

③ 进行博弈的次序（the Order of Play），博弈中各博弈方的行动顺序对博弈的结果是非常重要的。同样的博弈方、同样的策略空间，先后决策并行动和同时决策行动，其结果是大相径庭的，不同的次序必然是不同的博弈。

④ 博弈方的得益（the Pay off of Player），也称支付，是指博弈方策略实施后的结果，规定一个博弈必须对得益作出规定。得益即收入、利润、损失、量化的效用、社会效用和经济福利等，可以是正值，也可以是负值。理性的博弈方总是选择能使自己获得最大得益的策略。

2. 博弈的分类

（1）非合作博弈与合作博弈

非合作博弈：以单个参与人的可能行动作为基本元素。

合作博弈：以参与人群的可能联合行动作为基本元素。

（2）静态博弈与动态博弈

静态博弈：博弈中参与人同时选择行动或虽非同时但后行动者并不知道前行动者采取了什么具体行动。

动态博弈：参与人的行动有先后顺序，且后行动者能够观察到先行动者所选择的行动。

（3）完全信息与不完全信息

完全信息：每一个参与人对所有其他参与人（对手）的特征、战略空间及支付函数有准确的知识；否则，就是不完全信息。

（4）重复博弈

重复博弈也是一类特殊而又重要的动态博弈。重复博弈是指同样结构的博弈（这里是指博弈具有相同的参与者集合、相同的策略空间，以及相同的收益或效用函数）重复多次，其中的每次博弈成为阶段博弈。重复博弈又分为有限次重复博弈和无限次重复博弈。

3. 理性行为

在研究模型时，假定每个决策主体都是"理性的"，这种理性是建立在这样的意义上的，即决策主体知道他的选择内容，对未知的事物形成预测，具有明显的偏好，并在经过一些最优化过程后审慎选择他的行为。

4. 策略

（1）纯策略（Pure Strategy）：指以绝对的态度在众策略中进行取舍，选取某一策略则一定不取其他策略。

（2）混合策略（Mix Strategy）:跟"纯策略"相反，是指以相对的态度在众策略中进行取舍，选取任一策略都是以一定概率进行的，但总概率必须等于 1。参与者的混合策略是他的纯策略空间上的一种概率分布，表示参与者实际对策时根据这种概率分布在纯策略中随机选择加以实施。

（3）最大最小策略：冯·诺依曼和摩根斯坦认为策略的选择与决策者的性格有关。某些决策者可能认为，冒失行动容易造成重大失误，最好还是从最不利的情况出发，向最好的方向努力，力求做到有备无患。这样的决策者属于风险厌恶型的，他首先想到的是各种不利因素和风险，所以他先要考虑各种最坏的结果，然后从最坏结果中选出一个最好结果。按这种原则选取的策略可以称为最大最小策略。

任何一个博弈，也许不存在纯策略纳什均衡，但一定存在混合策略纳什均衡。对于零和博弈，若存在"最大最小策略均衡"，则该均衡必定是纳什均衡。混合策略中一定能找到纳什均衡这一性质，使得混合策略更有实用性。同时，混合策略也更符合客观实际，一则因为博弈的参与者选择策略时本来就不是确定无疑的，而是具有一定的随机性；并且，每个参与者对于对手的策略选择的猜测也不是十分可靠的，这种猜测的命中率也是随机的。二则因为混合策略对付反复进行多次的博弈为纯策略更有效，而这种重复性博弈在现实中更为普遍。

5. 博弈控制中的纳什均衡

纳什均衡是指博弈中的博弈方在策略选取时达到的这么一种状态：假设每一个博弈方都是理性人，已经选取了某策略的任一博弈方都不愿单独改变其策略，否则都只能是使得他的当前得益减少。

定义 9.5　纳什均衡　在 n 个参与者标准式博弈 $G = \{S_1, \cdots, S_n; u_1, \cdots, u_n\}$ 中，如果

对每一个参与者 $i\,(i=1,2,\cdots,n)$，S_i^* 是针对其他 $n-1$ 个参与者所选战略 $u_i\,(s_1^*,\cdots,s_{i-1}^*,s_{i+1}^*,\cdots,s_n^*)$ 的最优反应战略，即

$$u_i\left(s_1^*,\cdots,s_{i-1}^*,s_i^*,s_{i+1}^*,\cdots,s_n^*\right) \geqslant u_i\left(s_1^*,\cdots,s_{i-1}^*,s_i,s_{i+1}^*,\cdots,s_n^*\right)$$

对 S_i 中所有 s_i 都成立，即 s_i^* 是最优化问题

$$\max_{s_i \in S_i} u_i\left(s_1^*,\cdots,s_{i-1}^*,s_i,s_{i+1}^*,\cdots,s_n^*\right), i=1,2,\cdots,n$$

的解，则战略组合 $s^* = \left(s_1^*,\cdots,s_i^*,\cdots,s_n^*\right)$ 称为该博弈的一个纳什均衡。

纳什均衡的思想就是，博弈的理性结局是这样一种策略组合，其中每个参与者选择的策略都已是对其他参与者所选策略的最优反应，所以，谁也没有积极性去选择其他策略。因为每一个参与者均不能因为单方面改变自己的策略而获利，于是谁也没有兴趣主动打破这种均衡。

定理 9.1　在 n 个参与者标准式博弈 $G = \{S_1,\cdots,S_n ; u_1,\cdots,u_n\}$ 中，如果 n 是有限的，且对每个参与者 i 的战略空间 S_i 中纯策略 s_i 是有限的，则博弈至少存在一个纳什均衡[62]（纯策略的或混合策略的）。

9.6.3　基于用户行为可信预测的博弈控制的整体过程

基于行为可信预测的博弈控制的主要思想是在用户身份可信的基础上增加用户行为可信的控制和管理，包括行为可信的预测、风险分析和决策控制，强化对网络用户状态的动态处理，为实施智能自适应的网络安全控制提供策略基础。它的整体模型如图 9-8 所示，服务提供者在接到用户的访问服务请求之后，首先对用户的身份可信进行确认，如果身份认证失败则拒绝访问，否则将继续对用户的行为可信进行预测和博弈控制决策，其主要内容见图 9-8 中椭圆圈住的部分。

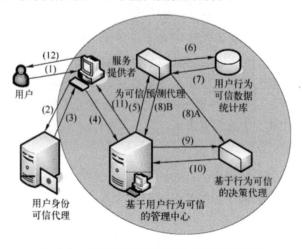

图 9-8　基于行为可信预测的博弈控制过程

模型的步骤在图中用数字标出：

（1）——用户访问服务；

（2）——服务提供者将用户的身份信息提交给用户身份验证代理进行身份可信的确认；

（3）——验证代理将验证的结果返回服务提供者；

（4）——如果身份验证错误，则服务提供者拒绝访问，否则将用户行为可信的管理请求提交给基于用户行为可信的管理中心；

（5）——管理中心把用户行为可信的预测提交给行为可信预测代理；

（6）——行为可信预测代理访问用户行为可信数据统计数据库；

（7）——返回以往用户行为可信的统计数据；

（8）A 和（8）B——行为可信预测代理将预测的结果同时递交行为可信决策代理和管理中心；

（9）——管理中心把用户行为的决策提交给基于行为可信的决策代理；

（10）——决策代理在预测的基础上进行博弈分析与决策，并将决策结果返回给管理中心；

（11）——管理中心将基于用户行为可信的决策结果返回给服务提供者；

（12）——服务提供者最终决定是否接受还是拒绝用户的请求。

9.6.4　文中符号说明和双方利益的得失分析

由于用户安全行为可信属性是用户行为可信中最重要的内容，因此本节主要论述用户安全行为可信属性的博弈分析问题，其中的实例和解释说明是以学校提供的数字资源为例的。安全行为可信包括两个方面，即基本要求和高级要求。基本要求是指用户的行为是否规范，是否按契约的规定操作，例如，在学校的数字资源的使用方面，用户是否按规定使用资源，是否进行过量下载，私设对外代理服务器等。高级要求是指用户的行为是否具有攻击破坏行为，例如，有无攻击数字资源服务器企图，获取其他用户的账号信息或商业竞争者以用户的名义进行拒绝服务（DoS）攻击等。为了进行博弈分析，下面先介绍文中用到的符号所代表的意义。

$Sloss_{acc}^{dec} > 0$——表示服务提供者在接受，用户的欺骗访问时可能受到的平均损失量。例如：过量下载数字资源，私设对外代理服务器等，其他的欺骗也包括网络安全攻击导致服务器无法提供正常的服务或资源访问等。

$Sincome_{acc}^{n\_dec}$——表示服务提供者接受用户的不欺骗访问时，服务提供者可能得到正常的平均收益。例如有偿数字资源服务下载，广告，帮助用户检索等获得的收益等。

$Sloss_{n\_acc}^{n\_dec} > 0$——表示服务提供者拒绝接受且用户不欺骗访问时服务提供者可能受到的平均损失。例如数字资源服务因为拒绝正常的用户访问而使数字资源没有得到充分利用，以及双方由此引起的互不可信所造成的不合作损失等。

Uincome$_{acc}^{dec}$——表示用户采取欺骗行为且服务提供者接受访问时用户得到的超额收益。例如：过量下载，私设对外代理服务器将数字资源转卖给第三方，获取其他用户的账号信息，商业竞争者进行 DoS 攻击以提高自己的商业竞争力等获得的额外收益。

Uincome$_{acc}^{n\_dec}$——表示用户不欺骗且服务提供者接受访问时用户获得的平均收益。例如：下载相关的电子资源，浏览新闻和阅读专业资料等。

Ucost>0——用户采取欺骗行为所需要的成本。例如：购买相应的软件，学习欺骗的方法和技巧所需要的时间和精力等。

Upunish>0——表示用户采取欺骗行为所可能受到的惩罚。例如：停止用户对数据库的使用权或受到法律起诉等。

9.6.5 基于用户安全行为可信属性的博弈分析

首先对用户和服务提供者双方利益的得失进行分析。

（1）如果服务提供者接受访问，用户不欺骗那么服务提供者和用户都收益，他们的效用分别用 Sincome$_{acc}^{n\_dec}$ 和 Uincome$_{acc}^{n\_dec}$ 表示；

（2）如果服务提供者接受访问，用户欺骗，那么服务提供者得不到收益，只有损失 Sloss$_{acc}^{dec}$，用户的收益除了正常的平均收益 Uincome$_{acc}^{n\_dec}$ 外，还可以得到因欺骗所获得的超额收益 Uincome$_{acc}^{dec}$，但用户欺骗也会有损失，一个是用户采取欺骗行为所需要的成本 Ucost，另一个是用户采取欺骗行为可能受到的惩罚 Upunish。

（3）如果服务提供者拒绝访问，服务提供者既没有收益也不会有损失，但用户只要有欺骗的意图，它就需要为准备欺骗付出代价 Ucost，如果没有欺骗意图就没有这个代价。用户之所以选择欺骗是因为用户认为欺骗所获得的收益大于不欺骗所获得的正常收益，也就是说，假定用户欺骗所获得的收益大于用户正常访问所获得的收益，即用户是理性的。

用户的可信等级不同，支付矩阵也不同。前面已经把行为可信等级从高到低（即等级的值越小可信程度越大）分为 L 个等级，设用户行为可信等级为 i $(i=1,\cdots,L)$，则服务提供者和用户的支付矩阵分别为：

$$A_i = \begin{bmatrix} -\mathrm{Sloss}_{acc}^{dec}\alpha_1^{\,i-1} & \mathrm{Sincome}_{acc}^{n\_dec}\alpha_2^{\,i-1} \\ 0 & -\mathrm{Sloss}_{n\_acc}^{dec}\alpha_6^{\,i-1} \end{bmatrix}$$

$$B_i = \begin{bmatrix} \mathrm{Uincome}_{acc}^{dec}\alpha_3^{\,i-1} + \mathrm{Uincome}_{acc}^{n\_dec}\alpha_4^{\,i-1} - \mathrm{Ucost} - \mathrm{Upunish}\alpha_5^{\,i-1} & -\mathrm{Ucost} \\ \mathrm{Uincome}_{acc}^{n\_dec}\alpha_4^{\,i-1} & 0 \end{bmatrix}$$

其中 $\alpha_K \in [0,1]$ $(K=1,\cdots,6)$ 是博弈分析的参数因子，主要取决可信划分的等级粒度和对安全要求的强度，可以根据决策者的要求进行调整，注意这里 B_i 是在原支付矩阵的基础上进行了转置。其支付矩阵见表 9-5。

表 9-5　服务提供者与用户之间的支付矩阵表

服务 提供者 ＼ 用户	欺骗	不欺骗
接收	（ $-\text{Sloss}_{\text{acc}}^{\text{dec}}\alpha_1^{i-1}$, $\text{Uincome}_{\text{acc}}^{\text{dec}}\alpha_3^{i-1} + \text{Uincome}_{\text{acc}}^{n\_\text{dec}}\alpha_4^{i-1}$ $-\text{Ucost} - \text{Upunish}\alpha_5^{i-1}$)	（ $\text{Sincome}_{\text{acc}}^{n\_\text{dec}}\alpha_2^{i-1}$, $\text{Uincome}_{\text{acc}}^{\text{dec}}\alpha_4^{i-1}$ ）
不接收	（ 0, $-\text{Ucost}$ ）	（ $-\text{Sloss}_{n\_\text{acc}}^{n\_\text{dec}}\alpha_6^{i-1}$,0 ）

通过简单的画线法可以看到该博弈模型不存在纯策略均衡[63]，但可以求出混合策略的纳什均衡。假定服务提供者以 x 的概率选择接受访问，以 $1-x$ 的概率选择拒绝访问，即服务提供者的混合策略为 $P_1=(x,1-x)$ ；假定用户以 y 的概率选择欺骗，以 $1-y$ 的概率选择不欺骗，即用户的混合策略为 $P_2=(y,1-y)$ ，那么用户的预期支付函数 E_U 为：

$$E_U(\boldsymbol{P}_1,\boldsymbol{P}_2) = \boldsymbol{P}_2\boldsymbol{B}_i\boldsymbol{P}_1^{\text{T}}$$

$$= (y,1-y)\begin{bmatrix} \text{Uincome}_{\text{acc}}^{\text{dec}}\alpha_3^{i-1} + \text{Uincome}_{\text{acc}}^{n\_\text{dec}}\alpha_4^{i-1} - \text{Ucost} - \text{Upunish}\alpha_5^{i-1} & -\text{Ucost} \\ \text{Uincome}_{\text{acc}}^{n\_\text{dec}}\alpha_4^{i-1} & 0 \end{bmatrix}\begin{pmatrix} x \\ 1-x \end{pmatrix}$$

$$= y(x\text{Uincome}_{\text{acc}}^{\text{dec}}\alpha_3^{i-1} - x\text{Upunish}\alpha_5^{i-1} - \text{Ucost}) \tag{9-29}$$

对上式关于 y 求偏导，可得服务提供者最优化的一阶条件为：

$$\frac{\partial E_U(P_1,P_2)}{\partial y} = x\text{Uincome}_{\text{acc}}^{\text{dec}}\alpha_3^{i-1} - x\text{Upunish}\alpha_5^{i-1} - \text{Ucost} = 0$$

解得：

$$x^* = \frac{\text{Ucost}}{(\text{Uincome}_{\text{acc}}^{\text{dec}}\alpha_3^{i-1} - \text{Upunish}\alpha_5^{i-1})} \tag{9-30}$$

从公式（9-30）可以看出，服务提供者的接受概率只与用户的支付有关，但并不是与用户的所有支付有关，而是只与用户欺骗相关的三个支付有关，因此，服务提供者要想提高自己的接受概率必须想办法加大用户欺骗时的成本，加大对用户欺骗的惩罚，减少用户欺骗成功所获得的收益。

可以看到，混合纳什均衡策略的好处是给用户一个不确定的博弈结果，用户虽然知道服务提供者的支付矩阵和决策概率，但具体怎么决策并不能确定。在这个博弈中，服务提供者以 x^* 的概率接受访问，以 $1-x^*$ 拒绝访问，此访问控制策略可以削减服务提供者的控制成本，因为即使拒绝访问是不确定的，足够高的被拒绝的可能性也将对用户的欺骗形成威胁，也就是说，如果拒绝的概率小于 $1-x^*$ 时，由于用户是理性的，从公式（9-31）的一阶条件可知，用户的最优选择是欺骗，就好像没有拒绝访问一样。相反，如果拒绝访问的概率大于 $1-x^*$ ，则用户的最优选择是不欺骗。总之，服务提供者的拒绝率太低或太高，用户都有唯一的最优选择，只有服务提供者以混合纳什均衡

策略 $x*$ 概率接受访问，以 $1-x*$ 概率拒绝访问，用户对欺骗和不欺骗两种选择是无差异的（即有相同的支付），服务提供者没有给用户提供任何的投机机会。下面给出一个可信等级与双方支付关系的一个性质。

性质 9.1 服务提供者的得失、用户的收益与用户的可信等级成正比。

证明：由 9.4 节可知，服务提供者的得失以及用户的正常收益，额外收益分别为：$\text{Sloss}_{\text{acc}}^{\text{dec}} \alpha_1^{i-1}$，$\text{Sincome}_{n\_\text{acc}}^{n\_\text{dec}} \alpha_2^{i-1}$，$\text{Sloss}_{n\_\text{acc}}^{n\_\text{dec}} \alpha_6^{i-1}$，$\text{Uincome}_{\text{acc}}^{\text{dec}} \alpha_3^{i-1}$ 和 $\text{Uincome}_{\text{acc}}^{n\_\text{dec}} \times \alpha_4^{i-1}$，设两个用户 U_i 和 U_j 的行为可信等级分别为 i，j，并假设 $i<j$，因为可信等级越高，i，j 的值越小，因此用户 U_i 的可信等级大于用户 U_j 的可信等级，并设 $i-j=C<0$，则两用户的同一支付值的比为：$\alpha^{i-1} / \alpha^{j-1} = \alpha^{(i-1)-(j-1)} = \alpha^C$，由于 $\alpha \in [0,1]$，$C<0$，因此 $\alpha^C > 1$，即，用户 i 和用户 j 同一支付值的比是一个大于 1 的常量，因此它们的关系是成正比例的。

这个性质可以从实际网络应用中去理解，用户可信类型级别越高，服务提供者与用户的可以合作越深入，对用户开放的资源可以相对多一些，因此双方正常交往时所得到的平均收益会多一些，同时一旦高可信用户进行欺骗，欺骗的用户获得的额外收益也大，服务提供者受到的损失也大，因此服务提供者也会对高可信的用户进行更为严重的惩罚，可见这个性质是与实际网络应用相符合的。

9.6.6 基于用户行为可信预测的博弈控制策略

上面计算出了服务提供者的混合纳什均衡策略，即解决了以什么样的概率进行控制决策的问题，但具体每次如何决策还不能确定，这还要结合用户的可信等级和对方用户的决策概率来决定，这是因为不同可信等级的用户其决策的策略是不同的，而且控制博弈策略取决于双方的博弈分析，不只是自己的单方面的推断，这也正是博弈论的内涵。下面以一个定理的形式给出基于用户行为可信预测的博弈控制条件。

定理 9.2 已知用户行为的可信等级的预测概率 Pt 和服务提供者的支付矩阵，则服务提供者接受访问的控制条件是：

$$\sum_{i=1}^{L} Pt_i \left[-y * \text{Sloss}_{\text{acc}}^{\text{dec}} \alpha_1^{i-1} + (1-y*)(\text{Sincome}_{\text{acc}}^{n\_\text{dec}} \alpha_2^{i-1}) \right] > 0$$

其中 Pt_i 是可信等级为 i 的预测概率，$y*$ 和 $1-y*$ 分别是用户欺骗和不欺骗的混合纳什均衡策略，L 是可信等级划分的级别。$\text{Sloss}_{\text{acc}}^{\text{dec}} > 0$ 是服务提供者接受用户访问，用户欺骗时可能受到的平均损失量。$\text{Sincome}_{\text{acc}}^{n\_\text{dec}}$ 是服务提供者接受用户访问用户不欺骗时所获得的平均收益。

证明 因为不同可信等级的用户其支付矩阵是不一样的，因此决策前先必须预测用户在各可信等级的概率 Pt_i，这个可以通过公式（9-28）计算出来，这里不再赘述。

有了预测的用户可信等级概率，还要用博弈理论分析用户的决策概率。假定用户是理性的，即用户寻求以一种最大化自己支付的方式进行博弈，那么能达到这个要求并且双方可以持久保持稳定状态的就是混合策略的纳什均衡，因此先计算用户的混合纳什均衡策略。因为服务提供者的预期支付函数 E_S 为：

$$E_S(P_1, P_2) = P_1 A_i P_2^{\mathrm{T}} = (x, 1-x) \begin{bmatrix} -\mathrm{Sloss}_{\mathrm{acc}}^{\mathrm{dec}} \alpha_1^{i-1} & \mathrm{Sincome}_{\mathrm{acc}}^{n\_\mathrm{dec}} \alpha_2^{i-1} \\ 0 & -\mathrm{Sloss}_{n\_\mathrm{acc}}^{n\_\mathrm{dec}} \alpha_6^{i-1} \end{bmatrix} \begin{pmatrix} y \\ 1-y \end{pmatrix} =$$

$$-xy\mathrm{Sloss}_{\mathrm{acc}}^{\mathrm{dec}} \alpha_1^{i-1} + x(1-y)\mathrm{Sincome}_{\mathrm{acc}}^{n\_\mathrm{dec}} \alpha_2^{i-1} - (1-x)(1-y)\mathrm{Sloss}_{n\_\mathrm{acc}}^{n\_\mathrm{dec}} \alpha_6^{i-1} \qquad （9-31）$$

对公式（9-31）的关于 x 偏导，可得用户最优化的一阶条件为：

$$\frac{\partial E_S(P_1, P_2)}{\partial x} = \mathrm{Sincome}_{\mathrm{acc}}^{n\_\mathrm{dec}} \alpha_2^{i-1} +$$

$$\mathrm{Sloss}_{n\_\mathrm{acc}}^{n\_\mathrm{dec}} \alpha_6^{i-1} - y(\mathrm{Sloss}_{\mathrm{acc}}^{\mathrm{dec}} \alpha_1^{i-1} + \mathrm{Sincome}_{\mathrm{acc}}^{n\_\mathrm{dec}} \alpha_2^{i-1} + \mathrm{Sloss}_{n\_\mathrm{acc}}^{n\_\mathrm{dec}} \alpha_6^{i-1}) = 0$$

得：

$$y^* = \frac{(\mathrm{Sincome}_{\mathrm{acc}}^{n\_\mathrm{dec}} \alpha_2^{i-1} + \mathrm{Sloss}_{n\_\mathrm{acc}}^{n\_\mathrm{dec}} \alpha_6^{i-1})}{(\mathrm{Sloss}_{\mathrm{acc}}^{\mathrm{dec}} \alpha_1^{i-1} + \mathrm{Sincome}_{\mathrm{acc}}^{n\_\mathrm{dec}} \alpha_2^{i-1} + \mathrm{Sloss}_{n\_\mathrm{acc}}^{n\_\mathrm{dec}} \alpha_6^{i-1})} \qquad （9-32）$$

即 $(y^*, 1-y^*)$ 是用户的混合纳什均衡策略。

由表 9-5 可知，用户可信等级为 i 的服务提供者的支付矩阵为：

$$\begin{bmatrix} -\mathrm{Sloss}_{\mathrm{acc}}^{\mathrm{dec}} \alpha_1^{i-1} & \mathrm{Sincome}_{\mathrm{acc}}^{n\_\mathrm{dec}} \alpha_2^{i-1} \\ 0 & -\mathrm{Sloss}_{n\_\mathrm{acc}}^{n\_\mathrm{dec}} \alpha_6^{i-1} \end{bmatrix},$$

现在求用户接受服务的决策条件，实际就是求服务提供者的接受概率为 1，用户选择欺骗和不欺骗的概率分别为 $y^*, 1-y^*$ 时的服务提供者的利益得失情况，此矩阵的第一行表示接受用户访问，第一列表示用户欺骗，第二列表示不欺骗，因此服务提供者获得的利益为：$-y^* \mathrm{Sloss}_{\mathrm{acc}}^{\mathrm{dec}} \alpha_1^{i-1} + (1-y^*) \mathrm{Sincome}_{\mathrm{acc}}^{n\_\mathrm{dec}} \alpha_2^{i-1}$。

上式只是用户可信等级为 i 时服务提供者获得的利益结果，要想得到该用户的全部获利情况，就必须对 L 个可信等级进行加权求和，即服务提供者总的获得的利益为：

$$\sum_{i=1}^{L} Pt_i \left[-y^* \mathrm{Sloss}_{\mathrm{acc}}^{\mathrm{dec}} \alpha_1^{i-1} + (1-y^*)(\mathrm{Sincome}_{\mathrm{acc}}^{n\_\mathrm{dec}} \alpha_2^{i-1}) \right] \qquad （9-33）$$

如果这个值大于零，则说明服务提供者的收益大于零，那么就接受访问，否则拒绝访问。命题得证。

9.6.7　基于可信预测的用户行为博弈控制机制的评价

该机制将未来行为可信的预测结果和博弈分析相结合找出纳什均衡策略，在控制决策中对风险进行考虑。

在整个用户行为控制中将行为可信的预测，风险分析和决策控制有机结合起来。

通过简单的画线法可以看到该博弈模型不存在纯策略均衡，但可以求出混合策略的纳什均衡。

混合纳什均衡策略的好处是给用户一个不确定的博弈结果，用户虽然知道服务提供者的支付矩阵和决策概率，但具体怎么决策并不能确定。

总之，服务提供者的拒绝率太低或太高，用户都有唯一的最优选择，只有服务提供者以混合纳什均衡策略 $x*$ 概率接受访问，以 $1-x*$ 概率拒绝访问，用户对欺骗和不欺骗两种选择是无差异的（即有相同的支付），服务提供者没有给用户提供任何的投机机会。

从这个机制中我们看到服务提供者的得失、用户的收益与用户的可信等级成正比，下面证明这个性质：

证明： 由 9-32 知，服务提供者的得失以及用户的正常收益，额外收益分别为：$\text{Sloss}_{\text{acc}}^{\text{dec}}\alpha_1^{i-1}$，$\text{Sincome}_{\text{acc}}^{n\_\text{dec}}\alpha_2^{i-1}$，$\text{Sloss}_{n\_\text{acc}}^{n\_\text{dec}}\alpha_6^{i-1}$，$\text{Uincome}_{\text{acc}}^{\text{dec}}\alpha_3^{i-1}$ 和 $\text{Uincome}_{\text{acc}}^{n\_\text{dec}}\alpha_4^{i-1}$，设两个用户 U_i 和 U_j 的行为可信等级分别为 i，j，并假设 $i<j$，因为可信等级越高，i，j 的值越小，因此用户 U_i 的可信等级大于用户 U_j 的可信等级，并设 $i-j=C<0$，则两用户的同一支付值的比为：$\alpha^{i-1}/\alpha^{j-1}=\alpha^{(i-1)-(j-1)}=\alpha^C$，由于 $\alpha\in[0,1]$，$C<0$，因此 $\alpha^C>1$，即，用户 i 和用户 j 同一支付值的比是一个大于 1 的常量，因此它们的关系是成正比例的。

这个性质可以从实际网络应用中去理解，用户可信类型级别越高，服务提供者与用户的可以合作越深入，对用户开放的资源可以相对多一些，因此双方正常交往时所得到的平均收益会多一些，同时一旦高可信用户进行欺骗，欺骗的用户获得的额外收益也大，服务提供者受到的损失也大，因此服务提供者也会对高可信的用户进行更为严重的惩罚，可见这个性质是与实际网络应用相符合的。

9.7 用户行为认证机制与评价

9.7.1 用户行为认证的必要性

用户身份认证是计算机网络应用中需要解决的最重要的内容之一，特别是在云计算、电子商务、政府网络工程、军队等与安全有关的重大的网络应用中。目前身份认证技术比较成熟，但不论认证技术多么完善成熟，身份认证技术本身在诸如云计算等新型网络环境下不能阻止下列行为。

（1）身份认证的误判

例如密码盗号程序盗走了用户的密码；钓鱼网站钓走了用户的密码；用手机上网的用户，当手机丢失时，用户名和密码设置为默认的自动登录状态导致的身份认证误判。这种身份的误判会对原用户和服务提供者造成很大破坏，这时要求系统能够监测用户的行为，并根据用户的异常行为对其身份进行再一次确认，我们称为身份的再认证，主要解决用户身份认证失误的情况下，用户身份是否与用户的真正身份相一致的问题，它是通过查看用户的行为状态，监控用户的行为内容和检验用户的行为习惯来确定是否需要对行为的主体身份再确认的过程。

（2）合法身份的恶意用户对服务系统的破坏

例如在基于云计算的数字化电子资源订购方面，一些端用户（如大学里的学生）常常使用网络下载工具大批量下载购买的电子资源或者私设代理服务器牟取非法所得等，这里用户的身份是没有问题的（通常是根据 IP 地址确认用户的身份）。但用户的行为却是不可信的，我们常常看到一些电子资源使用的用户因为不当的行为而被警告甚至账户封闭，例如清华大学图书馆每年都要公布一批违反规定的学生名单和处罚规定。其他造成行为不可信的人员包括离开公司未解除授权的人员、对公司不满意的人员和商业竞争者等，另外一些合法用户行为的不可信并不是用户主观故意造成的，而是由于疏忽大意、缺乏相关的专业知识或者病毒木马入侵而导致的用户行为不可信，因此需要对用户的行为本身是否可信进行认证，这种认证称为用户行为认证。

无论是用户身份的再认证还是用户行为认证都是基于用户的动态行为而不是基于用户的静态身份，两者有较大的区别和不同，需要进行重点专门研究。

9.7.2　用户行为认证概念与行为证据的获得

定义 9.6　用户行为认证（User Behavior Authentication）　是指用户在使用网络资源时通过用户的行为对行为的可信性和行为的身份再确认过程。这一过程是服务提供者通过与用户的交互获得行为证据，然后提交给认证服务器，后者将行为证据与存储在数据库里的用户行为认证集进行核对处理，根据比较结果确认用户行为是否可信，用户的身份是否真实。

获得全面可信、划分粒度适中、满足应用的证据是终端用户行为认证的基础，用户行为的各种证据就蕴涵在包括各种应用协议报文的巨大网络流量中。证据获取要全面、实时、真实可靠，尽量不影响网络的正常流量。用户行为证据的定义、分类与获取见第 9.2 节。

9.7.3　用户行为认证集

行为认证成功的概率大小取决于行为认证集的划分、定义和与行为相关的集合覆盖率，因此确定行为认证集在行为认证过程中是非常重要的内容之一。由于行为的欺骗者担心真正的用户会根据其他合法的渠道（如通过手机和电子邮件等）从服务提供者那里找回自己的用户名和密码，因此"理性"的欺骗者会尽快地获取最大利益，同时不可信用户也设法尽快达到自己的目的，这些都会导致出现下列异常行为，这些异常可以作为行为认证集的基础。

（1）行为状态异常

如果身份认证失败则与行为相关的状态也可能会发生变化，比如盗用密码的人用盗用的密码到其他地方使用另外的计算机进行操作，可能使用的操作系统版本，上网的时间、地点、IP 地址可能与原来的不一致，因此行为认证在用户访问系统前先进行行为状态的检验，如果行为状态发生变化则需要进行身份的再认证，我们把这种行为状态对照集称为行为状态认证集。

（2）行为内容异常

不同的用户其行为的内容是不一样的，例如在电子资源订购中，不同专业的老师和学生，通常下载他所属相关学科的数字资源，如果下载学科变动较大，则需要对行为进行认证；又如，在电子商务购买商品过程中，不同背景的用户通常购买哪些类型，哪些价格范围的商品相对是比较固定的，如果突然购买大宗以往非常规的商品就需要对用户的行为进行认证，我们把这种检测行为内容异常的对照集称为行为内容认证集。

（3）行为习惯异常

每个用户在使用服务器资源的时候，都具有自己独特的行为操作习惯，包括不同的操作命令序列、操作流程和运行的程序，例如对于熟悉自己云资源的老用户来说，操作的流程可能是直接点击用户以往常用的资源，然后使用资源，最后释放资源等。对于欺骗者，使用网络的习惯可能与原真正用户有所不同，例如，操作的流程可能是先单击查询，然后使用资源，中途可能不正常释放资源就直接退出等，这时就需要对用户的行为进行认证，我们把这种检测行为习惯异常的对照集称为行为习惯认证集。

（4）行为安全异常

这种异常行为可能对系统形成巨大安全隐患，造成系统破坏，这个可以根据目前的入侵检测规则作为行为安全检测的认证集，称为行为安全认证集。

（5）行为契约异常

对于重要网络服务来说，服务提供者都与用户签订服务的契约，规定服务的内容、时间、禁止的行为和收费标准等，对于非法用户或者图谋不轨的某些合法用户都会在用户的行为中违反契约规定，这时需要对用户的行为进行认证，把这种检测行为契约异常的对照集称为行为契约认证集。

在这些行为认证集中只有行为安全认证集是对于任何用户通用的，也称普适证据集，其他的认证集不同的用户是不一样的，也称特有证据集，因此可以作为身份再认证的依据。对于新注册的用户，因为没有历史行为记录，行为状态异常认证集，行为内容异常认证集和行为习惯异常认证集都是空集，随着用户的交往次数增多，这些行为认证集内容也逐渐丰富，这时不仅对用户的行为是否可信可以进行认证，而且也可以对用户的身份进行认证。因此用户行为认证集包括五个子认证集，即行为状态异认证集、常行为内容异常认证集、行为习惯异常认证集、行为安全异常认证集和行为契约异常认证集，当然在实际中可能还增加其他行为认证集。

定义 9.7　充分行为认证集　如果基于某个认证集 S 认证失败，则必导致用户行为认证失败，反之，如果用户行为认证失败，则并不一定是由于基于该认证集认证失败导致的，则称 S 为充分认证集。在上面的认证集中，行为安全异常认证集和行为契约异常认证集就是充分行为认证集，充分认证集是基本的重要的认证集。

定义 9.8　必要行为认证集　如果基于某个认证集 S 认证失败，则行为认证并不一定失败，但如果要使行为认证成功，则必须基于 S 认证成功，则称 S 为必要行为认证集。在上面的认证集中，行为状态异常认证集，行为内容异常认证集和行为习惯异常认证集就是必要认证集。

1. 云计算环境下的行为认证集

目前还没有统一的云计算定义，根据维基百科的定义，云计算是一种基于因特网的运算新模式，通过因特网链接到异构、自治的服务，为个人和企业使用者提供按需即取的运算。云服务模式一共有三种，它们分别是软件即服务（Software as a Service (SaaS)），平台即服务（Platform as a Service (PaaS)）和基础设施即服务（Cloud Infrastructure as a Service (IaaS)）。云计算的基本架构如图 9-9 所示，共分为五个层次，从上到下依次分为资源提供层，云服务提供层，信息传输层，行业服务提供层，端用户层。云服务提供者利用资源提供层提供的资源和自己的技术（如虚拟化技术等）最终整合成向用户提供的云服务（如 SaaS，PaaS，IaaS 等），并通过信息传输层向用户提供这些服务。

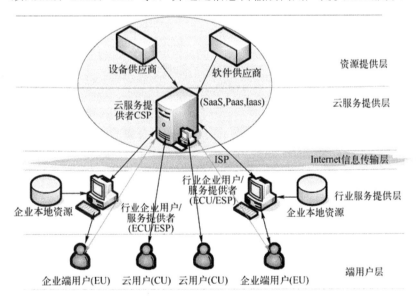

图 9-9　云计算基本架构中的用户和服务提供者

在云计算中，由于用户直接使用和操作云服务提供者的软件，操作系统，甚至是编程环境和网络基础性设施，因此用户对云资源的软硬件的影响和破环远比目前用户利用因特网进行资源共享要严重的多。特别是具有合法用户身份的主观破坏行为，比如竞争者，黑客和对立者等，例如：对于 PaaS 服务来说，由于它可以让用户将自己创建的某类应用程序部署到服务端运行，并且允许用户对应用程序及其计算环境配置进行控制，因此，恶意用户可能会提交一段恶意代码，这段代码可能恶意抢占 CPU 时间、内存空间和其他资源，也可能会攻击其他用户，甚至可能会攻击提供运行环境的底层平台，因此用户行为是否可信，如何对用户行为可信进行评估是云计算研究的一个重要内容。

（1）行为状态认证集

在云计算的 PaaS 层和 SaaS 层的行为状态异常检验都需要对照登陆地点、IP 地址、访问的时间和操作系统这几个证据，不过 IaaS 层只提供基础设施服务，因此不需要对用户端的操作系统这一证据进行认证。行为状态认证集的基本证据见表 9-6。

表 9-6　行为状态认证集

证 据 名 称	证据基本含义	适 用 范 围
操作系统	用户端使用的操作系统版本	PaaS，SaaS
地点	用户端登录的地点	IaaS，PaaS，SaaS
IP 地址	登录的用户端的 IP 地址	IaaS，PaaS，SaaS
访问的时间	用户登录的时间段	IaaS，PaaS，SaaS

（2）行为内容认证集

行为内容包括用户资源的使用情况，如资源使用的种类和数量。云计算环境的不同服务模式下，用户资源的内容不同，在 IaaS 层主要指处理、存储、网络等基础性的计算资源，在 PaaS 层指服务器、操作系统、中间件等开发环境，在 SaaS 层则是用户订购的应用程序。正常情况下，终端用户使用资源的数量、种类不会有很大变化，如果出现了较大的变化，则有可能用户的行为出现异常，需要进行行为认证。特别在 SaaS 服务模式中，不同的终端用户其具体的行为内容是不一样的，例如在电子资源服务中用户下载数据，在电子商务服务中用户购买商品。行为内容认证集的基本证据见表 9-7。

表 9-7　行为内容认证集

证 据 名 称	证据基本含义	适 用 范 围
资源使用种类	用户使用的云资源种类	IaaS，PaaS，SaaS
资源使用数量	用户使用的云资源数量	IaaS，PaaS，SaaS
IP 地址	登录的用户端的 IP 地址	IaaS，PaaS，SaaS
访问的时间	用户登录的时间段	IaaS，PaaS，SaaS
下载服务资源	用户下载订购资源的种类范围	SaaS
下载服务资源数量	用户下载订购资源的数量范围	SaaS
购买商品的种类	用户购买商品的种类范围	SaaS
购买商品的数量	用户购买商品的数量范围	SaaS
购买商品的价格	用户购买商品的价格范围	SaaS

（3）行为习惯认证集

行为习惯认证集见表 9-8。

表 9-8　行为习惯认证集

证 据 名 称	证据基本含义	适 用 范 围
操作命令序列	用户使用云资源时的操作顺序	IaaS，PaaS，SaaS
运行的程序	用户经常运行的程序	IaaS，PaaS，SaaS
习惯访问的网站	用户经常访问的网站	IaaS，PaaS，SaaS
习惯访问的资源	用户经常访问的资源	IaaS，PaaS，SaaS

（4）行为安全认证集

是检测行为安全异常的对照集。可以根据目前的异常入侵检测规则作为我们行为安全检测的认证集，通过对计算机网络中的若干关键点收集信息并进行分析，从中发现网络中是否有违反安全策略的行为发生。由于行为安全认证集与入侵检测相类似，而对入侵检测的研究比较成熟，本文不再赘述。

（5）行为契约认证集

云计算中的服务水平协议 SLA（Service level agreements）是云服务提供商和用户签订的唯一一份协议合同[64]，因此是我们制定行为契约认证集的主要依据。对于云服务提供商来说，SLA 规定了它应该承诺提供的服务质量（QoS），以及收费的标准和模式等，云服务提供商通过 SLA 可以获得用户的可信。对用户来说，SLA 规定了云服务提供商提供给用户的资源，以及获得的性能指标[65]。由于云计算部署中缺少对基础设施的物理控制，因此与传统的企业拥有基础设施相比，SLA 在安全管理中扮演更重要的角色。

在每个用户和云服务提供商签订的 SLA 契约中，包含了安全指标和服务性能指标，因此一旦用户有违反 SLA 规定的行为发生，则该用户的行为出现了异常。SLA 一般包括技术和法律两个层面，通常通过一些参数来综合表示，如延时、抖动、带宽等，本文只关注 SLA 技术参数中可以体现用户行为异常的属性，来作为行为契约认证集制定的主要参考。行为契约认证集的基本证据属性见表 9-9。

表 9-9　行为契约认证集

证 据 名 称	证据基本含义	适 用 范 围
虚拟机规模下限（Scale Up）	一个用户可使用的最小虚拟机个数	IaaS
虚拟机规模上限（Scale Down）	一个用户可使用的最大虚拟机个数	IaaS
CPU 承载力	虚拟机的 CPU 速度	IaaS
CPU 使用率	虚拟机的 CPU 使用率	IaaS
存储	虚拟机分配的存储空间大小	IaaS
内存大小	虚拟机分配的内存大小	IaaS
物理服务器的最大配置个数	单个服务器上运行的最大虚拟机个数	IaaS

证 据 名 称	证据基本含义	适 用 范 围
自动伸缩服务	是否运行自动扩大或减小计算能力	IaaS
网络带宽	虚拟机网络带宽	IaaS
集成能力	是否允许与其他平台和服务集成	PaaS
浏览器	平台支持的浏览器，如 Firefox，IExplorer 等	PaaS
部署能力	平台支持的开发者数量	PaaS
在线用户数量	服务允许的在线用户数量	SaaS
收费标准	基于服务的资源或时间的收费标准	IaaS，PaaS，SaaS

9.7.4 用户行为认证机制

行为认证过程包括下列三个主要过程。

1. 行为前的认证

具体包括下列三个方面：常规的用户身份认证、基于行为状态认证集和当前行为状态的行为状态认证和基于历史认证可信的行为认证预测。前两个都已讲述，如果行为认证预测是成功的，则容许继续访问，如果预测行为认证是失败的，是否继续访问则通过随后的博弈风险分析进行决策。预测是基于贝叶斯网络原理，下列预测公式是预测在安全认证条件下的整体行为认证的结果：

$$P(T|S) = \frac{P(S|T)p(T)}{P(S)} = \frac{|S \cap T|}{|T|} \frac{|T|}{n} \bigg/ \frac{|S|}{n} = \frac{|S \cap T|}{S} \qquad (9-34)$$

其中 T 和 S 分别表示用户历史整体行为认证和行为安全认证结果，n 是统计的次数，如果认证结果符合最低安全要求就容许用户继续访问，否则需要进一步认证。

2. 行为中的实时动态行为认证

主要包括三个步骤，第一是如何获取用户访问过程中的各种行为证据；第二是如前所述的如何建立用户行为认证的认证集；第三是如何认证的问题，它不同于身份认证直接把用户发来的身份信息和服务器数据库中存储的该用户的身份信息进行比较，比较结束后就可以确定用户的身份是否真实可信。

在用户行为认证中，还有第三种待进一步认证的不确定结果，这是由于行为认证集分为充分行为认证集和必要行为认证集，因此还需要分情况进行论述，具体细节将在后面进行专门论述。

3. 行为后的可信等级更新

为下次的行为认证和访问的博弈控制做准备，基本方法是用本次认证的结果来更新历史认证的积累形成对用户的可信。

在用户访问的初期，由于没有用户历史行为认证记录，认证代理只能按照已有的充分行为认证集进行行为可信认证。这时如果用户的行为基于充分行为认证集认证是失败的，则用户的行为认证失败；否则用户的行为就认为是认证成功的。在用户访问一定的次数后，认证的机制是：如果用户的行为基于充分行为认证集的认证是失败的，则用户的行为认证失败；否则，如果用户行为基于必要认证集是成功的，则用户的行为认证成功，否则用户的行为认证结果为不确定状态。实时行为认证的基本策略见图 9-10。

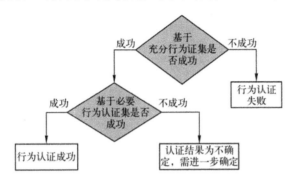

图 9-10　实时行为认证的基本策略

在上面的分析中，我们描述了实时行为认证的基本策略，根据这个策略阐述行为认证的处理流程。当终端用户请求到达时，行为认证代理首先进行身份认证，通过身份认证的用户还需进行基于行为状态的认证。如果基于行为状态的认证未成功，则需要进行身份再认证，来确定用户的真实身份是否被仿冒。身份再认证成功的用户，被允许访问系统。用户访问的同时，认证代理进行实时的行为可信认证。首先进行基于充分行为认证集的认证（简称充分行为认证），即基于行为安全认证集和基于行为契约认证集的认证，一旦这两者有一个认证失败，则充分行为认证失败，服务提供商终止终端用户的访问并反馈错误信息。充分行为认证成功的用户还要看其必要行为认证的结果，如果该用户基于行为内容认证集和基于行为习惯认证集的认证都成功，则表明这个用户的行为是可信的，允许继续访问系统。如果必要行为认证失败，也不能就由此断定用户行为是不可信的，还需要进一步确定。首先进行身份再认证来确认该行为的身份是否可信，身份可信的用户再进行博弈风险决策，博弈风险决策结合历史认证结果对用户行为进行风险预测，预测通过的用户可以继续访问系统，预测风险高的用户将终止其访问。在终端用户结束访问后，更新可信等级图 9-11 描述了实时行为认证与控制的处理流程。

通过基于行为的身份认证（身份再认证），对用户的身份真伪进行进一步的确定，排除了身份不真实的欺骗用户。但是身份真实的用户也可能采取不可信行为，这在身份认证环节无法分辨，于是通过基于行为的行为可信认证来进行鉴别。由于可信和风险是并存的，单独依靠行为认证获得的可信等级进行决策是非常片面和危险的，因此将行为可信结果和博弈分析相结合，对双方的支付矩阵进行博弈风险分析[66]，最终决策是否容许终端用户继续访问系统。

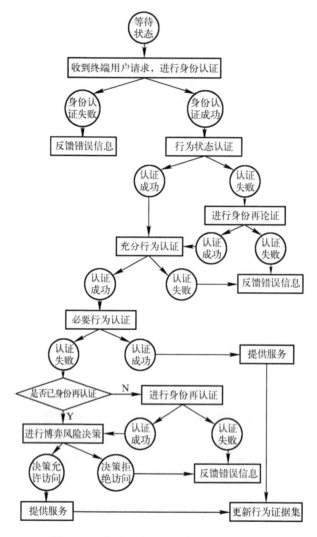

图 9-11　实时行为认证与控制的处理流程

9.7.5　用户行为认证的评价

优点：首先它弥补了身份认证本身所带来的缺点，即身份认证的失误，与身份认证互相配合，互相促进，形成完整的认证机制。其次它是一种动态的认证形式，可根据用户的实时状态，契约规范等动态地确定用户认证的成功与失败，终止用户的非法行为，而身份认证一旦认证成功就不再进行监管用户的行为了。同时用户身份认证也是多因子的认证，它包括行为状态、契约和安全等多个认证因素。

缺点：用户行为认证的结果不是确定性的成功与失败两种情况，而是还有不确定性的待确定状态，行为认证的结果还要结合其他的策略进行最终的决策。另外，行为认证的不确定状态的决策具有风险性，可能把恶意用户当作合法用户容许用户进行访问，也有可能把合法用户当作非法用户终止其进行访问，原因是合法用户也有可能具有异常行为，恶意用户也可能有正常的行为。用户的行为证据不是由用户提交的，而是服务提供者监测获得的，所以能否收集全面的行为证据是行为认证的关键。与用户身份认证相似，容易出现鉴别漏洞的地方是存放用户行为认证集的用户数据库，如果被攻击者攻破，则用户行为认证将出现错误，因此最好将行为认证集加密后存储或者服务器的数据库中存储行为认证集的摘要而不是原始的行为认证集。

9.7.6　行为认证的误报率分析

行为认证误报率是指系统行为认证成功但实际上行为认证失败或者行为认证失败但实际上行为认证成功的误判率。

导致误报的原因可能是因用户主观原因导致身份认证误报；两个不同的用户因操作系统版本、上网的时间地点和 IP 地址等行为状态相同导致行为认证误报；两个不同的用户因请求服务内容等行为内容相同导致行为认证误报；两个不同用户因操作时序等行为习惯相同导致行为认证误报；用户因扫描端口、修改文件权限等违反行为安全未发现导致行为认证误报；用户因过量下载文件等违反行为契约未发现导致行为认证误报等。由于直接进行行为认证控制的动作只有五个，即身份认证，身份再认证，行为安全认证，行为契约认证，博弈风险决策，设这五个认证控制的误报率分别为：P_I（如 0.001%），P_{RI}（如 0.001%），P_S（如 0.3%），P_Q（如 6%），P_G（如 8%），则用户认证误报的概率为：

$$P = P_I P_{RI} P_G P_Q P_S \tag{9-35}$$

由上面的分析可以看到在增加行为认证的机制下，用户认证误报的概率将大大减少，减少的比率是 $P_{RI} P_G P_Q P_S$。以上面的例子为例，当只有身份认证的情况下用户认证误报的概率是 10^{-5}，增加了行为认证时，误报的概率为 $P=0.01\% \times 0.01\% \times 0.3\% \times 6\% \times 8\% = 1.44 \times 10^{-13}$。

参 考 文 献

[1]   FELDMANN A, MUTHUKRISHNAN S. Tradeoffs for packet classification. In Proc. INFOCOM.
      IEEE, March 2000(3): 1193-1202.

[2]   DE B M, VAN Kr M , OVERMARS M. Computational geometry: algorithm and applications. Springer-
      Verlag, 2nd rev. ed. 2000.

[3]   PREPARATE F, SHAMOS M. Computational geometry: an introduction, Springer-Verlag, 1985.

[4]   ROSE C. Rapid optimal scheduling for time-multiples switches using a cellular automation. IEEE
      Trans. On Communication, May 1989,37(5): 500-509.

[5]   OVERMARS M H, VAN Der Stappen A F. Range searching and point location among fat objects.
      Journal of Algorithms. November 1996, 21(3): 629-656.

[6]   ATA S, MURATA M, MIYAHARA H. Efficient cache structures of IP routers to provide
      policy-based services. IEEE International Conference on Communications, 2001(5): 1561-1565.

[7]   BABOESCU F, VARGHESE G. Scalable packet classification. ACM SIGCOMM'01, San Diego,
      California, USA. 2001:199-210.

[8]   DOVROLIS C, STILIADIS D, RAMANATHAN P. Proportional differentiated services: delay differentiation
      and packet scheduling. Networking, IEEE/ACM Transactions on, Feb. 2002, 10(1): 12-26.

[9]   DOVROLIS C, RAMANATHAN P. A case for relative differentiated services and the proportional
      differentiation model. IEEE Network, Sept./Oct. 1999, vol.13: 26-34.

[10] GOYAL P, VIN H M, CHENG H. Start-time fair queueing: a scheduling algorithm for integrated
      services packet switched networks .IEEE Transactions on Networking, October 1997, Vol. 5: 690-704.

[11] ARMITAGE G. IP 网络的服务质量. 隆克平 等译. 北京：机械工业出版社，2001.

[12] STILIADIS D, VARMA A. Latency-rate servers: a general model for analysis of traffic scheduling
      algorithms. IEEE/ACM Transactions on Networking, Oct. 1998, 6(5).

[13] CHIUSSI F M, FRANCINI A. Implementing fair queueing in ATM switches-Part 1: A practical
      methodology for the analysis of delay bounds. IEEE GLOBECOM'97, 1997: 509-518.

[14] CHIUSSI F M, et al. Implementing fair queueing in ATM switches-Part 2: The logarithmic calendar
      queue. IEEE GLOBECOM'97, 1997: 519-526.

[15] STILIADIS D, VERMA A. A general methodology for designing efficient traffic scheduling and
      shaping algorithm. IEEE INFOCOMM'97, 1997: 326-335.

[16] PETERSON L L, DAVIE B S. Computer Networks: A System Approach, Second Edition [M].
      Morgan Kaufmann Publisher, Inc., 2000:456-457.

[17]　CHIOPALKATTI R, KUROSE J, TOWSLEY D. Scheduling policies for real-time and non-real-time traffic in a statistical multiplexer. Proceedings of the IEEE INFOCOM'89, Ottawa, Canada, April 1989:774-783.

[18]　Network Working Group. RFC2138 Remote Authentication Dial In User Service (RADIUS), April 1997.

[19]　Network Working Group. RFC2139 RADIUS Accounting, April 1997.

[20]　Network Working Group. RFC2865 Remote Authentication Dial In User Service (RADIUS), June 2000.

[21]　Network Working Group. RFC2866 RADIUS Accounting, June 2000.

[22]　Network Working Group. RFC2867 RADIUS Accounting Modifications for Tunnel Protocol Support, June 2000.

[23]　Network Working Group. RFC2868 RADIUS Attributes for Tunnel Protocol Support, June 2000.

[24]　Network Working Group. RFC3575 IANA Considerations for RADIUS, July 2003.

[25]　Network Working Group. RFC1334 PPP Authentication Protocols, October 1992.

[26]　Network Working Group. RFC2869 RADIUS Extensions, June 2000.

[27]　Network Working Group. RFC3748 Extensible Authentication Protocol (EAP), June 2004.

[28]　Recovery Oriented Computing,http://www.stanford.edu, or http://roc.cs.berkeley.edu, 2006.12.5.

[29]　Global Environment for Networking, Investigations, http://geni.net/，2007.

[30]　The 4D Architecture for Network Control and Management, http://www.cs.cmu.edu/-4D/，2007.

[31]　RASMUSSON L, JASSON S. Simulated Social Control for Secure Internet Commerce. In: Proceedings of the 1996 New Paradigms Workshop, 1996:212-217.

[32]　田立勤, 林闯. 可信网络中一种基于用户行为信任预测的博弈控制分析. 计算机学报, 2007, 30(11): 1930-1938.

[33]　SAATY T L. Multicriteria Decision Making. Pittsburgh, PA:RW S Publications. 1990.

[34]　RABELO L, ESKANDARI H , SHALAN T. Supporting Simulation-based Decision Making with the Use of AHP Analysis. In: 2005 Proceedings of the Winter Simulation Conference, 2005:2042-2051.

[35]　SAATY T L. Decision Making with Dependence and Feedback. Pittsburgh, PA:RW S Publication, 1996.

[36]　SAATY T L. Inner and outer Dependence in the Analytic Hierarchy Process. In: Proceeding of the 2nd Supermatrix and Superhierarchy, 1991:304-312.

[37]　郭树凯, 田立勤, 沈学利. FAHP 在用户行为信任评价中的研究. 计算机工程与应用, 2011 47 (12): 59-61.

[38]　SAATY T L. Decision Making with Dependence and Feedback[M]. RWS Publication, Pittsburgh, PA,1996.

[39]　倪洋, 田立勤. 基于 ANP 的无线传感器网络节点信任评估. 微计算机信息, 2010, 7-3：56-58.

[40]　NI Y¸TIAN L Q, SHEN X L. Behavior Trust Evaluation for Node in WSNs with Fuzzy-ANP Method. In the 2nd International Conference on Computer Engineering and Technology （ICCET 2010）2010.4 (V1):299-303.

[41]　PEARL J. Probabilistic Reasoning in Intelligent Systems: Networks of Plausible Inference. San

Mateo, CA:Morgan Kaufmann, 1988.8.

[42] LIAO W H, ZHANG W H, ZHU Z W. A Real-Time Human Stress Monitoring System Using Dynamic Bayesian Network. In: 2005 IEEE Computer Society Conference on Computer Vision and Pattern Recognition, 2005:70-77.

[43] BAI C G , HU Q P , XIE M. Software failure prediction based on a Markov Bayesian network model. Journal of Systems and Software, 2005, 74（3）: 275-282.

[44] BAI C G. Bayesian network based software reliability prediction with an operational profile. Journal of Systems and Software，2005,77（2）:103-112.

[45] PAWLAK Z. Rough sets: theoretical aspects of reasoning about data. Boston：Kluwer Academic Publishers，1991.

[46] QUINLAN J R. Induction of Decision Tree. Machine Learning，1986,（1）:81-106.

[47] Aizhong LIN, ERIK V, JAMES D. A Trust-based Access Control Model for Virtual Organizations. In: Fifth International Conference on Grid and Cooperative Computing Workshops, 2006: 557-564.

[48] TIAN L Q, QIAO A J, LIN C. Kind of Quantitative Evaluation of User Behavior Trust Using AHP. Journal of Computational Information Systems, 2007, 3（4）:1329-1334.

[49] ANIMESH P, JUNG-MINPARK. A game theoretic approach to modeling intrusion detection inmobile ad hoc networks. WestPoint, NY: United States Military Academy, June 2004: 10-11.

[50] 郭渊博，马建峰. 基于博弈论框架的自适应网络入侵检测与响应. 系统工程与电子技术，2005（05）:34-37.

[51] 王卫平，朱卫未.基于不完全信息动态博弈的入侵检测模型. 小型微型计算机系统，2006（02）:45-49.

[52] AYEDEMIR M, BOTTOMLEY L. Two tools for network traffic analysis Computer Networks. 2001, 36（2）:169-179.

[53] PARRA G R., MARTIN C S, CLARK D B. An intelligent intrusion detection system （IDS） for anomaly and misuse detection in computer networks. Expert Systems with Applications, 2005, 29（4）: 713-722.

[54] 张维迎. 博弈论与信息经济学. 上海：上海人民出版社, 1996:23-25.

[55] BURAGOHAIN C, AGRAWAL D , SURI S. A Game Theoretic Framework for Incentives in P2P Systems. In: the Third International Conference on Peer-to-Peer Computing, 2003:34-42.

[56] ROHIT G, ARUN K S. Game Theory As A Tool To Strategize As Well As Predict Nodes'Behavior. In: 11th International Conference on Parallel and Distributed Systems, 2005: 167-173.

[57] FRUDENBENG D ,TIROLE J. Game theory. Cambridge：MIT Press，1991:34-45.

[58] BURAGOHAIN B, AGRAWAL D , SURI S. A Game-Theoretic Framework for Incentives in P2P Systems. In: 3th International Conference on Peer-to-Peer Computing, 2003:48-56.

[59] BELL M. The use of game theory to measure the vulnerability of stochastic networks. IEEE Transaction on Reliability, 2003, 52（1）: 63-68.

[60] http://bandwidthd.sourceforge.net/, 2012.

[61] http://www.netscout.com/, 2012.

[62] KANDUKURI B R, PATURI V R, RAKSHIT A. Cloud Security Issues: Services Computing, 2009. SCC '09. IEEE International Conference on, 2009[C].

[63] ALHAMAD M, DILLON T, CHANG E. Conceptual SLA framework for cloud computing: Digital Ecosystems and Technologies (DEST), 2010 4th IEEE International Conference on, 2010[C].